병원건축,
그 아름다운 당연성

체계중심병원

병원건축, 그 아름다운 당연성

체계중심병원

한양대학교
병원건축연구실 엮음

양내원
손지혜
조준영
박철균
김은석
김상복

**병원건축,
그 아름다운 당위성
체계중심병원**

한양대학교 병원건축연구실 엮음

초판 1쇄 인쇄　2025년 2월 3일
초판 1쇄 발행　2025년 2월 13일

발행처　도서출판 우리북
출판등록　2010년 8월 27일
등록번호　제321-2010-000175호
발행인　김영덕
디자인　studio a:b
주소　서울시 서초구 양재동 247번지
전화/팩스　02.3463.2130 / 02.3463.2150
이메일　kyd2130@hanmail.net
홈페이지　http://ooribook.com

정가　38,000원
ISBN　979-11-85164-47-2　93540

서문

21세기 들어 국내 병원건축 설계에 큰 패러다임 변화가 보이고 있습니다. 용도중심병원설계(Hospital Design focused on Purpose)에서 체계중심병원설계(Hospital Design focused on System)로 설계방식이 점점 전환되고 있습니다.

한양대학교 병원건축연구실에서는 1970년대에서 2000년대 초까지 국내에 지어진 병원을 병원건축 제 1세대라고 분류합니다. 이 시기는 미래에 다가올 리모델링이나 증축에 대해 크게 고민하지 않고 병원을 설계한 세대입니다. 그리고 1세대 병원이 리모델링 과정에서 얻은 교훈과 경험으로, 병원 건축설계에 새로운 시각을 갖게 된 것이 병원건축 제 2세대입니다. 제 2세대에서는 미래에 발생하게 될 리모델링과 증축을 사전에 미리 고려하는, 소위 지속 발전 가능한 병원에 대한 고민을 시작합니다. 우리가 제 1세대 병원을 리모델링하는 과정에서 배운 중요한 교훈은 현재 요구되는 기능 중심으로 병원(용도중심병원)을 설계하면 리모델링이 결코 쉽지 않다는 점입니다. 미래 지속 발전 가능한 병원건축을 위해서는 신축 시부터 제1세대와는 다른 새로운 전략을 세워야만 반복적인 실수를 피할 수 있습니다.

체계중심병원이란 시간의 흐름에 따라 변하는 용도나 기능에 맞추어 건물을 설계하기 보다는, 오히려 변화에 쉽게 대응할 수 있는 건축적 기본 체계(틀)를 더 중요시 하는 설계개념입니다. 이러한 전략을 통해 향후 기능 변화에 더 쉽게 대응할 수 있다는 장점을 갖습니다.

이 책은 체계중심병원의 주요 개념과 건축계획 및 실무 경험에 대하여 한양대학교 병원건축 연구실의 저자들이 공동으로 집필하였습니다. 그 내용과 저자는 다음과 같습니다.

제1장의 주제는 **병원건축 그 아름다운 당연성 – 체계중심병원**으로 양내원 교수가 집필하였습니다.

여기서는 한양대학교병원건축 연구실의 기본적인 철학과 병원건축을 바라보는 관점에 대해 소개합니다. 병원건축을 크게 용도중심병원과 체계중심병원으로 분류하고 그 주요개념과 특징에 대하여 설명합니다. 또한 체계중심병원을 구성하는 기본 요소를 가변영역, 고정요소, 연결요소, 돌봄요소로 제안하고 기존의 용도중심병원과의 근본적인 차이를 보여줍니다. 필자는 체계중심병원이 오늘날 우리 시대의 아름다운 당연성을 갖는 병원형태라고 주장합니다.

제 2장의 주제는 **병원건축과 치유**로 손지혜 박사가 집필하였습니다.

역사적으로 인간은 질병을 극복하기 위해 다양한 관점에서 질병을 이해하려고 노력해 왔습니다. 근대 과학 중심의 의학이 등장하기 전까지, 인간은 자신과 자신을 둘러싼 유·무형의 환경이 조화로운 관계를 맺음으로써 질병을 극복할 수 있다고 믿었습니다.

하지만 동양과 서양의 치유를 위한 관계맺음 방법에는 차이가 있습니다. 동양에서는 긍정적인 환경 요인이 만들어내는 '기(氣)'의 흐름과 인간의 '기'가 균형을 이루는 장(場) 안에서 치유될 수 있다고 생각했습니다. 필자는 동양의 치유환경을 '관계맺음의 장'이라고 생각합니다. 반면 서양에서는 모든 대상을 객체로 이해하며, 인간이 치유 요소를 감각적으로 인지함으로써 질병에서 회복된다고 여겼습니다. 따라서 필자는 서양의 치유환경을 오감을 통해 치유 요소를 인지할 수 있는 공간으로 바라보고 있습니다.

이후 과학 중심의 의학이 발전하면서 근대 병원건축이 나타났고, 그 병원건축은 의료기능, 합리성, 효율성에 중점을 두면서 인간과 환경 사이의 관계가 상실된 반(反)치유적 건축으로 인식되었습니다. 건강의 개념을 단순히 육체의 문제가 아닌 정신적, 심리적 문제로 확장하여 바라보는 오늘날, 건축가들은 병원건축에 다시 치유환경을 회복시키기 위해 다양한 치유 개념을 적용한 디자인을 적용하고 있습니다. 그러나 이 디자인은 공간의 구조적 변화 없이 단순히 감각 자극 요소를 인테리어 장치로만 활용하는데 그치고 있습니다. 필자는 이러한 건축적 접근은 병원을 진정한 치유환경으로 전환하기 위한 근본적 해결책이 될 수 없다고 생각합니다.

 이 시점에서 필자는 현대 병원건축에 동양의 치유환경 개념이 도입될 필요가 있다고 생각합니다. 인간이 자신을 둘러싼 환경과 관계를 맺을 수 있는 '장(場)'을 조성하는 것이 우리 시대 병원건축에서 치유환경을 계획하는 데 중요한 대안이 될 수 있습니다. 이 관계맺음의 장에서 인간과 자연, 인간과 인간 간의 끊임없는 소통이 이루어짐으로써 인간은 치유될 수 있다고 믿습니다.

제3장의 주제는 **병원건축과 시간**으로 조준영 박사가 집필하였습니다.

 병원건축은 계획은 시간을 관리하는 것이고, 변화를 수용할 수 있는 체계를 만드는 과정입니다. 공간 변화의 원인은 복잡하고, 복합적으로 작용하기 때문에 기능의 변화를 예측하고 쫓아가는 것은 매우 어렵습니다. 따라서 병원건축의 변화는 다양한 시각에서 바라봐야 합니다. 특히, 도시의 변화가 병원에 영향을 미칩니다. 그래서 대지의 선정과 제한된 대지의 지속적인 활용 방안이 중요합니다.

　삶의 질이 높아지면, 필요로 하는 공간도 증가하고 공간의 질도 높아져야 하기 때문에 병원 규모는 병상당 연면적을 증가시키는 방향으로 확장되어 왔습니다. 그럼에도 불구하고 병원의 확장은 사람수의 증가 속도를 따라가지 못했습니다. 확장 중심의 성장도 중요하지만 기존 공간의 내부변화 가능성 역시 중요합니다. 고정된 용도중심의 사고(思考)에서 변화를 전제로 하는 프로그램 중심으로 생각을 바꿔야 합니다. 병원건축은 현재 요구되는 기능에 맞춰 설계하는 것보다는 변화되는 프로그램을 수용하는 공간과 이를 연결해주는 사람·물류·에너지의 이동 체계를 만들어주는 것이 중요합니다. 병원건축은 최소한 40년 동안의 대지활용계획과 의료부문과 지원부문이 균형을 지속적으로 유지할 수 있는 공간 구조조정 전략을 가지고 있어야 합니다.

제4장의 주제는 **병원건축과 마스터 플랜**으로 박철균 박사가 집필하였습니다.

　요즘은 20대, 30대에 회사에 취직하면서 노후를 준비합니다. 40대에 무엇을 할 것인지, 50대에 무엇을 할 것인지, 60대, 70대, 그 이후에 무엇을 어떻게 할 것인지에 대한 계획을 세웁니다. 병원도 사람과 마찬가지로 성장하고 변화하게 될 것입니다. 따라서 10년, 20년, 30년 뒤에 어떤 목표를 가지고 성장을 할 것이고, 중간 중간에 사회변화에 따라 대응할 수 있도록 큰 방향성을 수립해 놓는 것이 필요합니다.

　일본의 시스템 마스터플랜(System Masterplan)은 연결요소(street)와 고정요소의 배치를 통해서 건물의 자유로운 평면으로 계획이 가능하도록 제안하고 있으며, 약 40년 동안의 단계적인 건물의 증축과 철거 계획을 수립하고 있습니다. 캐나다에서는 병원건축 마스터플랜에서 수립된 단계적인 건축계획과 예산계획을 정부에서 예산확보를 위한 근거자료로 활용하고 있습니다.

　병원은 누군가에겐 생과 사를 결정지을 수 있는 공간입니다. 이러한 병원이 한순간 폐업하고 없어진다면 해당 지역의 많은 사람들에게는 불행이 찾아올 수 있습니다. 따라서 병원의 생명을 연장시켜줄 수 있는 병원건축 마스터플랜은 반드시 필요합니다. 또한 빠른 효과와 변화 보다는 진정으로 병원의 미래를 위한 계획을 수립해야 합니다.

제 5장의 주제는 **체계중심병원의 건축계획**으로 김은석 박사가 집필하였습니다.
　오래전부터 미래 변화에 대응 가능한 flexibility는 병원건축뿐만 아니라 모든 건축 분야에서 매우 중요한 개념으로 인식되며 개발되었습니다. flexibility는 실제 적용 가능한 즉 현실성이 반드시 뒷받침되어야 한다고 생각합니다. 이에 대한 답은 바로 병원건축 체계에 있으며 가변 영역을 결정짓는 공간 깊이와 고정요소인 설비가 가장 기본적인 핵심이라 생각됩니다.
　서로 다른 기능들 간의 상호 교환에 있어서 가장 유리한 구조는 병원이 가지고 있는 블록, 즉 공간 깊이를 최대한 균일하게 계획하는 것입니다. 단 여기서 핵심은 비교적 깊은 공간깊이가 요구되는 중앙진료부(영상의학과, 수술부)와의 깊이 차이를 극복하는 것입니다. 이를 위해서는 병원 동선 시스템 유형 중 하나인 이중 선형 시스템을 적용한다면 병원 내 블록들을 최대한 균일하면서 체계적으로 계획할 수 있습니다.

평면의 변화는 반드시 설비의 변화를 동반합니다. 따라서 병원건축에서 설비 공간들은 평면의 변화를 방해하지 않아야 함과 동시에 설비 자체의 변화에도 매우 용이해야 합니다. 이를 위해 가변영역 내 배치를 최대한 지양하는 샤프트 계획, 공조 관련 면적을 최소화 할 수 있는 각층 공급 방식(각 층 공조실 배치) 활용, 이와 동시에 의료 기능 변화에 의한 공조기 교체 및 추가 설치가 가능한 공조실 면적 계획 등이 병원건축설계에 특별히 반영되어야 합니다. 특히 한 개의 공조기가 한 개의 부서를 담당하여 공조하는 용도중심 공조조닝보다는 한 개의 공조기가 부서가 아닌 일정 영역을 공조하는 체계중심 공조조닝에 대한 연구가 활발히 이루어져야 할 것입니다.

본 챕터에서는 시간의 흐름에 따라 국내종합병원의 규모, 기능 별 다양한 사례를 조사 분석하여 체계중심병원설계의 주요 요인들의 특징을 파악하여 실제 적용 가능한 주요 원리들을 제안하였습니다. 부족한 점이 많을 수도 있는 본 내용을 시작으로 앞으로 연구자, 병원 실무자, 건축가, 시공자 등 병원건립에 관한 다양한 분야의 전문가들이 내부 변화에 대응 가능한 병원건축 체계에 대한 심도 깊은 논의가 지속적으로 수행되길 기대해봅니다.

마지막으로 제6장의 주제는 **체계중심병원의 리모델링과 신축설계 사례**로 김상복 박사가 집필하였습니다. 본장은 1장에서 5장까지의 이론적인 내용을 병원 신축설계와 리모델링의 실무에서 어떻게 반영하였는지에 대하여 설명합니다.

병원설계는 환자 치료와 병원 전체 혹은 부서 운영의 요구를 충족시키기 위한 세심한 계획이 필요합니다. 병원건축가는 실무과정에서 부서와 공간(실)

단위의 다양한 변화 요구를 받으며, 이로 인해 기존 건축계획은 자주 수정되고 당초 계획과 다른 방향으로 변화되는 경우가 많습니다.

신축병원과 달리, 기존 병원들은 시간이 지나면서 병원의 기능과 운영방식에 많은 변화가 발생합니다. 이러한 변화에 대응하기 위해서는 공간의 재배치와 확장 같은 공간 변화를 수용해야 하며, 이를 통해 병원의 기능을 유지하고 새로운 미래를 준비할 수 있습니다.

체계중심병원은 이러한 변화에 대비한 공간적 체계를 갖추고 있어, 신축 시 뿐만 아니라 시간이 흐름에 따라 발생하는 변화도 수용할 수 있는 유연성을 제공합니다. 이를 확인하기 위해 체계중심병원을 구성하는 기본요소를 반영한 신축 건축계획 사례와 리모델링 건축계획 사례를 분석하고 있으며, 이를 통해 병원이 변화에 얼마나 효과적으로 대응할 수 있는지, 변화의 수용성을 확인하고 있습니다. 더 나아가, 돌봄공간을 통해 병원건축이 제공하는 공간적 가치를 확인하며, 환자와 의료진 모두에게 최적의 환경을 제공하기 위한 고민과 노력을 담고 있습니다.

이상은 한양대학교 병원건축연구실에서 지난 30여년 간 연구와 실무를 통해 축척한 내용으로 이를 통해 앞으로 새로운 병원건축의 방향을 제시하는 역할을 기대해 봅니다. 특히 체계중심적 병원 설계 개념은 병원건축 뿐만 아니라 다른 건축물과 도시설계도에 적용이 가능한 보편적인 건축개념으로 앞으로 인간의 생활 방식이 더 빠르게 변화될 수 있다는 것을 전제할 때, 건축 설계의 새로운 대안이 될 것이라 생각됩니다.

목차

I 병원건축, 그 아름다운 당연성

병원건축, 그 아름다운 당연성 — 13
병원건축의 존재의미 : 건축과 의학의 만남 — 19
병원건축이 되고 싶은 형태 : 변화에 순응하는 건물 — 24
용도중심병원과 체계중심병원 — 30
병원건축의 유형 : 용도중심병원 — 34
병원건축의 유형 : 체계중심병원 — 55

II 병원건축과 치유

질병을 바라보는 시각과 치유환경 — 77
병원건축과 치유환경 — 91
이용자 행태로 바라본 사회적 치유환경 — 99

III 병원건축과 시간

병원건축과 변화 — 117
변화를 위한 준비 — 147

IV 병원건축과 마스터플랜

병원 리모델링의 패러다임 변화 — 165
체계중심병원을 위한 마스터플랜 — 171
병원건축 마스터플랜의 적용 사례 — 174
맺음말 — 183

V 체계중심병원 건축계획

병원건축의 필수불가결, 변화 — 185
가변 영역의 설정, 공간 깊이 — 191
공간 깊이와 변화율 — 200
변화에 적응하는 병원설비 — 204
보이지 않은 영역, 공조 조닝 — 208

VI 체계중심병원 건축설계

들어가며 — 221
병원건축 실무와 공간변화 — 222
체계중심병원의 건축설계 — 230
용도중심병원에서 체계중심병원으로 변화, 리모델링 — 252
맺음말, '변화에 순응하는 병원' — 269

I
병원건축, 그 아름다운 당연성

양내원

1. 병원건축, 그 아름다운 당연성

건축가들에게 '병원이란 무엇인가?'라고 질문을 던지고 그 답변에 맞는 형태를 찾아가는 접근 방식은 다소 생소할 수 있습니다. 그러나 건물을 설계하다 보면 건축가는 설계하려는 건물의 존재 의미와 바로 직면하게 됩니다.

사람들은 병원건축을 대표적인 기능적 건물이라고 생각하지만 **기능은 사물의 작동 개념을 의미하는 것이지 사물의 실체, 즉 존재 의미를 설명해 주는 것이 결코 아닙니다.** 건축물의 존재 의미는 보통 인문학적인 질문으로부터 시작됩니다. 병원건축의 근본적인 존재의미를 묻지 않고 병원을 설계한다는 것은 마치 병원 건물이 왜 존재해야 하는지에 대한 고민 없이, 요구되는 기능과 기술적인 문제만 해결하거나, 외형만을 포장하는 행위가 됩니다.

[그림1]은 병동부를 기능 개념으로 해석한 병원과 실체 개념으로 해석한 병원의 근본적인 차이를 보여줍니다. 기능 개념은 병원을 작동 개념으로 이해하는 방식으로 요소간의 상호작용이라는 견지에서 대상을 기능적으로 이해합니다(왼쪽 그림). 반면에 **실체 개념은 병동부가 왜 존재해야 하는가에 대한 이유를 설명해 줍니다**(오른쪽 그림). 스티브 잡스는 디자인이란 사물에 영혼을 만들어 주는 작업이라고 주장하였습니다.

> "대부분의 사람에게 디자인이란 겉치장이고 인테리어는 장식이다. 하지만 나에게 디자인이란 그들과 거리가 멀다. 디자인은 인간이 만든 창조물의 핵심적 영혼(fundamental soul)이다"

필자가 주장하는 병원건축의 존재 의미란 바로 병원의 핵심적 영혼에 해당됩니다. 물론 병원을 설계하려면 내부 기능을 잘 이해하는 것이 필수적입니다. 그러나 기능은 병원건축이 왜 존재해야 하는지, 그 존재 의미를 설명해 주지는 않습니다. 기능적으로 잘 작동되는 병원이 좋은 병원이라는 생각은 '형태는 기

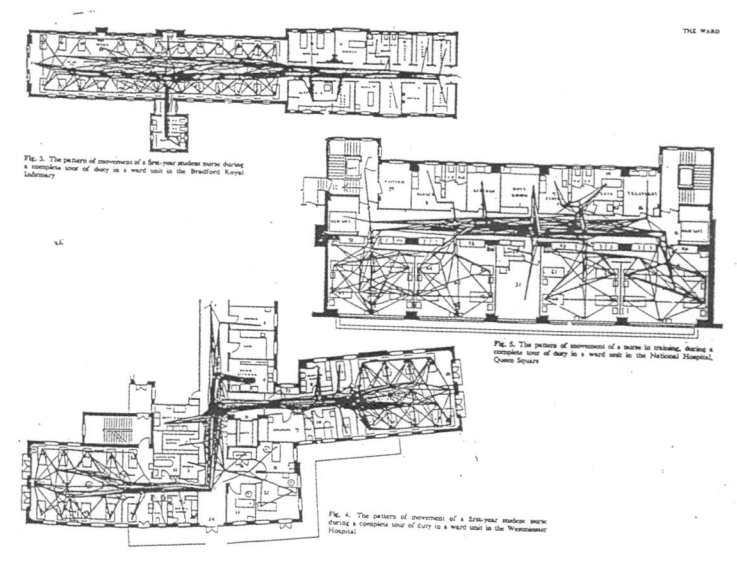 

그림 1　기능 개념의 병동부, 실체 개념의 병동부 사례

능을 따른다(Form follows Function)' 라는 이념에 충실했던 근대 기능주의적 사고방식의 결과일 뿐입니다.

　기능주의는 실체와 대립하는 개념으로 실체, 본질, 사물자체의 제일 원인 등을 인식 불가능한 것으로 보고, 사물은 오직 기능, 작용, 작동, 현상으로만 파악 또는 인식이 가능하다는 입장을 갖습니다. **사람들은 기능주의를 통하여 합리적인 결과를 만들어 내었다고 생각할 수 있으나, 실제로는 사물 본래의 존재 의미를 잃어버림으로서 오히려 디자인의 중요한 방향을 상실해버리는 모순에 부딪히게 됩니다.** [그림 1]에서 우리는 기능적으로는 좋을 수 있으나, 병동부가 왜 존재해야 하는지에 대한 답변은 상실한 사례를 볼 수 있습니다.

　필자는 건축을 기본적으로 **존재 의미와 그에 맞는 형태를 찾아 가는 과정**으로 이해하는 사람입니다. 병원건축을 전공하면서 병원건축의 존재 의미를 먼저 생각하고 이에 맞는 형태를 찾아가는 건축가입니다. 이 책의 제목이 '병원건축 – 그 아름다운 당연성'인 이유는 존재의미와 일치하는 형태의 병원건물이 스스로 그러한(self so) 아름다운 당연성을 갖는다고 생각하기 때문입니다.

이러한 사고방식은 근본적으로 서구의 실체 개념에 기반을 두고 있습니다. 병동부를 기능 개념에 따라 설계한 병원과 실체 개념으로 해석하여 설계한 병원에는 근본적인 차이가 있습니다. **기능개념은 작동의 원리를 보여주는 반면, 실체개념은 병원이 왜 존재해야 하는지 그 이유를 설명해 줍니다.**

동양에서는 자연을 '스스로 그러하다(self so)'라고 정의합니다. 자연에서는 존재의 본질과 형태를 따로 떼어놓고 생각할 수 없기 때문에 형태는 스스로 그러한 당연성(self evidence)을 갖습니다. 이는 내면과 외형이 서로 뗄 수 없는 유기적인 관계를 갖는다는 의미입니다. 과거 동양의 화가들이 인물화를 그릴 경우 외부 모습보다는 내면의 모습, 즉 그 사람의 얼을 더 중요하게 생각한 것과 같이 건축설계에서의 이러한 접근 방식은 건축물의 내면의 얼, 즉 존재의 의미를 추구하는 방식이라고 할 수 있습니다.

독일 근대 건축가 휴고 해링은 건축 형태를 외부질서나 기하학 등의 법칙으로 강요해서는 안되고, 철저하게 내적 요구로부터 끌어내어 발전시켜야 한다고 주장하였습니다. 그는 "우리는 사물의 본성을 발견하고 그 본성에서 고유한 형태가 발전되어지기를 촉구한다. 형태란 강요에 의하여 만들어 지는 것이 아니라 과제의 본성(nature of task) 안에서 발견되어 지는 것이다"라고 주장했습니다.

해링은 독일 건축가 한스 샤로운이 설계한 베를린 필하모니 건물이 그의 이론을 가장 잘 표현한 건축물로 예를 들었는데 그 이유는 베를린 필하모니 건물이 음악당의 존재 이유를 잘 설명해 주기 때문입니다. 베를린 필하모니는 형태 그 자체가 건물의 목적이 되는 것이 아니라 건물이 음악을 전달해 주는 중요한 수단으로서, 연주자와 청중을 음악으로 연결해 주는 거대한 악기의 역할을 합니다.

루이스 칸 역시 사물의 이러한 존재론적인 의미를 밝히는 것이 건축가의 중요한 임무로 생각하고, 건축가는 이러한 존재의지(existence-will)를 밝혀 내야 할 시대의 중개자 역할을 해야 한다고 주장하였습니다.

사전적 의미에서 본질(Wesen, Being)이란 사물이 일정한 사물이 되기 위해서 다른 사물과는 달리 그 사물을 성립시키고 그 사물에만 내재하는 고유한 존재를 의미합니다. 그 사물에만 내재하는 이러한 고유한 존재를 스티브 잡스는 사물의 영혼(Soul)이라고 표현하였고, 아리스토텔레스는 형이상학이라고 불렀습니다. 필자는 개인적으로 이를 사물성이라고 부릅니다. **사물성이란 사물이 갖는 존재의 핵심(존재의 Story, 영혼)을 가장 잘 표현해 주었을 때 그 형태에서 느끼는 사물에 대한 감정으로 집약됩니다.** 이 사물성은 기능과는 다릅니다. 기능에는 사물의 영혼이 느껴지지 않기 때문입니다.

　　여기서 본질이란 사물의 존재를 규정하는 원인(原因)이 됩니다. 아리스토텔레스는 '그것이 무엇 이었는가' 라는 물음으로써 제기되는 것을 사물의 본질이라 하고, 또 이것을 사물의 실체(實體, substance)라고 불렀습니다. 건축설계는 사물의 본질과 일치하는 형태를 찾아가는 과정입니다. 그래서 최종적으로 얻어진 그 형태는 마치 자연과 같이 꾸밈이 없는 스스로 그러한 것이 됨으로써 '아름다운 당연성'을 얻게 됩니다.

병원 로비의 예를 들어 보겠습니다. **로비의 존재의미는 건축가에 따라 다양하게 해석될 수 있습니다.** 안티아 올즈는 병원 로비를 세속적인 장소에서 신성한 치유의 공간으로 들어가는 전환의 장소로 정의하고, 이를 위하여 일상적인 세속의 공간에서 정신적으로 신성하고 아름다운 장소로의 이동하는 느낌을 줄 것을 강조합니다. 반면에 멜킨은 로비란 병원이 주는 심리적인 부담을 주지 않고 오히려 질병 치유에 도움을 줄 수 있는 치유의 장소이어야 하다고 주장하고, 이를 위해 병원로비에 예술작품을 설치할 것을 권장하였습니다. 노구데 데쓰히데는 병원 로비의 가장 중요한 역할은 환자에게 병원을 안내하는 것이며 이를 위해 길 찾기를 쉽게 해줄 수 있는 공간을 요구합니다.

이렇게 로비의 존재의미를 어떻게 해석하는 가에 따라 설계 개념은 크게 달라집니다. 그리고 그에 따른 형태는 이용자에게 그 존재의 핵심적 의미를 전달해 줍니다. 즉 사물이 갖는 존재의 스토리와 그 정신적 힘을 전달해 줍니다. 필자에게 건축 설계란 이렇게 건축물에 존재 의미, 즉 영혼을 만들어 주는 작업입니다.

건축 평론가 유르겐 팔은 형태를 형식이나 법칙으로부터 해방시키고, 개별적인 것을 존중하되, 건축가의 개성을 반영하는 것이 아니라 사물의 개별성을 표현해 주면 이용형태(기능)와 예술형태가 서로 대립되는 문제를 해결해 줄 수 있다고 하였습니다. 사물의 개별성, 즉 그 존재의 핵심을 표현해 주면 이용형태와 외부형태가 일치하는 결과를 얻을 수 있다는 주장입니다.

독일 건축가 휴고 해링은 무생물인 사물 자체가 스스로 되고 싶어 하는 형태를 언급해줄 수 없기 때문에 설계과정이란 가능한 열린 마음을 갖고 이를 발견해 가는 여행과 같은 것이라고 설명합니다.

건축 역사에서 그리스의 파르테논 신전과 같은 고전주의 건축물들은 외부 비례와 같은 외형 논리를 중요시합니다. 반면에 중세의 고딕건축은 외형의 논리에 가둘 수 없는 공간의 내적인 힘에 집중합니다. 중세 사람들은 사물의 타고난 본질이 그 사물의 일반적인 성질에 스며들어 있으며, 이런 성질이 바로 그 사물의 존재이며 또 본질의 핵심이라고 생각했습니다. (중세의 가을, 요한 하우징아) 하나님이 자신이 창조한 모든 것에 그 존재를 부여했고, 이 존재는 외형의 논리에 가둘 수 없는 내적 힘을 가지며, 이 때문에 우리는 창조물에서 신비한 그 생명의 번뜩임을 경험할 수 있다는 것입니다. 이와 같이 건축물은 크게,

외형의 논리를 강조하는 것과 내적 생명력(존재의미)을 강조하는 것으로 구분할 수 있습니다.

필자는 이와 같은 이론을 개인적으로 〈존재와 형태, Being and Form〉라고 불러왔습니다. 형태는 사물의 존재 의미(Being)로부터 시작되어야 한다는 주장입니다. 그런데 문제는 이런 사물의 존재 의미가 시간이 지남에 따라 점점 변해간다는 것입니다. 사물의 본질이 고정된 것이 아니라 시대마다, 장소마다 차이가 있을 수 있습니다. 이는 건축가가 그 시대와 지역의 중개자 역할을 해야 하는 이유이기도 합니다.

사물의 존재의미가 시간의 흐름에 따라 점점 변한다는 것은 Being(존재)에서 Becoming(생성)이 된다는 것을 의미합니다. **병원이라는 존재를 한 시점에서 바라보지 않고 시간의 흐름이라는 관점에서 바라보면, 병원건축을 이해하는 시각이 달라질 수밖에 없습니다.** 이에 따라 설계 방식도 완전히 달라지게 됩니다. 이와 관련하여 제3장 병원건축과 시간(조준영)을 참조하시기 바랍니다.

본 원고에서는 병원건축을 변화하는 시각에서 바라보고 이에 대한 해결책으로 체계중심병원을 제안합니다. 필자는 **체계중심병원이 오늘날 우리 시대의 아름다운 당연성을 갖는 병원 형태라고 생각**하기 때문입니다.

2. 병원건축의 존재의미 : 건축과 의학의 만남

인류는 오래전부터 아픈 사람들의 질병 치유에 도움을 주는 공간에 대해 고민해 왔습니다. 그런데 질병을 이해하는 방식이 시대와 지역마다 달랐기 때문에 이에 대응하는 건축 공간도 다르게 제안됩니다. 필자는 아픈 사람의 치료와 치유에 도움을 주는 이러한 공간을 **돌봄의 공간**이라고 부릅니다. 여기서 돌봄이란 관심을 가지고 사람을 보살피는 것을 의미합니다.

고대 그리스 사람들은 질병의 원인을 초자연적인 현상으로 생각하였습니다. 사람의 질병과 그에 따른 운명은 신의 영역이라고 생각한 것입니다. 따라서 환자들은 아스클레피온 신전(Asklepion)을 찾아가 그곳에서 생활하면서 병이 낫기를 기원했습니다. 또한 이 시대에는 병이 몸뿐만 아니라 마음과도 깊은 연관이 있다고 생각하여 환자의 마음을 치유하기 위하여 신전 내에 산책로와 치유 지하터널, 야외극장, 도서관을 설치했습니다. 참고로 고대에는 사고의 기쁨과 깨달음의 감동을 주는 독서가 영혼을 치유한다고 생각하여 도서관을 영혼의 치유소라고 불렀습니다. 그들은 또한 야외극장에서 공연하는 음악회나 연극 등을 통한 즐거움과 카타르시스가 환자의 병을 치유한다고 믿었습니다. 당시 그리스 사람들은 몸의 자연치유 능력을 확신하였고, 인체의 자연 치유 능력을 극대화 시키는 것이 의료의 역할로 생각했습니다.

기독교의 영향을 받은 중세 사람들은 질병 원인이 죄라고 생각했습니다. 따라서 병의 근원인 죄의 문제를 해결하기 위하여 교회와 같은 분위기의 병원을 건립하였습니다. 이런 중세의 병원을 프랑스어로 오뗄듀(Hotel Dieu) 라고 불렀는데 이를 번역하면 **하나님의 숙박소**입니다. 당시의 병원은 환자의 몸뿐만 아니라 영혼까지 돌보아 주는 시설이었습니다. 병원의 전체적인 분위기는 교회와 같았으며, 병원은 수도원이나 교회당 부속시설로 건립되었습니다(그림2, 3).

그림 2   오뗄 듀 (프랑스 본느)

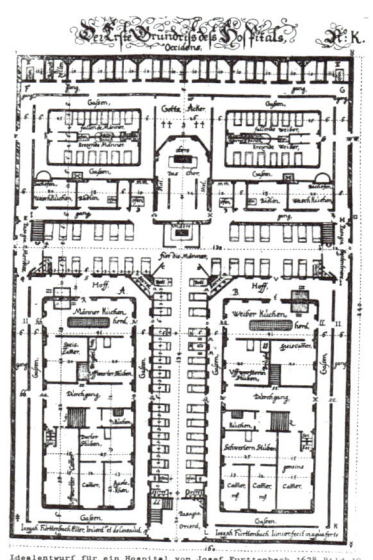
그림 3   중세의 십자형 병원 (독일)

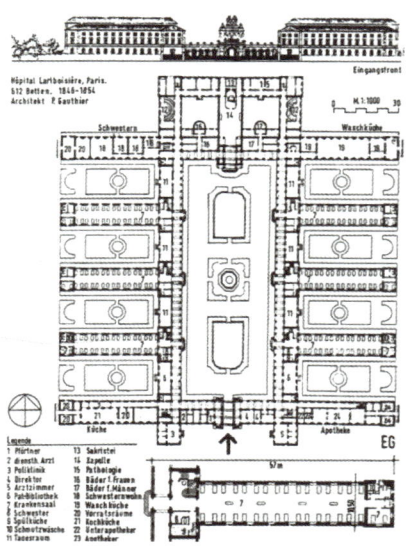
그림 4   파빌리온식 병원 건축 사례

그림 5   공장과 같은 병원건축

18세기 계몽주의 시대에 와서 병원균에 의하여 질병이 전염된다는 사실이 밝혀짐으로써 중세의 기도교식 병원은 자취를 감추고 파빌리온식의 새로운 병원이 출현하게 됩니다. 초기에는 나쁜 공기가 질병을 일으킨다고 생각해서 건축가들은 신선한 공기를 병실에 제공하는 것을 병원설계의 가장 중요한 조건으로 생각하였습니다.

영국에서는 이런 병원을 나이팅게일 병동으로 불렀는데, 이는 나이팅게일이 청결과 위생 문제를 매우 중요하게 생각하여 병원구조에 많은 영향을 주었기 때문입니다. 나이팅게일은 신선한 공기와 햇빛의 중요성을 강조하면서 병원환경을 개선하였고, 이런 환경이 환자의 사망률을 줄일 수 있다고 주장하였습니다. 이후 감염학자들이 질병의 원인이 병원균이라고 밝혀냄에 따라 병원에서 청결과 위생 시설이 크게 강조됩니다. 이 시기에 비로소 손 씻기를 위한 세면시설, 청결동선과 오염동선의 분리, 작은 단위의 병동, 병실 내 환자의 밀도, 환자와 환자사이의 거리 유지, 격리실의 배치 등의 혁신적인 개념들이 병원건축에 적극 도입됩니다.

근대 이후 서양의학에서는 질병을 단순한 육체의 문제만으로 생각하고 몸의 이상을 치료하기 위한 컴팩트하고 기능적인 공장과 같은 병원을 건립하게 됩니다(그림 5). 의료를 제공하는 입장에서 보면 병원공간이 의사나 간호사에게 편리해야 한다는 것에는 누구나가 동의할 것입니다. 그러나 의료진만이 환자를 돌볼 수 있고 병원환경이 환자에게 도움을 주지 않는 다는 생각은 극히 근대적인 사고방식에 해당됩니다. 근대는 병원건립에 있어서, 인간의 정신과 마음, 영혼 등 전인적인 가치에는 크게 관심을 갖지 않은 시대였습니다.

오늘날에는 건강을 단순히 육체의 문제를 넘어서, 신체적, 정신적, 사회적, 영적인 안녕상태를 유지하며 살아가는 것으로 정의함에 따라, 질병의 의미도 새롭게 해석되고 있습니다. 이에 따라 전인적인 치유를 위한 환경조건이 중요한 의미를 갖게 됩니다. 자연 식물로 치유하는 병원(green hospital, biophilic design), 예술로 치유하는 병원(art hospital), 오감으로 치유하는 병원(sensory stimulation design), 걷기로 치유하는 병원(patient walking hospital) 등 환자의 질병 치유에 도움을 주는 다양한 개념들이 최근 제안되고 있습니다.

한편 질병에 대한 동양인의 시각은 서양과 다른 입장이었습니다. 과거 동양에서는 질병의 원인을 인간과 환경사이의 균형 관계에서 찾았습니다. 즉 인간과 인간, 인간과 환경 사이에 균형적인 관계가 깨질때 질병이 발생한다는 것이 과거 동양에서 생각하는 질병의 원인입니다.

동양적 세계관에서는 인체와 환경 사이의 원활하고 조화로운 흐름이 건강의 기본적인 전제 조건이 됩니다. 풍수란 대지 주변에 존재하는 보이지 않는 좋은 에너지를 읽어 내는 학문이며 건축이란 주변에 존재하는 보이지 않는 좋은 에너지를 인간과 연결해 주는 매개체입니다. 보이지 않지만 존재하는 주변의 좋은 기운을 찾아내고 이를 생기 넘치는 장의 건축에 담아 줌으로써 이곳에 사는 인간을 건강하게 만들어 주는 것이 동양인의 건강개념이라고 할 수 있습니다.

또한 공간이 사람에게 자연의 생명력을 중재하지 못할 때 그 공간은 자폐적 공간으로 전락하게 됩니다. **동양인의 관점에서 보면 기능에 집착한 근대 병원은 환자를 치유하는 환경 조건을 고려하지 않고 효율성과 기능성을 강조한, 자연과의 흐름이 단절된 전형적인 자폐적 공간에 해당됩니다.** 여기서 자폐란 주변(자연)과의 흐름관계를 상실하여 인간과 자연이 서로 공명하지 않는 상태를 의미합니다. 병원이란 아픈 환자를 치료하는 장소입니다. 따라서 병원이야 말로 자연의 좋은 장(場) 에너지가 채워져야 할 장소라고 필자는 생각합니다.

병원건축의 역사적인 발전과정을 살펴보면 병원 건물 그 자체가 질병 치료와 환자 치유에 매우 중요한 수단이었다는 점을 알 수 있습니다. 동서양의 건축가

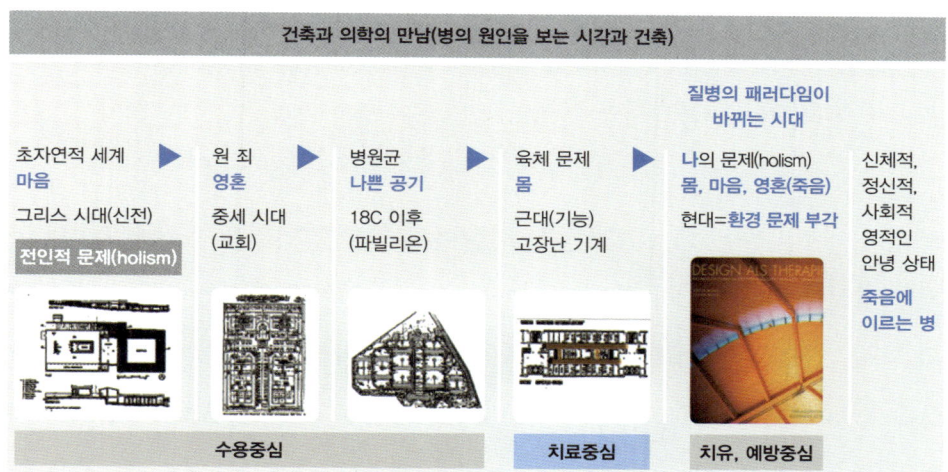

그림 6 건축과 의학의 만남_ 시대마다 병의 원인을 바라보는 시각이 다르고 이에 따라 새로운 병원건축 개념이 제안되었다.

들은 그 시대마다 질병에 대한 정의와 지식에 맞는 돌봄의 공간을 꾸준히 제안해 왔습니다. 이러한 병원 건축의 역사를 필자는 **건축과 의학의 만남의 역사**라고 부릅니다(그림 6). 우리가 살고 있는 21세기에는 건강을 신체적, 정신적, 사회적, 영적인 안녕 상태로 넓게 정의됨으로서, 이제 건축가들은 새로운 병원건축을 제안해야하는 중요한 숙제를 갖게 됩니다. 이와 관련된 좀 더 구체적인 내용은 제 2장 병원건축과 치유환경(손지혜)을 참조하시기 바랍니다.

　결론적으로 병원건축은 건축과 의학이 만나는 공간으로, **병원건축이 존재해야 하는 궁극적인 이유는 환자의 회복에 도움을 주는 돌봄의 공간을 제공**해 주는데 있습니다.

3. 병원건축이 되고 싶은 형태: 변화에 순응하는 건물

20세기 건축가들은 의료진의 동선을 줄이기 위하여 병원을 가급적 컴팩트하게 건립하였습니다. 당시 근대 건축이 추구했던 가치는 형태는 기능을 따른다로 병원 건물도 기능에 맞게 설계하는 것이 일반적이었습니다. 또한 동선이 짧을수록 좋은 병원이라는 가치에 따라 병원건물은 점점 컴펙트해 지고, 이에 따라 집중형 병원건축이 자연스럽게 출현하게 됩니다. 이 시기에 간호사의 동선을 최대한 단축시킨 이중복도형 병동부가 제안된 것도 우연이 아니라고 필자는 생각합니다.

이러한 짧은 동선에 가치를 둔 집중형 병원은 기능과 효율성을 강조한 형태로, 오늘날 우리에게 익숙한 단일형(Monolith), 타워온포디움형(Tower on Podium), 타워앤포디움형(Tower and Podium) 병원이 이에 해당됩니다. 이는 건물 중앙에 위치한 엘리베이터 코어를 중심으로 각각의 부서를 최단거리에 배치시키는 개념으로 몇 년 전까지만 해도 국내에서 가장 흔히 볼 수 있는 병원형태입니다(그림 7).

그러나 이렇게 컴팩트한 집중형병원들은 건립 후 시간이 지나면서 새로운 문제에 당면하게 됩니다. [그림 8]은 집중형 병원이 시간이 지남에 따라 어떻게 변화되는지를 보여주는 사례입니다. 병원건물은 마치 살아있는 유기체처럼 점점 그 모습이 변형되어 갑니다. 우리 주변에도 이렇게 증축으로 인해 초기 설계개념이 많이 변형된 병원들을 쉽게 찾아볼 수 있습니다.

이런 병원들을 보면 국내 동화 장화홍련전이 생각납니다. 억울한 원한을 품은 영혼이 그 억울함을 호소하듯이, 복잡하게 증축된 병원 건물이 마치 뭔가 호소하며 부르짖는 다는 느낌입니다. 이런 다소 무질서한 모습의 형태는 결코 병원건축의 올바른 해답이 될 수 없다고 필자는 생각합니다.

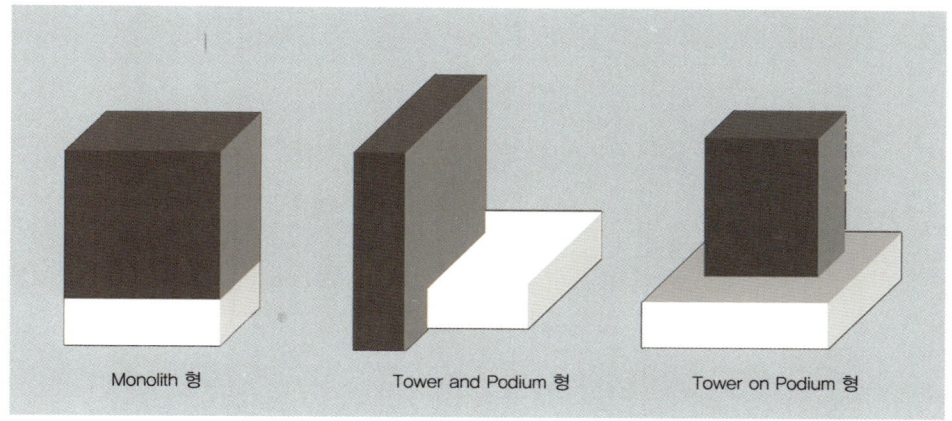

그림 7　집중식 병원 건축 (병동부와 기단부)

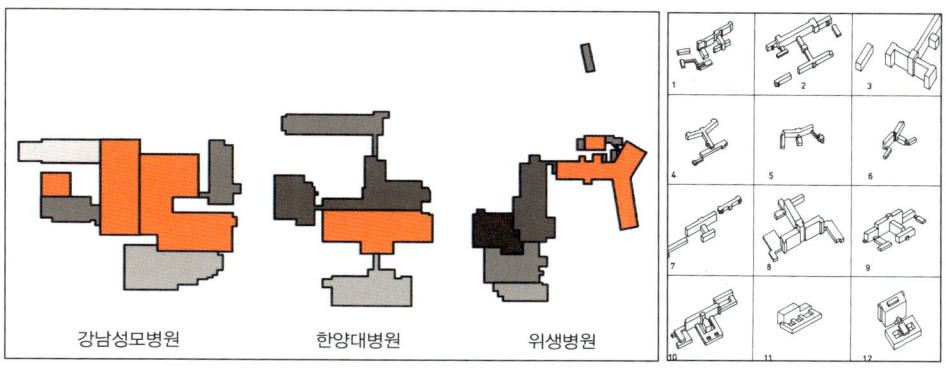

그림 8　병원건축은 살아있는 유기체처럼 시간이 지나면서 점점 그 모습이 변형되어 갑니다.

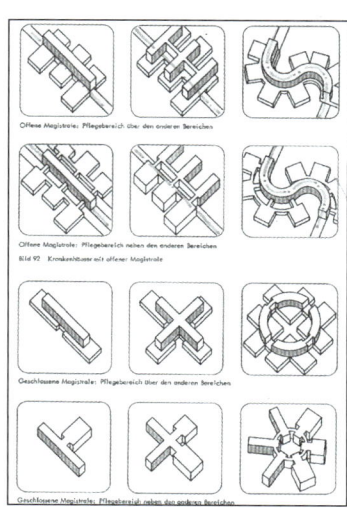

그림 9　라브리가(Labryga)가 제안한 선형시스템의 다익형 병원

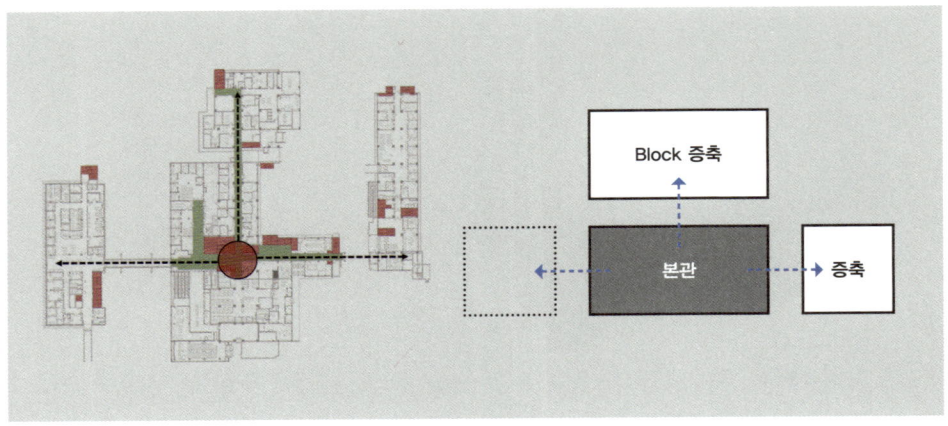

그림 10 국내병원의 증축 방식

이런 문제를 해결하기 위하여 독일 병원 건축가 라브리가(Labryga)는 병원 건축의 이상적인 형태로 선형시스템의 다익형 병원개념을 제안하였습니다. [그림 9] 병원 증축과 변화에 적극적으로 대응할 수 있는 성장하는 병원을 제안한 것입니다. 한편 영국의 존 위크(John Week)는 형태가 결정되지 않은 무한정 병원 개념을 제안하였는데, 이는 병원이 마치 마을이나 도시와 같이 선형동선체계를 따라 계속 성장해 나가는 형태를 갖습니다.

그러나 국내병원의 증축 과정을 살펴보면 이러한 다익형 방식과는 다른 방식으로 병원이 증축되고 있음을 알 수 있습니다. 국내병원에서는 다익형의 단부를 증축하는 것이 아니라, 본관 주변에 블록(block) 형식으로 증축하는 경우가 대부분입니다. 여기서 블록으로 증축한다는 것은 본관 주변에 새로운 건물(block)을 증축하고 본관 기능 일부를 증축된 건물로 이전하고, 본관의 비워진 부분을 리모델링하여 부족한 공간을 확보하는 방식을 의미합니다(그림 10).

국내병원의 경우 보통 이런 방식에 따라 1단계 증축, 2단계 증축 후 부서 이전, 3단계 이전으로 비워진 본관 공간의 용도 변경으로 그 과정이 진행됩니다. 기존 본관에 있었던 부서 일부가 증축된 새 건물로 이전해 나가고, 비워진 본관 공간을 리모델링하는 방식입니다. 이는 **병원 증축이 단순히 새 건물을 짓는 것**

을 넘어, 기존 본관 건물을 리모델링하는 병원 전체 구조조정을 의미합니다. 따라서 병원을 증축한다는 것은 병원 전체를 종합적으로 바라보고 조정하는 마스터 플랜을 전제로 합니다.

병원 증축을 단순히 새 건물을 건립하는 것을 넘어, 병원 전체 마스터 플랜 개념으로 본다는 것은 설계방식에도 큰 변화를 줍니다. 참고로 병원 증축으로 인해 발생하는 문제는 다음과 같습니다.

1. 병원 증축은 단순히 부족한 부서의 면적을 확장하는 것이 아니라 병원 전체의 구조조정을 전제로 한 마스터 플랜을 의미합니다. 이런 마스터 플랜이 선행되지 않으면 증축으로 인해 오히려 병원 전체의 면적 불균형이 발생하고, 이는 병원 기능을 오히려 악화시킬 수 있습니다. 병원 증축이 병원 전체의 면적 비율에 영향을 미치기 때문입니다. 예를 들어 병동부를 증축하면 병상수가 늘어나고, 이는 중앙진료부와 공급부 등의 면적에 직접적인 영향을 주게 됩니다. 또한 수술실 수를 늘리면 중환자부, 중앙공급부 등에 영향을 주게 되는데 사전에 이를 고려하지 않으면 병원 전체적인 기능은 오히려 악화 될 수 있습니다.

2. 기존의 집중형병원의 경우 본관 주변에 새 건물을 증축할 경우 연결통로가 본관 내부동선을 통과해야 하는 문제가 발생합니다. 이런 문제는 국내 집중식 병원에서 흔히 볼 수 있습니다. 이 문제를 해결하기 위하여 기존 본관 건물 내부를 통과하는 복도가 아닌 독립적인 통로가 요구되는데 이를 보통 호스피털 스트리트(Hospital Street)라고 합니다. 즉 병원을 설계할 때 향후 증축을 고려한 호스피털 스트리트를 미리 고려해 놓아야 합니다. 이렇게 병원 전체의 연결 통로 시스템을 미리 계획하는 것을 일본에서는 시스템 마스터플랜(System Masterplan)이라고 부릅니다.

3. 증축된 새 건물과 기존건물 사이에 층 고 차이에 문제가 발생할 수 있습니다. 최근에 건립되는 병원의 층 고는 첨단 설비배치를 위해 높아져 가는 추세에 있습니다. 여기서 건축가는 증축하는 건물의 층 고를 기존건물에 맞출 것인가 아니면 최근 추세에 맞추어 높게 할 것인가 하는 문제에 직면하게 됩니다. 이러한 서로 다른 층 고 문제의 해결을 위한 건축가의 창의적인 노력이 필요합니다. 필자는 증축 건물의 층고를 최근 병원 수준에 맞게 높여야 한다는 입장입니다.
4. 이런 일련의 리모델링 과정을 통해서 알 수 있는 것은 현재의 병원 기능은 언젠가는 바뀐다는 것입니다. 이는 **현재의 기능은 주인이 아니라 지나가는 손님에 불과하다는 것을 의미합니다. 이러한 생각은 병원 건축을 이해하는 시각을 완전히 바꾸어 놓습니다.** 향후 언제든지 다른 기능을 수용할 수 있도록 병원을 설계해야 하기 때문입니다.

한양대 병원건축 연구실에서는 이런 개념의 병원을 체계중심병원(Hospital Design focused on System)이라고 부릅니다. **병원을 특정 기능에 맞추어 설계하는 것(용도중심병원, Hospital Design focused on Purpose)이 아니라 체계를 먼저 만들고 그 후 기능을 그 체계 내에 배치해야 한다는 생각입니다.** 이렇게 병원을 리모델링 관점에서 바라보면 설계방식이 완전히 달라지게 됩니다. 21세기에 들어 국내병원건축의 가장 큰 패러다임 변화는 용도중심 병원에서 체계중심병원으로 설계방식의 변환이라고 생각합니다.

　동양에서 체(體)는 사물의 본체, 즉 근본적인 것을 가리키며, 용(用)이란 사물의 작용 또는 현상, 파생적인 것을 가리키는 개념으로 사용됩니다. 영어로 굳이 표현한다면 체는 structure, 용은 function이라고 할 수 있습니다. 변화하는 용이 건축의 본질이 아니라 **변화하지 않는 체가 오히려 건축의 본질임으로**, 필자는 용 중심이 아니라 체 중심으로 건축을 설계하는 것이 옳다고 생각합니다.

동양적 사고에서 어느 그릇이 있을 때 그 그릇은 체에 해당되며, 그 그릇에 용도를 부여했을 때 그것은 용에 해당됩니다. 용도중심 병원설계는 부서나 부문의 기능에 따라 평면 형태를 결정한다는 것을 의미하고, 체계중심 병원설계는 체계를 먼저 만들고 용도를 나중에 이 체계 안에 배치하는 것을 의미합니다. 따라서 체계중심 병원설계에서는 부서나 부문의 용도와 관계없이 기본 평면 형태는 기본적으로 동일합니다.

필자가 대학교에 다닐 때 건축학부 학생들 사이에 유행하던 말이 있었습니다. 서양의 건축은 가방 건축이고 동양의 건축은 보자기 건축이라는 것입니다. 가방 건축은 그 가방의 성격과 크기에 맞는 물건을 담는 것이라면 (예를 들면 서류가방, 핸드백 등) 보자기 건축은 어느 물건이든 담을 수 있는 융통성을 갖는다는 의미입니다. 용도중심병원이 가방건축이라면 체계중심병원은 보자기 건축에 해당됩니다.

결론적으로 **병원건축이 되고 싶은 형태는 변화에 쉽게 순응할 수 있는 체계중심 병원**이라고 생각합니다.

4. 용도중심병원과 체계중심병원

병원이란 병동부, 외래부, 중앙진료부, 공급부, 관리부, 교육연수부 등 그 성격과 기능이 다양한 부문들이 모여 있는 매우 복합적인(high complex) 건물입니다.

[그림 11]은 독일의 병원 건축가 로스(Roth)가 제안한 병원 평면입니다. 이 병원은 병동부와 중앙진료부의 형태를 극단적으로 대비하여 보여 줍니다. 병동부와 중앙진료부의 용도가 서로 다르므로 그 결과로 얻어진 형태에도 차이가 있습니다. 병동부가 환자가 직접 체류하며 생활하는 공간이라면 중앙진료부는 환자를 진단하고 치료하는 곳이기 때문입니다.

다음 사례는 독일 본(Bonn)의 지역병원으로, 이 병원 역시 병동부와 중앙진료부가 확연하게 다른 형태로 디자인되어 있음을 보여 줍니다. 병동부는 주거단지와 같은 형태로, 중앙진료부는 박스 형태로 되어 있고 이 건물들은 서로 브리지(복도)로 연결 되어 있습니다(그림 12).

독일의 건축가 쿠르쉬만은 변화가 많이 예상되는 중앙진료부는 성격상 미스(Ludwig Mies van der Rohe) 식의 융통성있는 홀과 같은 형태가 적절한 반면, 병동부는 소위 작은 공간으로 구성된 마치 세포 같은 성격의 공간이 적절하다고 주장합니다.

[그림 13]은 국내병원의 평면 사례입니다. 첫 번째 병원은 미스 식의 공간구성으로 부분 간에 차이가 없는 균질한 평면으로 구성된 반면, 두 번째 병원은 외래진료부, 중앙진료부, 병동부의 평면 형태가 그 성격에 따라 명확히 차별화되어 구성됩니다. 이와 같은 차별화는 부문의 성격에 맞게 발전된 것이므로 결과적으로는 질적으로 향상된 건축공간을 얻을 수 있습니다. 이러한 유형의 병원을 필자는 **용도중심병원**이라고 부릅니다.

반면에 영국에서 제안된 뉴클리우스 병원의 경우 이러한 부분의 차별화가 존재하지 않고 모두가 같은 형태로 설계되어 있습니다. 이 병원은 병원건축

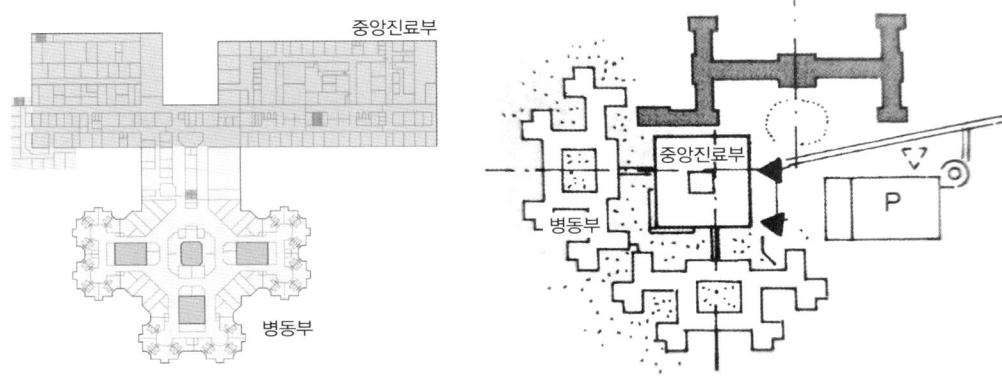

그림 11　Roth가 제안한 병원 평면

그림 12　독일 Bonn 지역병원

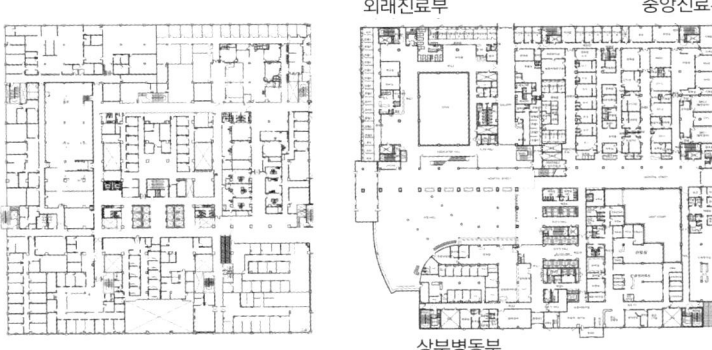

그림 13　국내 병원 평면 비교

그림 14　캐나다 맥마스터 병원 평면

의 융통성을 중요시하여 성장과 변화에 쉽게 대응할 수 있도록 같은 기본단위 (핵)로 구성하였습니다. 주요개념은 동일한 기본 단위를 더하여 전체 건축물을 만들어 간다는 생각입니다. 뉴클리우스 병원에서는 기본단위를 십자 형태로 제안하였는데, 이는 미스의 융통성있는 평면개념에서 일보 발전한 제안으로 볼 수 있습니다. 미스의 대공간에서는 아쉽게도 내부공간에서 균질한 자연 채광 문제를 해결할 수 없는 반면, 뉴클리우스 십자 형태에서는 여러 개의 작은 중정을 설치하여 실내에 균등한 자연 채광을 제공합니다. 병동부 형태 역시 특별히 차별화하지 않고 타부서와 동일한 형태로 구성됩니다. 뉴 클리우스 병원은 그러나 서로 다른 개성과 성격을 갖는 부분들을 강압적으로 같은 틀에 획일화 시켰다는 비난을 받고 있습니다.

참고로 캐나다의 맥 마스터 병원의 경우에는 균질한 내부 공간에 일부 자연채광을 도입하였으나 동선 시스템에 있어서는 체계성을 보여주지 못한 반면, 뉴 클리우스 병원의 경우에 주동선 체계(Hospital Street)를 독립적으로 분리함으로서 일보 발전된 평면 체계를 보여 줍니다(그림 14). 이러한 유형의 병원을 필자는 **체계중심병원**이라고 부릅니다.

오늘날 병원 건축의 큰 흐름을 보았을 때 우리는 각 부분의 개별성을 존중해 주는 개념과 각 부분을 동일한 존재로 해석하는 개념이 서로 대립하고 있음을 알 수 있습니다. 이에 따라 한양대 병원건축연구실에서는 병원건축을 크게 용도중심병원과 체계중심병원으로 분류합니다. 용도중심병원은 기능에 따라 평면 형태를 달리하는 것을 의미하며, 체계중심병원은 부서나 부문의 용도(기능)와 관계없이 평면 형태를 기본적으로 동일하게 설계하는 것을 의미합니다.

병원을 구성하는 부분들을 차별화하여 볼 것인가 아니면 동일한 개념으로 볼 것인가는 건축가의 철학에 따라 결정되는 문제라고 생각합니다. 차별화하여 본다는 것은 존재(병원)를 현재(Being)의 시각으로 보는 것이며, 동일한 개념으로 본다는 것은 미래 변화 가능성 즉 Becoming의 관점에서 본다는 것입니다. 이러한 질문에 대해 필자는 개인적으로 Becoming의 관점이 옳다고 생각하여 **체계중심병원 개념을 제안**합니다.

5. 병원건축의 유형 : 용도중심병원

5.1 병원건축의 유형 분류

한양대병원건축연구실에서는 병원건축의 유형(Typology)을 다음과 같은 관점에서 분류합니다(그림 15). 이는 기본적으로 병원건축을 용도중심적 관점에서 바라보았을 때의 분류방식입니다. 체계중심병원에서는 체계를 먼저 만들고 용도를 나중에 배치하기 때문에 부서나 부문의 용도와 관계없이 기본 평면 형태는 기본적으로 동일하며, 따라서 다음과 같은 분류 방식은 큰 의미를 갖지 않습니다.

- 병동부와 중앙진료부의 관계에 따른 분류: 수직형, 수평형, 혼합형
- 외래진료부와 중앙진료부의 관계에 따른 분류: 수직분리형, 수평분리형, 외래 별동형, 전문진료센터형
- 주동선 체계에 따른 분류: 선형 동선체계, 코어 중심형 동선체계
- 집중정도에 따른 분류: 집중형병원, 분동형병원
- 병동부 형태에 따른 분류: 탑상형(삼각형, 원형, 마름모형 등) 판상형, 중정형, 둘러쌓임형 등
- 병동부 복도 유형에 따른 분류: 중복도형, 이중복도형, 갓복도형, Ring형 등
- 성장과 변화에 따른 분류: 다익형, 설비층형, 무주공간형, Nucleus형 등
- 기타 역사적 형태유형에 따른 분류: 십자형(중세), 파빌리온형, 테라스형, 하니스형 등

병원건축의 유형은 확정된 개념이 아니라 열린 개념으로 이해해야 합니다. 향후 새로운 개념들이 추가로 제안될 수 있기 때문입니다.

병동부와 중앙진료부와의 관계	수직형 병원	수평형 병원	혼합형 병원	…
외래진료부와 중앙진료부와의 관계	수직분리형	수평분리형	외래별동형	전문진료센터형
주동선체계에 따른 분류	중심형 동선체계	선형 동선체계		…
집중 정도에 따른 분류	집중형 병원	분동형병원		…
병동부 형태에 따른 분류	탑상형	판상형	중정형	둘러쌓임형	…
병동부 복도 유형에 따른 분류	중복도형	이중복도형	갓복도형	Ring 형	…
성장과 변화에 따른 분류	다익형	설비층형	무주공간형	Nucleus 형	…
역사적 형태 유형에 따른 분류	십자형(중세)	파빌리온형	테라스형	하니스 형	…
한양대 병원건축 연구실의 제안	용도중심형 병원	체계중심형 병원		…

그림 15 　병원건축의 유형 분류(한양대학교 병원건축 연구실)_
　　　　　병원건축의 유형은 앞으로도 계속 다양하게 제안될 수 있습니다. 따라서 확정적인 개념이 아닌 열린
　　　　　개념으로 이해해야 합니다.

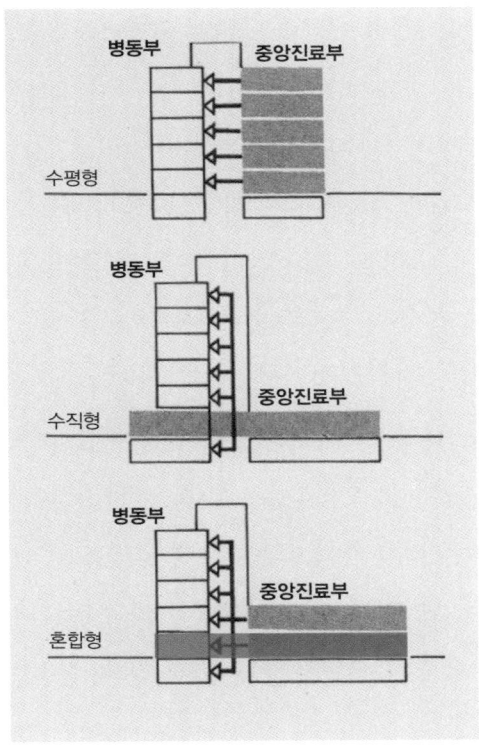

그림 16 　병동부와 중앙진료부의 관계에 따른 분류

5.2 병동부와 중앙진료부의 관계에 따른 분류

병원건축에서 병동부와 중앙진료부를 배치하는 방식은 중앙진료부를 이용하는 입원환자의 동선적인 측면에서 매우 중요한 의미를 갖습니다. 병동부와 중앙진료부의 배치 방식은 크게 수직형, 수평형, 혼합형으로 분류할 수 있습니다. 이는 병원 전체의 공간 구성뿐 만아니라 병원 형태에도 큰 영향을 줍니다(그림 16).

병동부와 중앙진료부를 수직으로 배치한 병원을 수직형 병원, 수평으로 배치한 병원을 수평형 병원이라고 부릅니다. 보통 수직형 병원은 층고가 수직적으로 높은 병원, 수평형 병원은 층고가 낮은 병원으로 생각하기 쉬우나, 층고의 높 낮음과 관계없이 **병동부와 중앙진료부를 수직으로 연결하는가, 아니면 수평으로 연결하는가**에 따라 유형을 분류합니다.

1) 수직형병원

수직형병원이란 **병동부와 중앙진료부를 수직으로 배치하는 방식입니다.** 일반적으로 병동부가 중앙진료부(기단) 위에 배치되며, 엘리베이터를 통해 서로 연결됩니다. 우리나라에서는 종종 수직형 병원이 잘못 이해되어 수직으로 고층화된 병원으로 사용되는 경우가 있는데, 실상 수직형 병원은 층수와는 무관합니다. 수직형 병원의 경우 병동부가 고층화될수록 병동부의 형태에 따라 병원 형태가 결정됩니다. 이 경우 병동부의 형태에 따라 판상형, 삼각형, 원형, 마름모형, 사각형 병동 등으로 제안될 수 있습니다.

수직형 병원은 병동부와 중앙진료부를 **짧게 수직 동선으로 연결**할 수 있어 환자, 의료진, 물류 등의 제반 동선을 최소화 할 수 있는 장점을 가지고 있습니다. 또한 병동부를 기단위에 배치함으로서 토지 이용율을 높일 수 있다는 장점이 있으나, 서로 성격이 다른 부문들의 기능을 수직으로 배치시킴으로서 각 부문의 요구에 맞는 모듈과 이에 따른 기둥간격, 설비배치 등에 갈등이 발생하게 됩니다. 또한 병동부가 보통 완결 형태로 기단위에 배치되어 변화에 쉽게 대응하기 어렵다는 문제점을 갖습니다. 수직형 병원은 지금까지 국내에서 가장 많이 사용되어 지고 있는 병동부와 중앙진료부의 연결 방식입니다.

2) 수평형병원

수평형 병원은 **병동부와 중앙진료부를 같은 층에 수평으로 연결하는 병원**을 의미합니다. 수평형병원의 원래 취지는 병동부와 이와 연관된 중앙진료부를 동일한 층에 배치하여 기능적으로 서로 긴밀하게 연결시키는데 있습니다. 예를 들어 분만부와 산부인과 병동부, 수술부와 외과계 병동부, 재활치료실과 재활병동부 등을 같은 층에 두는 방식입니다. 우리나라에서는 흔치 않아 다소 낯설 수 있으나 유럽 등지에서는 쉽게 찾아 볼 수 있는 유형입니다.

수평형 병원에서는 병동부와 중앙진료부를 수평으로 배치시킴으로서 고층의 거대하고 기념비적인 형태를 탈피하고, **인간적인 스케일의 병원 환경을 제공**할 수 있습니다. 또 병동에서 지상으로의 환자 접근성이 용이하고 병동 내에 중정을 쉽게 배치할 수 있어 입원환자들이 외부 자연조망과 채광을 접할 수 있습니다, 이는 직원들의 근무 환경에도 긍정적인 영향을 줍니다.

또한 병동부와 중앙진료부가 서로 수평으로 배치됨으로써 각 부문에 맞는 모듈, 구조, 설비 등을 유리하게 선택할 수 있습니다. 즉 병동부와 중앙진료부 각각의 목적에 맞는 건축적 제안이 가능합니다. 독일 건축가 크르쉬만은 수평형 병원은 변화에 쉽게 대응할 수 있다는 장점을 갖는데, 그 이유는 중앙진료부를 병동부와 관계없이 그 성격에 맞게 장스팬으로 계획할 수 있기 때문이라고 설명합니다. 병동부와 중앙진료부의 성격에 맞는 건축개념을 발전시키는 것은 또한 환자나 의료진의 방향감과 공간인지에도 도움을 줍니다.

그러나 수평형 병원은 상대적으로 많은 대지면적을 요구함으로 우리나라에서는 쉽게 찾아보기 어려운 유형입니다. 또한 수평형 병원에서는 병동부와

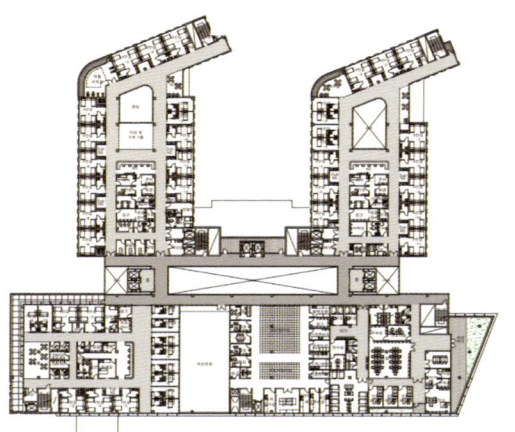 

그림 17   수평형병원의 국내 사례 (나우동인 건축사 사무소)

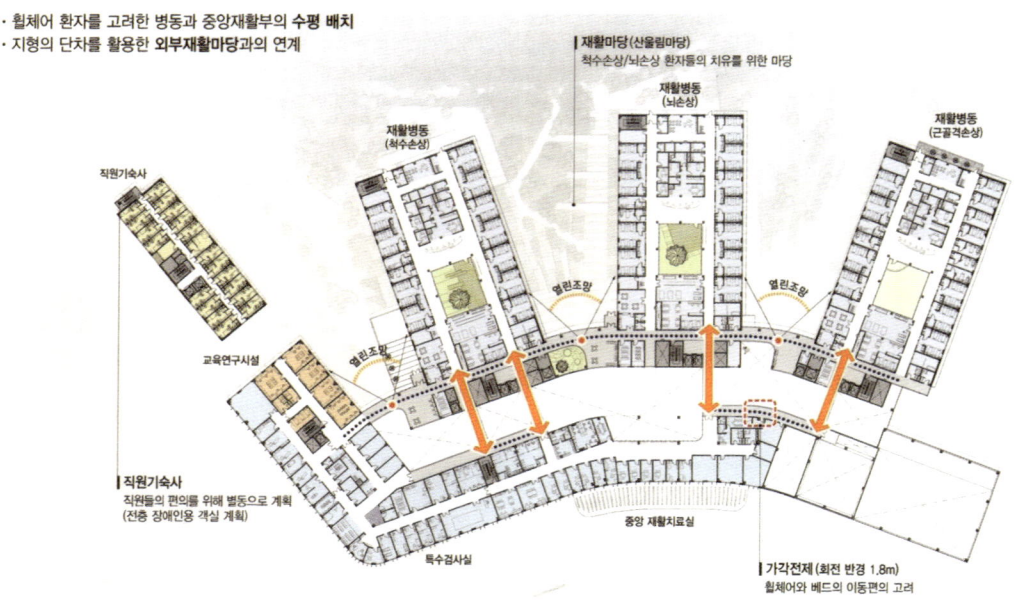

그림 18   수평형병원의 설계 사례

중앙진료부의 층 고를 동일하게 맞추어야하기 때문에 병동부의 공간 볼륨이 약 5~10% 정도 증가한다는 단점도 있습니다.

[그림 17, 18]은 병동부와 중앙진료부, 외래진료부를 같은 층에 배치한 국내 수평형 병원사례입니다. 수직형 병원에만 익숙한 국내에서는 생각하기 어려운 유형입니다만 입원 환자가 여러 층을 층을 옮기지 않고 중앙진료부를 이용함으로서 병원 감염 방지에도 유리할 수 있습니다. 의료진이나 입원환자들이 서로 섞이지 않기 때문입니다. 대규모 병원에서 같은 층에 서로 연관된 부서를 배치하는 방식은 환자나 방문객의 길찾기에도 유리합니다. 따라서 수평형 병원을 병원 내 작은 단위의 병원(clinic in the ckinic)이라고 부르기도 합니다.

국내 병원의 경우 대부분 병동부를 기단위에 배치하는 수직형으로 계획되었으나 최근에는 중앙진료부와 병동부를 수평으로 배치하는 수평형 병원들도 종종 시도되고 있습니다. 수평형 병원의 가장 큰 장점은 병동부의 형태를 상대적으로 자유롭게 제안할 수 있다는 점입니다. 수직형 병원과 달리 병동부가 기단부에 영향을 주지 않기 때문입니다. 병동 내에 중정을 쉽게 배치할 수 있고, 주변 대지 조건에 맞추어 병동부를 특별한 형태로 제안할 수도 있습니다. 특히 재활환자나 노인환자와 같이 재원기간이 상대적으로 긴 환자를 대상으로 하는 병원이나 어린이병원과 같이 심리적 환경이 매우 중요한 병원의 경우, 수평형으로 설계하면 쾌적한 병동부 환경을 제공해 줄 수 있습니다. 수평형병원의 주요 특징과 장단점을 정리하면 다음과 같습니다.

- 병동부와 이와 관련된 중앙진료부를 수평으로 배치한다.
- 병동부를 자유롭게 디자인 할 수 있다.
- 병동부 내에 정원, 중정배치가 상대적으로 쉽다.
- 병동부 층고가 높아진다.
- 수평형병원에서는 선형동선 시스템이 주 동선 체계가 된다.
- 수평 물품 이송거리가 길어질 수 있다.

병실 창문을 통해 바라볼 수 있는 나무 전경이 환자의 치유에 크게 도움이 된

그림 19 수평형병원의 병동부와 정원

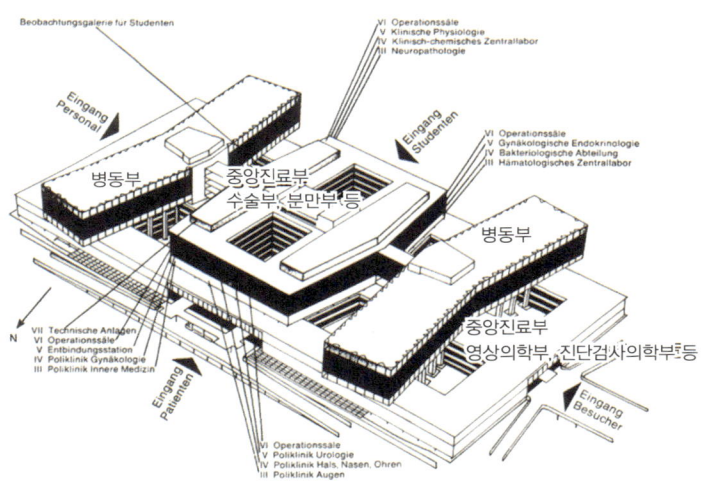

그림 20 혼합형 병원의 사례

다는 사실은 이미 학계에 보고된바 있습니다. 또한 병동과 직접 연계된 외부 공간은 환자가 체류하기에 적절한 분위기를 제공할 수 있습니다. 수평형 병원의 가장 큰 장점은 자연과 어우러지는 휴먼스케일의 병동 환경에 있습니다. [그림 19 수평형병원의 병동부와 연계된 정원 사례]

3) 혼합형병원

수직형과 수평형을 혼합한 형태로 **병동부와 중앙진료부를 수직과 수평으로 연결하는 방식**을 의미합니다. 일부 중앙진료부서는 기단부에 배치시켜 병동부와 수직으로 연결하고, 일부 중앙진료부서는 해당 병동부와 수평으로 배치시키는 방식입니다.

여러 과에서 공동으로 사용하는 영상의학부, 생리기능검사부, 내시경부 등의 중앙진료부는 기단부에 배치하고, 특정 과에서 주로 사용하는 중앙진료부는 해당 병동부와 수평으로 연결합니다. 예를 들어 분만부와 산부인과 병동부, 수술부와 외과계 병동부 등을 같은 층에 배치하여 **환자와 의료진의 동선을 최소화하고 가급적 다른 동선과 섞이지 않도록 하는 방식**입니다. [그림 20 혼합형 병원의 사례]

여러 과에서 공동으로 사용하는 중앙진료부를 특정 병동부와 수평으로 배치할 경우 오히려 환자의 이동이 불편해진다는 문제를 해결하기 위한 방안입니다.

5.3 외래진료부와 중앙진료부의 관계에 따른 분류

국내병원의 경우 외래환자의 비율이 높아 외래진료부와 중앙진료부의 배치 관계는 병원건축 계획에서 매우 중요한 의미를 갖습니다. 중앙진료부를 이용하는 외래환자의 이동이 복잡할수록 길찾기, 병원 감염 등의 문제가 발생할 수 있기 때문입니다. 오래진료부와 중앙진료부의 배치 방식은 크게 수직분리형, 수평분리형, 외래별동형, 전문진료센터형 등으로 분류할 수 있습니다(그림 21).

1) 수직분리형

외래진료부와 중앙진료부를 수직(층)으로 분리하여 배치하는 방식입니다. 보통은 아래층에 외래진료부를 두고 위층에 중앙진료부를 두는 것이 일반적입니다만 자연채광이 특별히 요구되지 않는 영상의학부, 핵의학부 등을 외래진료부의 아래, 즉 지하층에 배치하기도 합니다. 외래진료부와 중앙진료부를 층으로 분리하여 배치함으로서 외래환자와 입원환자의 동선을 확실하게 분리시킬 수 있다는 장점이 있습니다.

그러나 수직분리형에서는 성격이 서로 다른 외래진료부와 중앙진료부를 수직으로 배치함으로서 모듈, 설비, 구조 등의 건축적인 갈등이 예상되며 외래환자들이 층을 바꾸어 중앙진료부를 찾아가야하기 때문에 길찾기에 어려움이 발생할 수 있습니다. 이를 해결하기 위하여 애트리움(Atrium) 등 층간을 시각적으로 오픈하는 설계요소를 도입하고 이곳에 에스컬레이터나 계단, 엘리베이터 등을 배치하는 방안이 제안되고 있습니다.

그러나 현실적으로는 응급부가 주로 1층에 위치하고 이와 연관된 영상의학부가 근접하여 배치되는 경우가 많아 완벽하게 수직분리형으로 배치하는 것은 현실적으로 쉽지 않습니다.

2) 수평분리형

외래진료부와 중앙진료부를 같은 층에 배치하여 수평으로 연결하는 방식입니다. 외래환자가 같은 층의 중앙진료부를 찾아가는 방식이기 때문에 동선상 유리할 수 있으나 대지가 좁을 경우 외래진료부를 여러 층으로 분산하여 배치해야합니다. 소화기내과가 배치되어 있는 외래 층에 내시경부를 배치하는 등 외래환자의 성격에 따라 중앙진료부를 연계하여 배치합니다. 중앙진료부를 이용하는 입원환자의 동선과 다른 일반 외래 동선을 분리시키기 위하여 보통은 이중복도형으로 계획합니다(그림 22).

3) 외래별동형

외래 영역을 별동으로 구분하여 배치할 경우 외래진료부를 병원 같지 않은 분

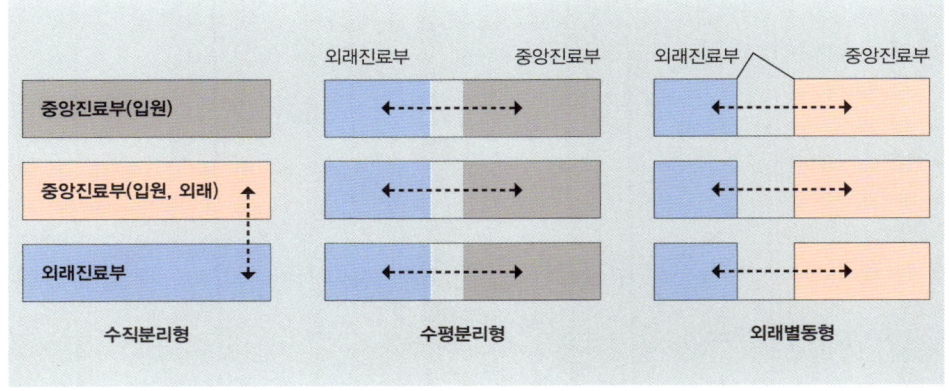

그림 21   외래진료부와 중앙진료부의 관계에 따른 분류

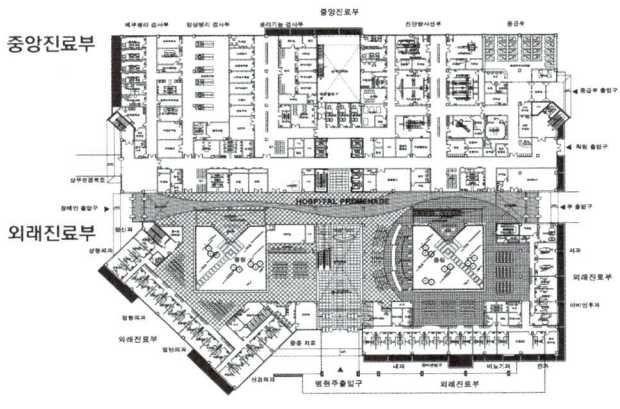

그림 22   수평분리형 병원의 사례 (광주보훈병원)

위기로 만들 수 있고 외래진료부의 모듈과 공간구성을 중앙진료부와 차별화하여 계획할 수 있습니다. 예를 들어 외래동에 아트리움이나 중정 등을 설치하여 자연채광을 제공함으로서 치유적인 분위기를 연출하거나 길찾기에 도움을 줄 수 있습니다. 이러한 유형을 보통 외래별동형 병원으로 부르는데 국내의 대표적인 병원으로는 삼성서울병원, 일산병원, 부산양산대병원 등이 있습니다.

외래별동형의 장점은 외래진료부를 차별화하여 설계함으로서 외래영역을 쾌적하게 연출할 수 있다는 점과 중앙진료부와 수평으로 연결하여 외래환자

동선을 단순화 시킨다는데 있습니다.

중앙진료부는 성격상 융통성이 요구되는 부문이고 설비집약적인 공간인 관계로 외래진료부와는 그 성격이 다릅니다. 따라서 중앙진료부를 특별한 형태로 설계하는 것은 성격상 매우 불리합니다. 중앙진료부를 위해서는 기둥간격이 넓고 설비를 제공하기 쉬운 미스식의 홀형의 공간 구성이 바람직합니다. 반면에 외래진료부에서는 비슷한 유형의 진찰실이 반복되며, 자연채광, 길찾기 및 병원 같지 않은 분위기 연출 등을 위해 중앙진료부와 차별화된 형태가 요구됩니다.

4) 전문진료센터형

최근 국내병원에서는 외래진료부와 이와 연관된 중앙진료부서를 한 곳에 모아서 운영하는 전문진료센터(심장혈관센터, 내분비센터, 암센터 등)가 제안되고 있습니다. **외래 환자가 중앙진료부서 이곳 저곳을 찾아가는 것이 아니라 한곳에서 필요한 검사와 진료를 해결하는 방식입니다.** 이 경우 외래진료부와 중앙진료부의 영역이 불분명해집니다. 따라서 중앙진료부를 이용하는 입원환자의 동선을 어떻게 외래환자 동선과 분리시키는가 하는 문제가 발생할 수 있습니다.

중앙진료부를 외래센터에 모두 분산시키는 데에는 한계가 있어 보통은 생리기능검사부 등의 일부 기능을 분산화 시키는 정도입니다. 전문진료센터형의 경우 특별한 외래영역이 존재하지 않음으로 외래진료부와 중앙진료부의 공간적인 차별성도 강조되지 않습니다.

5.4 주동선 체계에 따른 분류

병원 복도는 종종 미로로 비유됩니다. 병원 복도가 미로와 같이 복잡한 이유는 병원기능이 복잡할 뿐만 아니라 증축이나 개축이 타 시설에 비하여 빈번함으로 시간이 지날수록 건물 구조가 점점 복잡해지기 때문입니다. 또한 이용

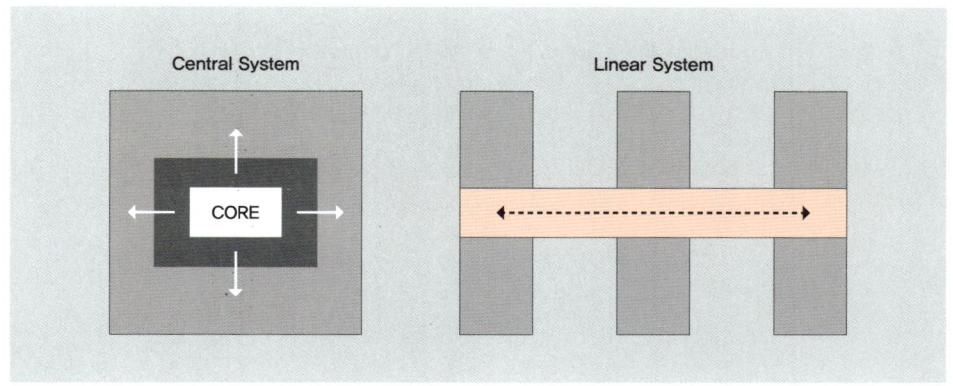

그림 23   중심형동선체계와 선형동선체계

자 계층이 외래환자, 입원환자, 응급환자, 감염의심환자, 방문객, 직원 등 다양하고 그 요구조건이 각각 다르기 때문에 이들을 연결하는 동선 체계도 복잡해질 수 밖에 없습니다.

병원의 주동선 체계는 크게 중심형 동선 체계와 선형 동선 체계로 구분합니다. 여기서 중심형 동선 체계는 중앙홀이나 중앙의 코어를 중심으로 각 부서들을 방사형으로 연결하는 방식이며, 선형 동선 체계란 각각의 부서들을 Hospital Street 등 선형 동선으로 연결하는 방식입니다. 선형 동선체계에서는 Hospital Street가 강조되며, 경우에 따라서는 이와 연계하여 여러 개의 수직코어가 생길 수 있습니다. 중심형 동선체계는 다시 코어중심형, 중앙 Hall 중심형으로 구분할 수 있습니다. [그림 23 중심형 동선체계와 선형동선체계]

1) 중심형 동선체계

중심형 동선체계는 컴팩트한 집중식 병원에서 주로 사용하는 개념으로 각각의 부서들을 엘리베이터와 근접하게 배치시킴으로서 동선을 단축시킬 수 있다는 장점을 갖습니다. 또한 중앙홀에서 환자들이 쉽게 부서를 찾아갈 수 있다는 길찾기의 장점도 들 수 있습니다. 그러나 병원의 증축을 고려하면 중심형 동선 체계는 향후 증축에 대응하기 어렵다는 지적을 받습니다.

과거 1970~80년대 국내에 건립된 병원들은 대부분 중심형 시스템의 집중식으로 계획되었으나 최근에는 각각의 부서들이 선형 축을 중심으로 연결되는 선형 시스템이 점차 일반화 되고 있습니다.

2) 선형 동선체계 병원

영국의 병원 건축가 존 위크는 병원이란 근본적으로 변하고 증축하는 속성을 가지므로 처음부터 이를 고려하여 병원을 설계해야 한다고 주장하였습니다. 그는 영국 런던의 노스워크 파크병원 계획에서 무한정병원의 개념을 제안하였는데 이 병원에서는 다양한 독립적인 건물들이 Hospital Street(주 동선 체계)로 서로 연결되어 있습니다.

병원건축에서 동선체계는 병원의 성장과 변화에 중요한 영향을 줍니다. 특히 건물과 건물, 부문과 부문, 부서와 부서 등을 연결해주는 주동선체계는 매우 중요한 의미를 갖습니다. 독일의 병원건축가 라브리가는 Hospital Street를 폐쇄형과 오픈형으로 분류하였는데 오픈형에서는 대증축과 소증축이 가능하나 폐쇄형에서는 소증축만 가능한 구조입니다. 여기서 대증축이란 새로운 건물이 추가 되는 것을 의미하고 소증축이란 기존 부서의 증축을 의미합니다. Hospital Street는 오늘날 건축가에 따라, Spine Street 등 다양하게 불리고 있습니다. 병원 복도는 위계와 용도에 따라 다음과 같이 구분할 수 있습니다.

- 외래, 입원환자, 입원환자, 방문객, 의료진 등 누구나가 이용하는 복도
  (public, 보통 Main Hospital Street, 주 복도라고 부름)
- 외래환자가 주로 이용하는 외래 복도
- 외래환자, 입원환자, 응급환자가 검사나 치료를 위하여 이용하는 복도
- 입원환자나 응급환자가 주로 이용하는 복도
- 의료진을 위한 복도

- 물품이동을 위한 복도

과거 병원의 경우 이와 같은 복도의 용도를 별도로 구분 하지 않고 혼합하여 사용하기도 하였으나 최근에는 환자 심리와 병원감염의 의미가 강조되면서 복도가 점점 세분화되어 가는 추세입니다.

병원의 증축을 위해서는 건물과 건물을 연결하는 Main Hospital Street(주동선체계)가 필요합니다. Main Hospital Street는 병원 내부를 통과하지 않는 독립적인 형태로 배치하는 것이 바람직합니다. 최근 국내에서도 증축으로 인해 여러 개로 분산된 병원 건물과 이를 연결하는 Main Hospital Street가 점점 보편화 되고 있습니다.

선형 동선 체계의 유형을 분류하면 다음과 같습니다.

첫 번째 유형은 단일 복도형으로 동선 구분없이 한 개의 복도로 연결하는 유형입니다. 한 개의 복도에 여러 종류의 동선이 혼합되므로 교차 감염의 위험이나 환자 심리상 바람직하지 않다는 평가를 받고 있습니다. 그러나 단순한 동선체계로 인해 길찾기가 비교적 쉽고 복도면적을 최소화 할 수 있다는 장점이 있습니다.

두 번째 유형은 복도를 2개 설치하여 일반복도(외래환자, 방문객 등)와 내부복도(입원환자, 직원, 물품 등)로 운영하는 방식입니다. 복도와 복도사이에 코어(엘리베이터, 계단, 화장실 등)를 배치하여 소위 봉사하는 공간과 봉사 받는 공간을 서로 분리시키는 역할을 합니다(그림 24).

세 번째 유형은 복도를 2개로 설치하되 복도와 복도 사이에 애트리움이나 중정을 두고 연결복도로 2개의 복도를 서로 연결하는 방식입니다. 복도를 2개 두는 이유는 외래환자와 입원환자의 동선을 분리시키기 위함입니다. 매스 중간에 애트리움이나 중정이 삽입됨에 따라 건물 내부에 자연채광을 확보할 수 있다는 장점이 있습니다.

그 외에도 복도를 3개 이상 설치하는 유형이 있는데 이 경우 Main Street, 외래복도, 입원환자복도, 직원복도, 물품이동을 위한 복도 등으로 구성됩니다.

5.5 집중정도에 따른 분류

1) 집중식병원

집중식병원은 한 개의 건물에 병원기능을 컴펙트하게 배치하는 유형입니다. 건물을 가급적 컴펙트하게 구성함으로서 동선 단축, 공용면적의 최소화 및 완결형적인 형태를 추구할 수 있으나 증축하기가 쉽지 않고 자연채광이나 환기의 도입에도 어려움이 있다는 문제점이 있습니다. 집중식병원에서는 보통 수직 엘리베이터를 중심으로 부서와 부문을 컴펙트하게 배치한다는 점에서 앞에서 언급한 중심형 동선 체계를 도입합니다.

근대의 합리적인 사고에 영향을 받아 짧은 동선에 가치를 둔 집중형 병원은 기능성과 효율성을 강조한 형태로 오늘날 우리에게 익숙한 단일형, 기단형(Tower on Podium), Tower and Podium형 등의 개념으로 발전하게 됩니다. 이들은 대부분 건물 중앙에 위치한 엘리베이터 코어를 중심으로 각각의 부서를 최단거리에 배치시키는 개념으로 1970~80년대 국내에서 흔히 볼 수 있었던 병원 형태입니다(그림 21 참조).

그러나 집중식 병원을 증축할 경우, 증축한 건물과 본관 중앙에 위치한 엘리베이터를 연결하는 통로가 병원 내부를 통과한다는 문제점이 있습니다. 보통은 본관 주변으로 건물을 증축하고 본관과 연결통로로 서로 연결하는 과정에서 주 동선이 병원 내부를 통과하게 됩니다. 이에 대해 일본 병원건축가 오카다 신이치는 'Hospital Street를 건물 안에 넣는 순간 실수하는 것이다'라고 주장하였습니다.

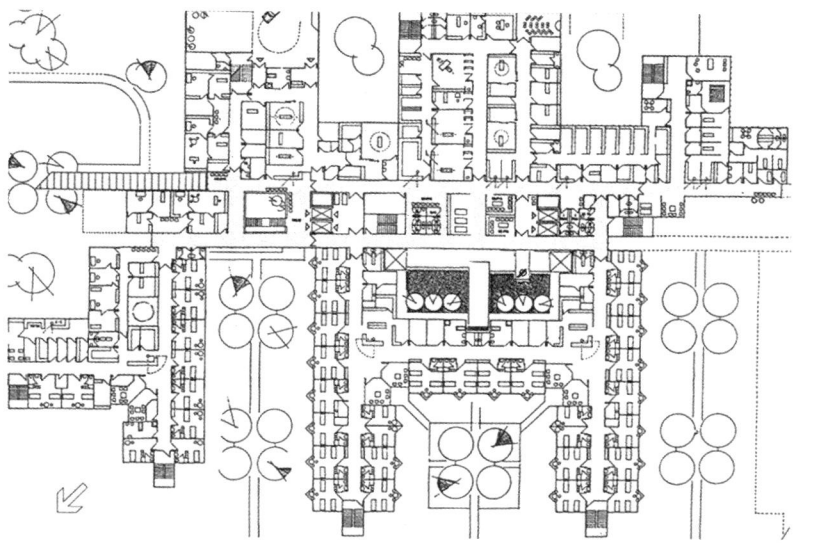

그림 24 이중복도 선형동선체계 병원 사례_ 2개 복도 사이에 엘리베이터, 계단 화장실 등을 배치함

2) 분동식 병원

병원을 집중식 병원과 같이 한 개 건물로 구성하는 것이 아니라 여러 건물로 나누어 구성하는 방식입니다. 경우에 따라서는 병원을 마치 작은 도시와 같은 형태로 만들 수도 있습니다. [그림 25 분동식 병원 사례] 병동부, 중앙진료부, 외래진료부 등 부문의 기능에 따라 건물을 구분하기도 하고, 암센터, 여성 센터, 재활센터, 노인센터 등 건물의 용도에 따라 분동형으로 제안하기도 합니다. 이와 같이 다양한 용도에 맞게 건물을 독립된 동으로 계획하는 경우 각각의 용도에 맞는 건축 형식이나 형태를 선택할 수 있다는 장점이 있습니다. 분동식 병원의 대표적인 사례로 18세기의 파빌리온 병원을 들 수 있습니다.

집중식병원이 중심형 동선체계를 갖는 반면 분동식 병원은 선형 동선체계로 구성된다는 측면에서 보면 주동선체계로 분류하는 방식과 다소 중복되는 개념입니다.

집중식으로 설계된 병원들도 건립 후 증축을 통해 점점 분동식 병원으로 변해갑니다. [그림 8]은 시간의 흐름에 따라 집중식 병원이 어떻게 변화되어 가는지를 보여주는 사례입니다. 초기에 집중식으로 병원을 건립했을 경우 증축된 건물과 본관과의 연결이 매우 제한적이거나 건물 내부를 통과해서 연결되는 경우가 종종 발생합니다. 따라서 집중식으로 병원을 설계하는 것은 향후 증축의 관점에서 보면 바람직하지 않다고 판단됩니다.

5.6 병동부 형태에 따른 분류 방식

국내병원의 병동부 형태는 큰 변화없이 오랫동안 침체되어 왔습니다. 오늘날까지 이중복도형의 틀을 벗어나지 못하고 병원마다 큰 차이가 없이 다소 획일적으로 설계되었다고 해도 과언이 아닙니다. 1990년대에는 일본의 영향으로 국내에서 삼각형 형태의 병동부도 시도되었는데 이러한 병동 형태는 짧은 동선을 추구한 근대의 정신을 잘 표현합니다. 우리가 잘 알고 있는 「Form Follows Function」이라는 근대 철학에 병동부가 아주 충실히 따른 결과입니다. 그 동안 국내외에서 간호 동선에 대한 연구가 많이 진행되었는데 그 결과로 제안된 이중복도형이나 삼각형 병동부가 기능면에서 단연코 많은 장점을 갖는 것도 사실입니다. 근대의 정신인 건축은 살기 위한 기계를 가장 잘 표현한 사례가 이런 형태의 병동부가 아닌가 라는 생각을 해봅니다.

그러나 운영방식에 최적화된 이런 컴팩트한 병동은 인간을 위한 환경을 도외시한 공장이라는 비판을 피하지 못하고 있습니다. 이중복도형 병동부는 복도에 자연 채광이 매우 제한적이라는 측면에서 환경적으로는 바람직하지 않은 병동부 유형입니다. 필자는 이러한 병동형태가 환자의 행동을 위축시킨다는 관점에서 자폐 건축이라고 부릅니다. 여기서 자폐란 주변(자연)과의 흐름관계를 상실하여 서로 공명하지 않는 상태를 의미합니다.

기능을 강조한 근대건축은 자연이 갖는 긍정적인 힘에 큰 의미를 부여하지 않았습니다. 특히 환자의 생명을 다루는 병원건축은 근대 이후 자연을 외면하

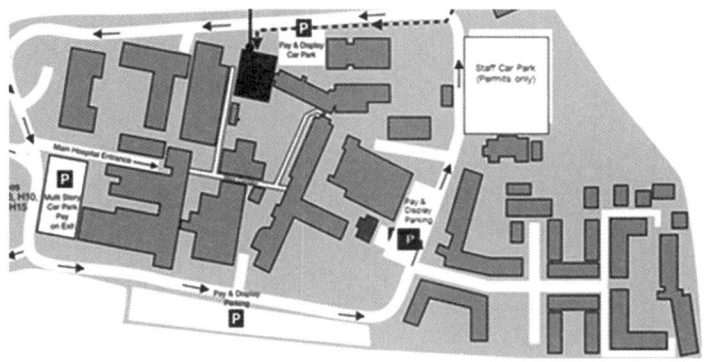

그림 25   분동식병원 사례

는 대표적인 건축물이 되고 있습니다.

건축이란 주변 자연들과의 관계 맺음을 통하여 좋은 흐름의 장(場, field)을 만들어 주는 작업이라고 필자는 생각합니다. 여기서 장(場)이란 존재들이 갖는 상호 흐름에 의해 만들어진 종합된 세계를 의미합니다. 보이지 않지만 존재하는 자연의 좋은 기운을 발견하고 이를 생기 넘치는 장(場)에 담아 줌으로써 이곳에 사는 인간을 건강하게 만들어 주는 것이 건축의 존재 이유가 아닐까요? 인간을 자연과 건강한 관계를 맺게 해주는 것이 바로 치유건축이고, 이것이 병원 건축에 꼭 필요한 요소라고 생각합니다.

공간이 사람에게 자연의 생명력을 중재하지 못할 때 그 공간은 자폐적 공간으로 전락하게 됩니다. 병원이란 아픈 환자를 치료하는 장소입니다. 따라서 병원이야 말로 자연의 좋은 장(場) 에너지가 채워져야 할 장소입니다(Peter Yang, 몸과 마음을 치유하는 공간).

이중복도형에 대한 대안으로 병동 복도에 자연채광을 도입하는 중정형 병동부를 제안할 수 있습니다.

최영미는 치매환자를 대상으로 한 병동부에서 감각자극디자인을 연구한 결과를 복도에 자연채광과 녹지가 보일수록 환자 행태가 크게 달라진다는 사실을 발견하였습니다. (최영미, 다 감각자극을 고려한 치매시설의 치유환경 조성에 관한 건축계획적 연구, 한양대학교 박사논문) 다감각 환경에 따라 달라지는 치매환자의 행태는 그들과 같은 감성을 갖는 일반인에게도 같이 적용될 수 있다고 필자는 생각합니다.

손지혜는 한양대 박사학위 논문 「사회적 치유환경 조성을 위한 병동부 공용공간의 건축계획 연구」에서 환자들이 병동부에서 타인과의 사회적 접촉 및 군집을 통하여 치유되는 사회적 치유환경 개념을 병동부 설계에 반영해야 한다고 주장합니다. 그녀는 효과적인 사회적 치유환경으로서 데이룸, 프로그램실 및 발코니 계획에 대해 제안하였고, 병동부내의 소규모 휴게공간은 사회적 접촉 유발에 불리함으로 지양할 것을 주장했습니다. 또한 병동부 복도는 편복도로 계획하는 것이 사회적 접촉 향상에 바람직하며 이를 위하여 병동부 내에 중정을 배치할 경우 복도구조와 중정이 연계된 형태가 집사회적인 공간계획으로 효과가 있다고 주장하였습니다.

김제원은 「중정형 병동부의 건축적인 효과에 관한 연구」에서 병동부에 중정을 두는 경우 중정이 없는 일반 병동부 보다 복도 바닥면적은 평균 4.5%정도 증가하여 그 차이가 미비하고, 일반적으로 생각하는 것처럼 중정으로 인해 간호 동선은 길어지지 않으며, 간호스테이션을 분산 배치할 경우 오히려 간호동선을 더 짧게 줄일 수 있다고 주장하였습니다. 또한 중정을 두는 경우 작은 규모로 나누어 분산 배치하는 것이 복도채광 효과에 더 유리하다고 합니다. 결과적으로 중정을 두는 것은 병동부 복도면적의 증가나 간호동선이 길어지는 부정적인 측면 보다 복도채광에 미치는 긍정적인 영향이 크다는 것입니다(그림 26).

국내 병동부는 오랫동안 병원 기단위에 배치하는 수직형으로 계획되었으나 최근에는 중앙진료부와 병동부를 수평으로 배치하는 수평형 병원들도 일부 시도되고 있습니다. 수평형 병원의 경우 병동부가 기단부에 영향을 주지 않음으로 그 형태를 상대적으로 자유롭게 제안할 수 있습니다. 중정을 배치하고, 주변 자연 조건에 맞추어 형태를 변형시키는 것이 수직형 병원 보다 자유롭습니다. 특히 재원기간이 상대적으로 긴 재활병원이나 노인병원의 경우 병동부 환경이 매우 중요합니다. 이 경우 병동부를 수평형으로 설계하면 쾌적한 병동부를 제안할 수 있습니다.

한편으로 전체 병원 면적 중에서 병동부가 차지하는 면적 비율이 상대적으로 높기 때문에 수직형 병원의 경우 병동부의 형태가 병원 전체에 미치는 영향이 크다고 할 수 있습니다. 특히 병동부가 수직으로 고층화될 경우 병원형태는 병동부의 형태에 크게 영향을 받게 됩니다. 병동부 형태는 크게 탑상형, 판상형, 둘러쌓임형, 테라스형 등으로 구분되며 탑상형은 그 평면형태에 따라 T자형, Y자형, H자형, +자형, 삼각형, 원형, 빗형 등 다양하게 분류할 수 있습니다.

    탑상형 병동은 일반적으로 병동부를 기단위에 배치하여 고층으로 계획합니다. 대표적인 국내 사례로 삼성서울병원, 일산병원 (이상 삼각형 병동) 등을 들 수 있습니다. 그러나 탑상형 병동은 일반적으로 완결적인 형태를 가지므로 향후 병동부의 증축이나 형태 변경에 대응하기 어렵다는 단점을 갖습니다. 특히 병동부 리모델링시 기존 병동부의 면적이 부족할 때 탑상형 병동부의 리모델링은 제한적으로 진행될 수 있습니다.

    판상형 병동은 과거 남향을 추구하던 이유로 주로 국내에서 선호되었던 형태입니다. 판상형병동의 평면은 보통 갓 복도형, 중복도형, 이중복도형 등의 복도체계로 내부 공간이 연결됩니다.

    둘러싸임 형이나 빗 형은 수평형 병원에서 병동부와 연계하여 외부공간을 형성하기 위한 수단으로 둘러싸는 방식입니다. 우리나라에서는 쉽게 찾아보기 어려운 형태이나 유럽의 경우 접지성을 높이기 위해 다양하게 시도되고 있

그림 26　중정형 병동부 사례(나우동인 건축사사무소)

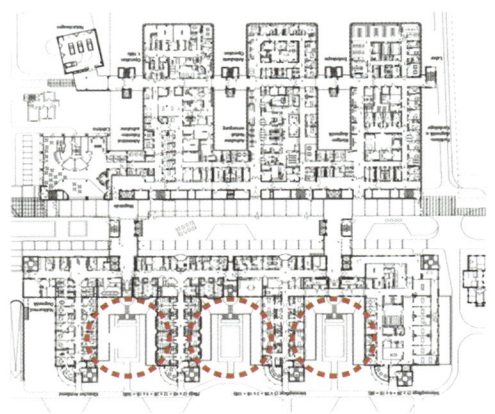

그림 27　둘러싸임형 병동부 사례

습니다. 병동으로 둘러쌓인 외부 공간은 보통 환자를 위한 정원으로 사용됩니다. 둘러싸임형의 원형은 파빌리온식 병동으로 이는 여러 개의 작은 단위의 병동들이 중정을 사이에 두고 배치된 건축 유형입니다. 병실에서 환자들이 정원을 직접 바라 볼 수 있다는 큰 장점이 있습니다(그림 27).

마지막으로 병동부를 복도 유형으로 분류하면 갓복도형, 중복도형, 이중복도형 등이 있습니다. 또한 중정의 유무에 따라 중정형 병동, 테라스의 설치 여부에 따라 테라스형 병동 등이 있습니다.

6. 병원건축의 유형 : 체계중심병원

21세기 들어 국내 병원건축 설계에 큰 패러다임 변화가 보이고 있습니다. 용도중심병원설계(Hospital Design focused on Purpose)에서 체계중심병원 설계(Hospital Design focused on System)로 설계방식이 전환되고 있다는 점입니다. 이를 필자는 병원건축 설계에 있어서 코페르니쿠스적 전환이라고 부릅니다. 병원 설계의 관점이 완전히 바뀌기 때문입니다.

6.1 체계중심병원의 주요개념과 특징

4장에서 언급한 바와 같이 체계중심병원설계 개념은 이미 20세기에 영국의 병원건축가 존 윅(John Week)이 제안한 뉴클리우스병원(Nucleus Hospital)에서 그 사례를 찾아 볼 수 있습니다. 핵심 내용은 병원을 특정 용도나 기능에 맞추어 설계하는 것이 아니라, 동일한 기본 체계를 먼저 제공하고, 이 체계에 기능을 나중에 배치한다는 것입니다(그림 28).

이런 사고는 1960년대 전후 네델란드 구조주의 건축가(Structuralism)들이 주장했던 개념과 근본적으로 맥락을 같이 합니다. 근대 건축가들이 주장한 'Form follows Function (형태는 기능을 따른다)'에 대한 반발로 구조주의 건축가들은 기본 단위 공간들(Unit)과 이를 연결하는 체계(structure, 복도 등의 체계를 의미함) 만 건축가가 제공하고, 공간의 최종 용도는 건축가가 아닌 이용자(거주자)가 결정해야 한다고 주장합니다. 공간의 용도를 건축가가 결정하는 것이 아니라 이용자가 결정한다는 생각은 '형태는 기능을 따른다'라는 근대 건축의 신조(信條)를 완전히 무너뜨립니다. 예를 들어 오늘날 국내 대부분의 아파트 설계에서, 거실, 주방, 침실 등 실의 명칭(기능)을 건축가가 부여합니다. 이러한 기능 중심의 사고방식은 아파트 거주자의 삶을 획일화하고 고정화시킨다는

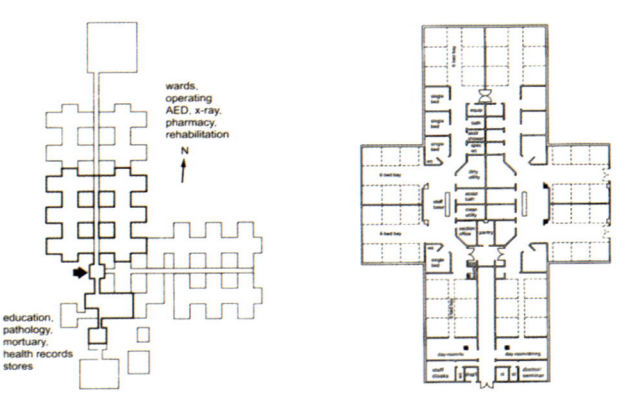

그림 28 영국의 뉴클리우스 병원 평면_ 모든 부서를 동일한 형태의 평면으로 계획한다.

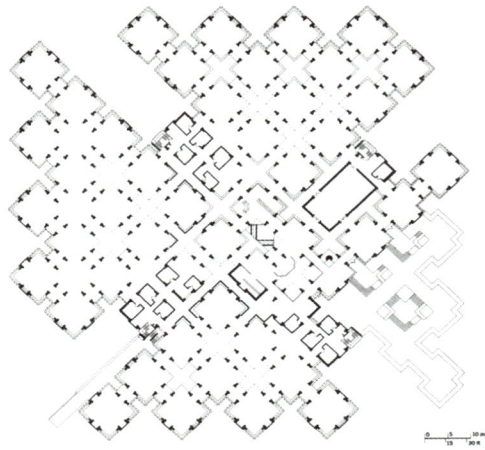

그림 29 헤르만 헤르쯔베르그가 설계한 센트럴 베헤르 오피스 평면

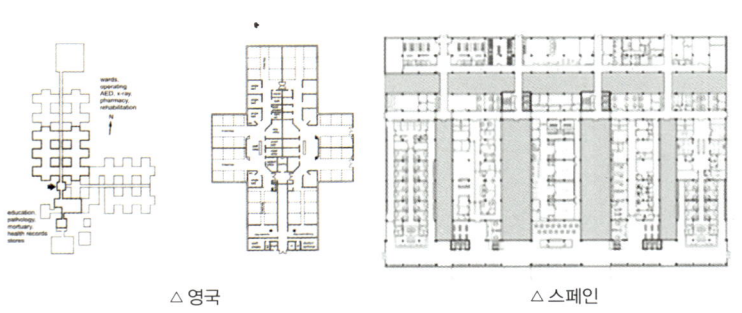 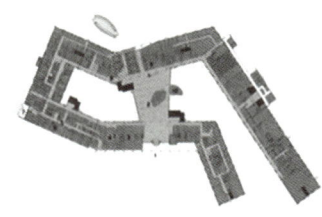

△ 영국   △ 스페인   △ 네덜란드

그림 30 체계중심병원의 외국 사례

비판을 받습니다. 반면에 공간의 용도와 명칭을 건축가가 아니라 이용자가 결정한다면, 기존의 기능 중심적 설계 방법과 내용이 완전히 바뀌게 됩니다.

구조주의 건축의 대표적인 사례로 네델란드 건축가 헤르만 헤르쯔베르그(Herman Hertzberger)가 설계한 센트랄 베헤르(Centraal Beheer) 오피스 건물을 들 수 있습니다. 그는 60개의 완성되지 않은 동일한 큐브 유니트(Cube Unit)와 이를 연결하는 동선체계 만을 제안하고, 각각의 큐브공간의 용도와 마감은 이용자가 결정하여 최종적으로 건물을 완성하게 하였습니다. 건축설계시 기능에 맞추어 평면을 결정하는 것이 아니라, 주어진 기본 틀(구조, structure)에 이용자가 기능을 부여하고 완성하는 것입니다. 그 이후 Form follows Function 대신 Form evokes Function(형태는 기능을 유발한다)란 새로운 표어가 등장합니다. [그림 29 헤르만 헤르쯔베르그가 설계한 센트랄 베헤르 오피스 평면]

현대사회와 같이 미래의 건물 이용자가 누군지 불확실할 경우, 또는 이용자 개개인의 요구를 파악하기 어려운 상황에서 구조주의적 건축개념은 큰 설득력을 갖습니다.

병원건축에 나타난 구조주의적인 경향은 한양대학교 건축학부 석사학위논문에서 주제로 다룬바 있습니다. 조준영은 「병원건축에서 나타나는 구조주의적인 경향과 국내 종합병원에서의 적용 가능성에 관한 연구, 2008」에서 영국의 뉴클리우스병원과 독일 병원건축에서 시도되고 있는 구조주의적인 특징을 연구하였습니다. 재미있는 것은 영국 뉴클리우스병원이 증축과정에서 십자형의 기본 틀(Unit)을 계속 유지하지 않고, 기능주의적인 형태로 그 개념을 바꾸었다는 것입니다. 기본적인 십자형 틀이 오히려 공간 배치에 제한적인 요인으로 인식된 것으로 해석됩니다.

반면에 독일이나 네델란드 병원의 경우, 영국의 뉴클리우스병원과 같이 기본적 단위의 유니트를 제공하기보다는 병원 공간을 크게 가변영역과 고정요소 로 구분하고, 가변영역의 경우 부서 공간깊이(부서의 폭)를 중요시한다는 점에서 뉴클리우스병원 개념과는 근본적인 차이를 보여줍니다(그림 30, 35).

용도중심병원설계는 기능에 따라 평면 형태를 결정한다는 것(different Purpose, different Form)을 의미합니다. [그림 31]의 왼쪽 평면도의 경우 부문의 용도에 따라 평면 형태가 다르다는 것을 알 수 있습니다. 반면에 [그림 31 오른쪽] **체계중심병원설계에서는 부서나 부문의 용도와 관계없이 평면 형태는 기본적으로 동일합니다**(different Purpose, same Form). 이러한 관점에서 5장에서 분류한 병원건축의 유형 중, 병동부와 중앙진료부와의 관계, 외래진료부와 중앙진료부와의 관계 등은 전형적으로 용도중심병원에만 해당되는 사항입니다. 체계중심병원에서는 근본적으로 병동부, 중앙진료부, 외래진료부 등의 영역을 설계단계에서 별도로 구분하지 않기 때문입니다.

병원설계 방식에 근본적인 변화가 생긴 가장 큰 이유는 병원 리모델링에 있다고 생각합니다. 낡은 병원을 리모델링하는 과정에서는 기존의 부서나 부문을 다른 장소로 이전하여 비우고, 이곳에 다른 기능을 배치하는 상황이 계속해서 발생합니다. 그러나 이전으로 비워진 기존 공간에 다른 기능을 배치할 경우 용도중심병원에서는 큰 갈등이 발생합니다. 예를 들어 외래진료부에 맞게 설계된 평면에 중앙진료부라는 기능을 새로 배치할 때 발생하는 갈등입니다. 이솝 우화에서 여우는 접시에, 두루미는 호리병에 음식을 담지 주지 않으면 먹기 어렵다는 비유와 같은 이치입니다. 접시에 담았던 중앙진료부를 호리병에 옮겨 담으려 할 때 뭔가 잘못되었음을 깨닫게 된 것입니다. 부서 위치를 이동하는 상황은 비록 리모델링 아니라고 해도 병원의 증축 과정에서도 빈번히 발생합니다. 리모델링의 시기가 도래하지 않은 상황에서도 병원을 증축할 경우 부서배치를 새롭게 하는 소위 공간 구조조정이 발생합니다.

필자는 개인적으로 1970년대에서 2000년대 초까지 국내에 지어진 병원을 병원건축 제1세대라고 분류합니다. 이 시기는 미래에 다가올 리모델링이나 증축에 대해 크게 고민하지 않고 병원을 설계한 세대입니다. 그리고 1세대 병원이 리모델링 과정에서 얻은 교훈과 경험으로, 병원 건축설계에 새로운 시각을 갖게 된 것이 병원건축 제2세대입니다. 제2세대에서는 미래에 발생하게 될 리모델링과 증축을 사전에 미리 고려하는, 소위 지속 발전 가능한 병원에 대한 고민을 시작합니다. 이러한 이유에서 삼성서울병원이 건립당시 국내의 선도적인 병원이었음에도 불구하고 필자는 제1세대 병원건축으로 분류합니다.

제1세대 병원을 리모델링하는 과정에서 배운 중요한 교훈은 용도중심으로 병원을 설계하면 리모델링이 결코 쉽지 않다는 점입니다. 미래 지속 발전 가능한 병원건축을 위해서는 신축시부터 1세대와는 다른 새로운 전략을 세워야만 반복적인 실수를 피할 수 있습니다. 참고로 한양대 병원건축 연구실에서 제안하는 국내 종합 병원 리모델링 주요 전략을 정리하면 다음과 같습니다.

1. 지난 20~30년 동안 국내종합병원에서 설비면적이 가장 급격하게 증가하였다. 최근 병원건축(공간)의 질은 설비가 결정한다. 병원 증축시 층고 높은 건물을 우선적으로 확보한다. 또한 체계적인 설비공간의 배치를 고려한다.
2. 병원건축에서 증축은 필수적인 과정이다. 병원 증축시 의도적으로 Main Hospital Street를 확보해야 한다. Main Hospital Street를 소홀히 하는 순간 병원의 전체 기능은 혼란스러워진다.
3. 기능에 맞추어 병원을 설계하는 것이 아니라 보편적인 체계 틀을 먼저 구성하고 그 후에 병원 프로그램(기능)을 배치한다. 프로그램(기능)을 쉽게 재배치할 수 있는 병원이 경쟁력있는 병원이다.
4. 우리 시대는 새로운 병동부 개념을 요구하고 있다. 기존 병동부의 리모

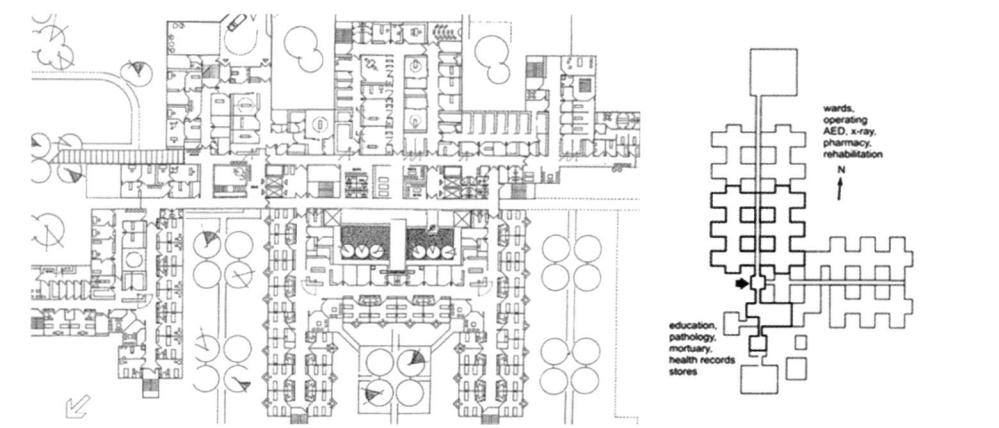

用도중심 병원설계:
용도에 따라 형태가 각각 다름

體계 중심의 병원설계:
용도와 관계없이 보편적인 형태를 가짐

그림 31 용도중심병원과 체계중심병원의 개념 비교

델링을 위해서는 일반적으로 간호운영방식의 재구성이 전제된다.

5. 병원 리모델링시 패러다임의 변화를 반영해야 한다. 기존 국내병원건축은 기능위주의 컴팩트하며 자연과 단절된 자폐적인 공간 특성을 갖는다. 최근 병원의 공용공간은 기능개념에서 돌봄의 개념으로 변화하고 있다.

6. 병원 리모델링의 절차는 우선 증축을 통하여 이전할 수 있는 공간을 확보하고, 그 다음 이전으로 인하여 비워진 기존 건물을 리모델링하는 방식으로 진행된다. 이를 위해 먼저 마스터플랜을 제안하는 것이 바람직하다. 마스터플랜이란 병원이 미래 어떤 방향으로 갈 것인가를 제시하는 상위 전략 계획을 의미한다.

제1세대 병원의 가장 뚜렷한 특징은 용도(用途) 중심으로 설계된 점이고. 제2세대 병원의 주된 특징은 체계(體系)를 중요시 한다는 것입니다. 참고로 동양적 사고에서 용(用)이란 일시적 개념으로 받아들여, 어느 그릇이 있을 때 그 그릇은 체(體)에 해당되며 그 그릇에 용도를 부여했을 때 그것은 用에 해당됩니다. 이처럼

동양에서는 변화하는 用보다 근본적인 體를 더 중시해 왔습니다. (강진원, 알기 쉬운 역의 원리)

> 體(병원의 건축적 체계) 〉 用(병원의 용도 및 기능)
> 변화에 대응하기 위해서는 가변적인 용도 보다 고정적인 체계가 우선되어야 함으로 먼저 체계를 만들고 여기에 용도를 부여한다.

체계중심병원이란 시간의 흐름에 따라 변하는 용도나 기능에 맞추어 건물을 설계하기 보다는, 오히려 변화에 쉽게 대응할 수 있는 건축적 기본 체계(틀)를 더 중요시 하는 설계개념입니다. 따라서 각 부서나 부문이 요구하는 특별한 기능보다는 체계에 의하여 병원 형태가 우선적으로 결정됩니다. 이를 통해 향후 기능 변화에 쉽게 대응할 수 있다는 장점을 갖습니다. 병원에서 용도나 기능은 언젠가는 변할 수 있는 지나가는 과정으로 인식하기 때문입니다.

체계중심병원의 주요 개념은 병원 공간을 변화하는 영역(가변영역)과 변화하지 않는 영역(고정요소)으로 명확히 구분하여 설계하는 것입니다. [그림 32 가변 영역과 고정요소의 분리 배치 사례] 가변영역에서 중요한 것은 부서의 공간 깊이입니다. 부서공간 깊이란 공용복도에서 외벽까지의 거리, 즉 부서 내부 폭을 의미합니다(그림 33). 다양한 기능을 수용할 수 있는 가변영역의 조건을 정리하면 다음과 같습니다.

- 동일한 부서공간 깊이 확보
- 넓은 기둥 간격 확보 (long span)
- 일정한 모듈 제공
- 설비를 위한 적절한 층고 확보
- 자연채광 확보 가능성 제공
- 고정요소와의 공간적 분리 등

고정요소는 병원기능이 아무리 바뀌어도 쉽게 변하지 않는 부분으로 다음의 요소들이 이에 해당됩니다.

- 엘리베이터, 에스컬레이터, 피난계단 등의 수직교통
- 여러 층에 연결된 설비 샤프트, 수직 덕트
- 공조 및 전기기계실 등

그 외에도 주 동선체계(Main Hospital Street) 역시 쉽게 변하지 않는 건축적 요소입니다만 필자는 이를 고정요소가 아닌 연결요소로 분류하였습니다.

각 나라별로 체계 중심적 병원의 설계 유형은 다양하지만, 공통된 특징은 동일하거나 유사한 부서공간 깊이의 확보와 고정요소의 분리 배치에 있습니다. 부서 공간깊이 개념은 단순하고 쉬운 개념입니다. 부서의 공간깊이가 같거나 유사하면 리모델링시 부서 위치를 쉽게 바꿀 수 있다는 논리입니다(그림34). 김은석은 국내병원이 체계중심병원으로 그 설계 방식이 변화되어야 한다고 주장하며, 체계중심병원에서 고려해야 할 점을 다음과 같이 제안하였습니다. [김은석, 내부변화 대응을 위한 병원건축의 체계구성에 관한 연구, 2019 한양대 대학원 박사 논문]

1. 체계중심병원을 구성하는 주요 요소에는 가변영역과 고정요소가 있으며 병원 설계시 가변영역과 고정요소를 공간적으로 명확히 구분하는 것이 중요하다.
2. 부서공간깊이의 적정범위로 18m~23m를 제안한다(수술부, 영상의학부 제외). 국내병원 조사에서 공간 깊이가 22m 내외에서 용도 변화에 쉽게 대응할 수 있었다.
3. 부서 공간깊이가 상대적으로 깊은 수술부와 영상의학부의 특수성을 고려하여 이중선형시스템으로 설계할 것을 제안한다. 이중선형시스템

에서는 필요시 공간깊이 폭을 부분적으로 확장 시킬 수 있다.

4. 체계중심병원에서는 시간이 지나도 변하지 않는 고정요소를 체계적으로 배치하는 것이 중요하다.
5. 체계중심병원에서는 용도중심의 공조(설비)조닝이 아니라 체계중심의 공조(설비) 조닝계획이 전제되어야 한다. 체계중심 공조 조닝 계획이란 부서배치가 변경되어도 특정한 공조기 교체없이 덕트 라인만 변경함으로 변화에 쉽게 대응할 수 있는 방식을 의미한다. 즉 체계중심병원에서는 체계적인 설비계획이 중요한 전제조건이 된다.

여기서 중요한 것은 병원의 기능변화가 리모델링 과정에서만 발생하는 것이 아니라는 점입니다. 육허정일은 국내 병원 현상설계에서 당선된 작품이 설계 과정에서 평면배치가 얼마나 많이 변화되었는지를 연구하였습니다. [육허정일, 국내 종합병원 설계경기 당선작의 설계변경 원인에 관한 연구, 한양대학교 대학원, 2021] 현상설계나 턴키에서 선정된 작품들이 실시설계 과정에서 발생하는 설계변경을 보면 병원건축은 기본적으로 변화를 전제로 설계되어야 함을 알 수 있습니다. 특히 용도중심병원으로 설계된 병원들이 설계과정에서 체계중심병원으로 전환되는 사례를 쉽게 찾아볼 수 있는데 이렇게 하지 않으면 설계 변경이 가능하지 않기 때문입니다.

그런 의미에서 용도중심병원에서 체계중심병원으로 설계 패러다임을 바꾸는 것은 이제 선택이 아니라 필수 사항이라고 필자는 생각합니다. 쉽게 기능과 용도를 바꿀 수 있는 건축구조(structure)가 전제되어야 병원건축의 지속적인 발전이 가능하기 때문입니다.

참고로 병동부는 체계중심병원 설계에서 예외적인 의미를 갖습니다. 병동부의 수직동선과 설비 덕트 공간이 아래 기단층과 긴밀히 연결되기 때문입니다. 병동부의 배치나 내부 구조가 변경되면 병원 전체의 배치 구조에도 영향을

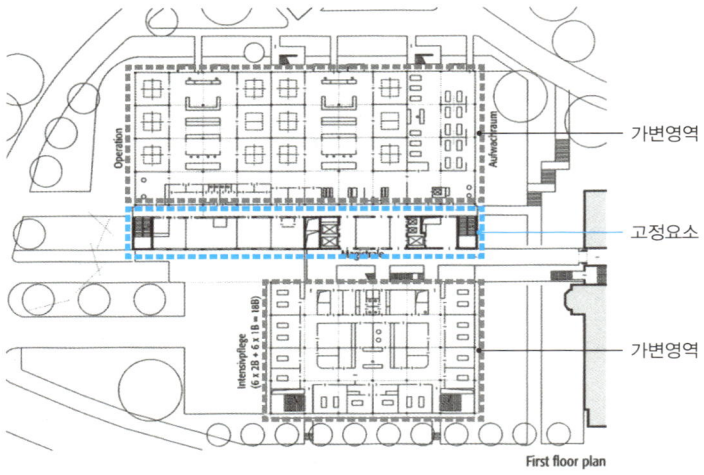

그림 32   가변영역과 고정요소의 분리 배치 사례

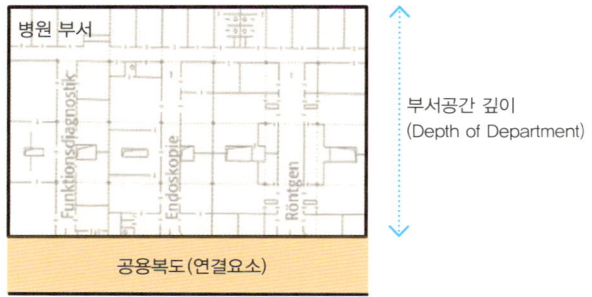

그림 33   부서공간깊이의 개념

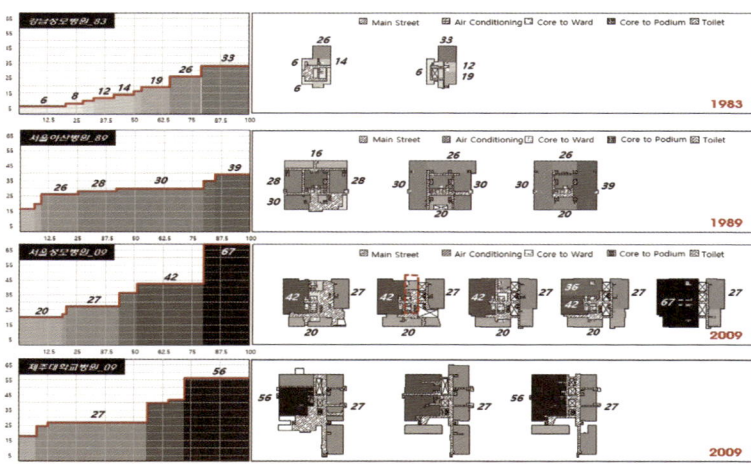

그림 34   국내 종합병원 부서공간깊이 사례 (김은석의 연구에 의함)

미칩니다. 따라서 저는 병동부를 用이라기 보다는 體로 분류합니다. 병동부를 가변요소라는 측면 보다는 고정요소로 보는 것이 더 현실적이기 때문입니다.

그러나 네덜란드 마티니 호스피탈(Martini Hospital)이나 영국의 뉴클리우스 병원의 경우 병동부 역시 언제든지 다른 용도로 변경될 수 있도록 설계되어 있습니다. 이들 병원에서는 병동부의 영역을 중앙진료부나 외래진료부의 영역과 별도로 구분하지 않습니다. 따라서 병원 어느 위치에도 병동부의 배치가 가능합니다.

최근 국내에서도 병동부를 다른 용도로 변경하는 사례를 병원 리모델링 과정에서 찾아 볼 수 있습니다. 앞으로는 기단부와 수직적으로 접한 병동부의 1, 2개 층 정도는 다른 용도로의 변경이 가능하도록 층고나 설비를 초기 단계부터 미리 고려하는 방안을 제안해 봅니다.

과거 병원건축 제1세대에서는 병원을 용도중심으로 설계했다면 오늘날의 병원은 변화하는 용도가 아니라, 변하지 않는 체계를 우선적으로 설계하는 체계중심병원으로 설계할 것을 제안합니다. [이상의 내용은 국내병원건축 패러다임 변화, 양내원, 한국의 병원건축 II의 내용을 인용하여 편집함]

6.2 체계중심병원의 구성요소

체계중심병원을 구성하는 요소에는 크게 가변영역, 고정요소, 연결요소, 돌봄요소가 있습니다. 이에 대하여 설명하면 다음과 같습니다(그림 35).

1) 가변영역

가변영역은 다른 용도로 쉽게 변경이 가능한 공간영역으로 부서공간과 내부복도로 구성됩니다. 보통은 Uni Block 한 형태의 균질한 공간으로 계획하는 것이 바람직하며, 가변영역 내에 고정요소가 없을수록 융통성 확보에 유리합니다. 가변영역 설계시 특정 기능에 맞는 특별한 평면 형태는 가급적 피해야 합

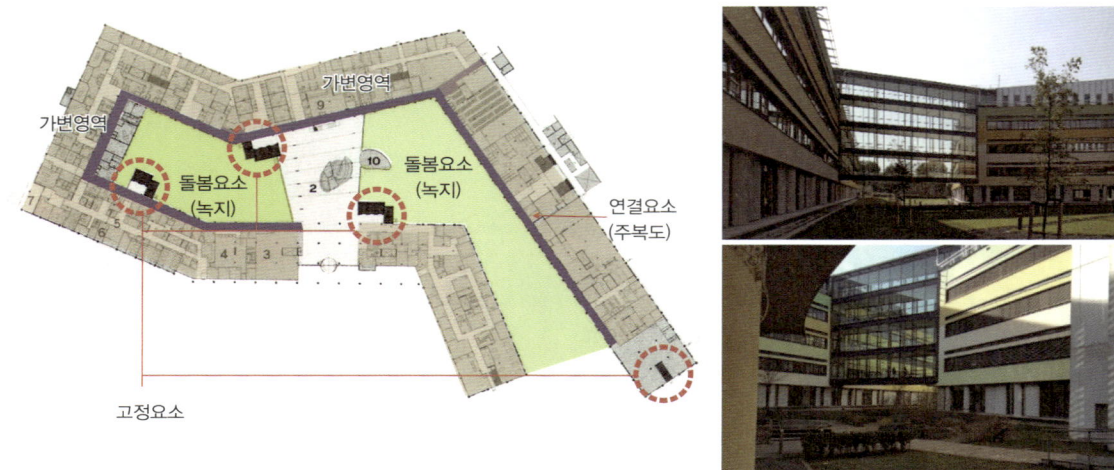

그림 35 체계중심병원의 구성요소 (가변요소, 고정요소, 연결요소, 돌봄요소)

니다.

부서간 상호 위치 교환 가능성을 높이기 위해서는 부서공간깊이, 넓은 기둥간격, 일정한 층고 확보, 자연채광의 확보 등이 중요한 의미를 갖습니다. 병원에서 자연채광이 갖는 의미는 오늘날 점점 줄어들고 있는 추세입니다만 중환자부나 인공신장실 등의 부서를 배치할 경우, 자연채광의 확보가 전제되어야 합니다. 앞에서 언급한 외국병원의 체계중심적 병원 사례를 보면 가변영역에 자연채광을 균등하게 제공하려는 노력을 찾아볼 수 있습니다.

앞에서도 강조한 바와 같이 부서공간깊이가 서로 비슷해야 부서나 부문 간의 상호 교환 가능성이 높아집니다. 반면에 용도중심병원의 경우 부서공간깊이가 용도에 따라 결정됨에 따라 그 깊이가 일정하지 않습니다. 이러한 일정하지 않은 부서공간깊이는 병원 리모델링시 부서 재배치에 어려움을 주는 원인이 됩니다. 가변영역에 대한 한양대 병원건축연구실의 의견을 정리하면 다음과 같습니다.

- 일정한 부서공간깊이는 부서 간 상호 교환성에 유리하다. 병원 리모델링을 위해서는 최소 공간 깊이를 유지해야 한다.

- 최소 부서공간깊이는 최소 20m 이상으로 제안한다.
- 병원규모에 따라 다를 수 있으나 융통성 확보에 가장 유리한 부서공간 깊이는 30m ± α로 제안한다.
- 수술부, 영상의학부의 경우 예외적으로 더 확장된 부서공간 깊이가 요구된다. 이와 같이 서로 다른 공간 깊이를 충족시키기 위해서는 이중복도 선형 시스템 평면이 유리하다.
- 가변영역 내에는 가급적 고정요소를 배치하지 않는다.
- 가변영역의 일정 층고 높이가 전제되어야 부서 교환이 가능하다.

2) 고정요소

고정요소는 크게 병동부와 연계된 고정요소와 기단부 내에 위치한 고정요소로 구분할 수 있습니다. 병동부와 연계된 고정요소는 병원 기단부 평면에 큰 영향을 미치기 때문에 병동부 설계 시 고정요소의 위치를 선정하는데 세심한 주의가 필요합니다. 병동부로 부터 내려오는 설비 관련 샤프트들이 아래층 기단부에 영향을 주지 않도록 하기 위해 병동부와 기단부가 연결되는 부분에 설비층이나 별도의 높은 층고를 확보하는 방안도 제안되고 있습니다.

기단부의 경우 가급적 가변영역과 고정요소를 공간적으로 분리시키는 것이 바람직합니다. 그러나 이것이 현실적으로 어려울 경우 고정요소를 가변영역 외곽에 배치하는 방안을 제안합니다. 피난계단이나 설비 덕트와 같은 고정요소가 가변영역 중심부에 위치할 경우 부서 내부 융통성 확보에 불리하기 때문입니다.

고정요소를 배치하는 방법에는 용도에 따라 배치하는 방식과 용도와 관계없이 체계적으로 배치하는 방식이 있습니다. [그림 36]은 설비관련 고정요소를 현재 부서용도에 따라 배치한 사례(왼쪽)와 부서 기능과 관계없이 체계적으로 배치한 사례(오른쪽)를 보여줍니다. 이렇게 설비관련 공간을 체계적으로 배치

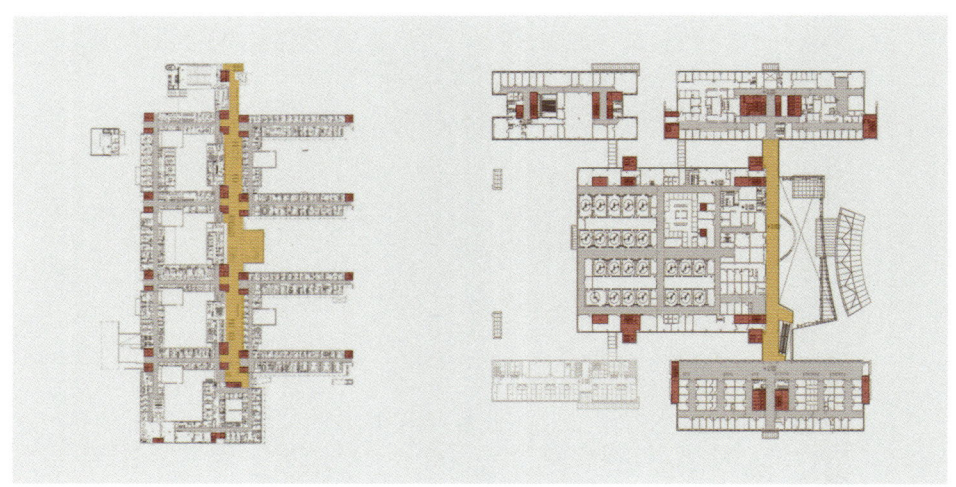

그림 36　용도중심적 설비 배치와 체계중심적 설비 배치 사례

하게 되면 부서 위치가 변경된다고 해도 이에 쉽게 대응할 수 있습니다. 그러나 반대로 설비관련 고정요소를 현재 용도에 맞추어 배치했을 경우에는 부서를 재배치할 때마다 그 위치에 대한 재검토가 필요합니다.

　최근 병원건축에서 설비가 차지하는 비율이 점점 높아지고 있습니다. 참고로 지난 30여 년 동안 국내병원 면적 중 가장 크게 증가한 부분이 설비관련 면적으로 조사되었습니다. 부서를 재배치하는 상황이 발생했을 경우 이에 쉽게 대응 할 수 있는 설비관련 공간의 체계적인 배치가 병원설계에서 중요한 의미를 갖습니다. 고정요소에 대한 한양대 병원건축연구실의 의견을 정리하면 다음과 같습니다.

- 고정요소는 크게 병동부와 연계된 고정요소와 기단부 내의 고정요소로 구분 된다.
- 용도중심의 고정요소 배치에서 체계중심의 고정요소 배치로의 전환을 제안 한다.
- 고정요소는 가급적 가변요소와 분리하여 배치하는 것이 유리하며 이것이 어려울 경우 가변요소의 외곽에 배치한다.

- 고정요소를 여기 저기 분산하기 보다는 일정한 곳에 모아 배치하는 것이 유리하다.

3) 연결요소

연결요소란 가변영역과 고정요소를 서로 연결해 주는 주동선 체계를 의미합니다. 여기서 부서 내부에 위치한 내부 복도는 연결요소에 포함되지 않습니다. 부서 내 복도는 설계 변경시 그 위치와 형태가 언제든지 바뀔 수 있기 때문에 가변영역에 해당됩니다.

용도중심병원에서는 이용자에 따라 복도를 구분하는 방식이 일반적이라면, 체계중심병원에서는 부서 용도가 나중에 결정되는 관계로, 복도를 공간적 위계에 따라 구분하게 됩니다. 예를 들어 용도중심병원에서는 외래복도, 입원환자 복도, 직원복도 등 복도의 용도가 주로 사용하는 이용자에 따라 구분된다면, 체계중심병원에서는 복도를 공간적인 위계에 따라, 공적 복도(public corridor), 반공적 복도(semi public corridor), 반사적 복도(semi private corridor), 사적 복도(private corridor) 등으로 구분합니다. 여러 부서가 같은 층에 배치될 경우 상대적으로 어느 부서가 더 공적 영역에 해당되는지, 아니면 상대적으로 사적 영역에 해당되는지에 따라 그에 맞는 복도와 연결하여 부서를 배치합니다. 체계중심병원의 복도유형은 복도의 개수에 따라 단일복도형, 이중복도형, 3중복도형 등으로 분류할 수 있습니다(그림 37 체계중심병원의 복도 구성 사례).

단일복도형은 가장 단순한 동선체계로 인하여 길찾기가 비교적 쉽고 복도면적을 최소화 할 수 있다는 장점이 있습니다. 그러나 한 개 복도에 여러 종류의 동선이 혼합되므로 감염의 위험이나 환자 심리상 바람직하지 않다는 평가를 받고 있습니다. 단일복도형에서 동선분리가 필요할 경우 보통 층을 달리하여 이를 해결합니다. 단일복도형의 대표적인 사례로 영국의 뉴클리우스병원

그림 37 체계중심병원의 복도 구성 사례

(Nucleus Hospital)을 들 수 있습니다.

이중복도형은 주복도 2개를 설치하는 방식입니다. 일반적으로 복도와 복도 사이에 고정요소(엘리베이터, 계단실, 화장실, 설비 공간 등)나 애트리움 등을 배치합니다. 앞에서 언급한 바와 같이 부서공간깊이가 상대적으로 깊은 수술부나 영상의학부의 요구를 수용하기 위해서 이중복도형의 동선체계가 바람직하다고 판단됩니다. 이중복도의 일부를 확장해서 사용할 수 있기 때문입니다.

그 외 3중복도형은 공적(public), 반공적(semi public), 반사적(semi private), 사적(private) 복도 중 3개로 구성되는 복도유형이며 이론적으로는 4중복도도 가능합니다. 이와 같이 복도를 점점 세분화하는 이유는 단순히 성격에 따라 동선을 분리하는 것 외에도 감염방지를 위한 청결 유지가 필요하기 때문입니다. 연결요소에 대한 한양대 병원건축연구실의 의견을 정리하면 다음과 같습니다.

- 연결요소는 병원의 주 동선체계를 의미하며 가변요소와 고정요소를 연결한다.
- 연결요소는 공간적인 위계에 따라 Public, Semi Public, Semi Private,

Private 등으로 구분할 수 있다.
- 감염방지를 위하여 연결요소를 세분화하는 것이 유리하다. 연결요소에 의하여 병원 영역의 위계와 청결도가 구분된다.
- 연결요소는 각각의 층마다 일부 그 위치가 달라질 수 있으나 기본적인 체계는 가급적 유지할 것을 권장한다.

히포크라테스는 걷기는 인간에게 가장 좋은 약이다라고 주장하였습니다. 지금까지 병원 복도(연결요소)는 일방적으로 기능적 통로의 역할을 담당하여 왔으나 앞으로 걷기를 통한 치유적인 요소로 사용될 것으로 생각합니다. 페터 줌토르는 병원 복도가 앞으로 사람들을 지시하는 것이 아니라 자연스럽게 유혹하는 분위기, 자연스럽게 거닐 수 있는 분위기로 전환되어야 한다고 주장합니다. 연결요소는 단순히 가변공간과 고정공간을 연결하는 기능적 역할 외에도 공간 체험을 제공함으로서 병원 이용자들이 걸음을 자연스럽게 유도하는 건축적 산책로의 역할을 제공합니다.

4) 돌봄요소

돌봄요소는 외부 정원, 아트리움, 예술전시 공간 등 **환자의 치유와 돌봄을 위해 제공되는 요소**입니다. 병원건축이 궁극적으로 존재해야 하는 이유는 환자에게 도움을 주는 돌봄을 제공해 주는 것입니다. 따라서 돌봄요소는 체계중심병원에만 해당되는 것이 아니라 용도중심병원서도 동일하게 요구되는 조건이기도 합니다.

2장에서 언급한 바와 같이 역사적으로 인류는 마음을 치유하는 공간(그리스), 영혼을 치유하는 공간(중세), 신선한 공기로 치유하는 공간(18세기 파빌리온), 햇빛으로 치유하는 공간(1920년대), 최근에는 식물로 치유하는 공간(Green hospital), 예술로 치유하는 공간, 오감으로 치유하는 공간, 걷기로 치유하는 공간 등 환자의 질병 치유에 도움을 주는 다양한 공간을 제안해 왔습니다.

돌봄은 치유개념보다 더 넓은 의미를 갖습니다. 치유는 보통 의학적인 수단 외에 환경적, 심리적, 사회적, 문화적, 영적 지원을 통해 건강에 접근해 가는 방법을 의미합니다. 치유 개념은 질병의 회복 뿐만 아니라 질병 예방과 건강증진까지 그 범위를 확대하여 해석할 수 있습니다. 그러나 치유개념에는 주로 환자에게 긍정적으로 영향을 미치는 요소들이 포함되나 돌봄의 개념에는 부정적인 요소를 없애는 것과 환자를 위한 기본적인 배려도 함께 포함됩니다. 예를 들어 길찾기를 쉽게 하는 디자인은 치유를 위하기보다는 돌봄의 개념으로 이해할 수 있으며, 침상에 누워있는 환자를 배려하여 천정 조명을 최소화 시키는 것도 치유가 아닌 돌봄의 개념으로 이해할 수 있습니다. 그 외에도 장애없는 디자인(Barrier Free Design), 유니버설 디자인(Universal Design), 환자안전을 위한 대책 방안 등도 치유라기 보다는 돌봄의 영역에 해당됩니다.

이와 같이 **돌봄요소는 환자의 신체적, 정신적, 사회적, 영적 안녕상태를 돌보기 위해 배려된 포괄적 개념을 의미하며, 건축물의 정체성을 표현하는 중요한 요소이기도 합니다.** 돌봄이란 누군가가 인간다운 삶을 누릴 수 있도록 돕는 모든 행위를 포함하며 궁극적으로 인간의 존엄성을 지켜주는 행위를 의미함으로 병원건축이 존재해야하는 이유가 됩니다.

기능을 중요시한 근대 병원건축은 장소감을 제공하지 못하는 대표적인 건축물로 평가되고 있습니다. 환자들의 생활 공간인 병동부 조차도 장소감을 상실한 대표적인 환경이라고 필자는 생각합니다. 이러한 관점에서 보면 체계중심병원을 구성하는 가변영역과 고정요소는 공간의 정체성이나 장소감을 제공하지 못하는 영역에 해당됩니다. 오직 주변 환경과 상호작용을 갖는 돌봄요소를 통해서 건축물에 개별적 정체성과 장소감을 부여할 수 있습니다. 이러한 의미에서 돌봄요소는 건축가의 창의성을 가장 많이 요구하는 영역이라고 할 수 있습니다.

6.3 맺음말

체계중심병원이란 특정 용도나 기능과 관계없는 보편적인 형태로 병원을 설계하는 방식을 의미합니다. 각 부서나 부문의 기능 보다 체계적인 병원 형태를 우선 제안하고, 나중에 기능을 이 체계 내에 배치하는 방식입니다. 병원을 특정 기능에 맞게 설계하게 되면 차후에 다른 기능을 수용하는데 문제가 발생하기 때문에 병원건축을 변화라는 관점에서 보고 설계하는 것입니다. 병원건축을 고정된 관점에서 이해하는 것이 아니라 변화라는 시각으로 보면 이렇게 설계 방식의 전환이 필요합니다. 체계중심병원의 주요 특징을 정리하면 다음과 같습니다.

- 용도중심병원에서는 병원공간을 병동부, 외래진료부, 중앙진료부, 공급부, 교육연수부 등 용도에 따라 구분한다면 체계중심병원에서는 부문이나 부서에 따라 영역을 구분하지 않고 가변영역, 고정요소, 연결요소, 돌봄요소로 영역을 구분한다(그림 38).
- 용도중심병원의 경우 부서공간깊이가 부서의 특징에 따라 결정된다면 체계중심병원에서는 부서공간깊이를 일정하게 유지하는 것을 제안한다.
- 미래 변화에 대비하기 위해서 용도중심의 고정요소 배치에서 체계중심의 고정요소 배치로의 전환을 제안한다.
- 용도중심병원에서는 병원복도를 이용자에 따라 구분한다면 체계중심병원에서는 부서배치가 나중에 결정되는 관계로, 복도를 공적 복도, 반공적 복도, 반사적 복도, 사적 복도 등 그 위계에 따라 구분한다.
- 돌봄요소는 환자의 신체적, 정신적, 사회적, 영적 안녕을 위해 제공되는 포괄적 개념으로 외부정원, 아트리움, 예술전시 등의 치유적 요소와 장애없는 디자인, 길찾기, 유니버설 디자인, 안전 대책 등 인간의 존엄성 유지를 위해 필요한 요소를 포함한다.

부문	부서	비고
병동부	일반병동부, 중환자부 등	입원환자 관련
외래부	외래진료부, 전문진료센터, 응급부, 건강검진 센터 등	외래환자 관련
중앙진료부	수술부, 임상검사부, 영상의학부, 생리기능검사부, 핵의학부, 분만부 등	진료 및 치료 관련
관리부	관리부, 사무실 등	관리 사무
공급부	주방, 중앙공급부, 중앙창고 등	Service
교육연수부	교수연구실, 실험실, 연구실 등	교육 연구 등
기타	장례식장, 주차장, 편의시설 등	

구성요소	특징	비고
가변요소	순면적, 부서 내부 복도 등 변경이 가능한 공간	부서, 부문 기능과 용도
고정요소	구조, 계단, 엘리베이터, 설비공간, duct, shaft 등 수직적으로 여러 층에 연결되어 변경이 어려운 요소	방사선치료실, MRI, 수술실 등이 포함됨
연결요소	가변요소와 고정요소 등을 연결하는 공용복도, 홀	부서 내부 복도는 포함하지 않음
돌봄요소	환자의 치유와 돌봄을 위해 제공되는 건축적 요소	

그림 38 용도 중심 병원과 체계중심병원의 구성요소와 공간 분류 비교

　　병원을 부서나 부문 등 그 용도별에 따라 차별화하여 설계할 것인가 (용도중심병원) 아니면 모든 부서를 동일한 개념으로 볼 것인가 (체계중심병원) 중에서 필자는 병원 기능이 시간의 흐름에 따라 바뀐다는 점을 고려하여 동일한 개념, 즉 체계중심병원이 더 바람직하다고 제안합니다.

　　다만, 외국의 체계중심적 병원 사례에서는 병동부까지도 예외 없이 동일한 형태로 디자인되고 있으나, **병동부는 입원환자가 체류하는 생활공간으로 그 성격이 매우 특별하기 때문에 필자는 병동부까지도 타부서와 동일하게 설계하는 데는 다소 무리가 있다고 생각합니다.** 환자를 위해 별도의 창의성이 요구되는 병동부를 획일적인 기본 틀에 집어넣는다는 것은 이념에 충실한 일종의 횡포라는 생각을 지울 수 없습니다. 건축은 이념보다는 인간을 위한 공간이라는 가치의 우선 순위를 갖는다면 병동부는 건축가의 애정이 남다르게 표현되어야 할 예외적인 영역이 아닐까요? 체계중심적 병원 설계 개념은 병원건축 뿐만 아니라 다른 건축물과 도시설계도에 적용이 가능한 보편적인 건축개념으로 앞으로 인간의 생활 방식이 더 빠르게 변화될수 있다는 것을 전제로할 때 건축 설계의 새로운 대안이 될 것입니다.

끝으로 건축과 의학의 만남, 건축을 통한 돌봄, 변화에 대응하는 건축개념은 병원건축의 가장 본질적인 요소이며, 이를 잘 반영한 체계중심병원이 오늘날 우리시대의 아름다운 당연성을 갖는 병원 형태라고 생각합니다.

II
병원건축과 치유

손지혜

1. 질병을 바라보는 시각과 치유환경

사람들은 병에 걸리면 명의를 찾아 병원을 방문하고, 그 명의가 마치 핀셋처럼 병을 제거해줄 것이라 기대합니다. 이러한 관점은 근대 과학 중심 의학의 발전에 기인한 것으로 볼 수 있습니다. 근대 의학에서는 질병이 신체 외부에서 병원균의 침투로 발생한다고 보고, 그 **병원균이 사라지면 건강이 회복**된다고 생각했기 때문입니다.

그러나 현대에 단순히 병원균을 제거한다고 해서 신체가 완전히 회복된다고 볼 수는 없다는 것이 증명되고 있습니다. 1948년 세계보건기구(WHO)는 건강을 "단순히 질병과 허약함에서 벗어나는 것이 아니라, 정신적·사회적으로도 온전한 상태"라고 정의하면서, 인간의 건강한 삶을 전인적인 관점에서 바라봐야 한다는 방향성을 제시한 바 있습니다. 이처럼 의학이 고도로 발전하면서, 현재와 가장 가까운 근대만 해도 **질병으로부터의 회복에 대한 개념을 다른 시각으로 접근한다**는 것을 알 수 있습니다.

우리는 일반적으로 회복을 위한 행위로 치유, 치료라는 용어를 사용합니다. 이 두 단어의 어원을 찾아보면 치유(Healing)는 기원전 11세기 이전부터 사용한 언어로 추정되며 **'전체적으로 만듦, 건강한 상태, 자연치유력' 등의 의미를 내포**합니다.[1] 치료(Treatment)는 16세기에 사용한 언어로 추정되며, 1744년 의학 분야에서 첫 기록 사례가 있고, 의학적으로는 **약물, 외과적 수술을 통한 관리의 의미**로 사용되고 있습니다(그림 1).[2]

두 단어의 어원과 그 의미를 살펴볼 때, 치료(Treatment)는 소위 과학혁명 시기 과학 중심의 의학에서 사용되기 시작한 용어임을 알 수 있습니다. 여기서 주목할 점은 오랜 기간 인류가 질병으로부터 벗어나기 위해 탐구한 치유(Healing) 개념이 앞서 세계보건기구에서 정의하는 회복의 개념과 궤를 같이하고 있다는 것입니다. 즉, 질병으로부터 회복을 전인적 관점에서 바라보는 시

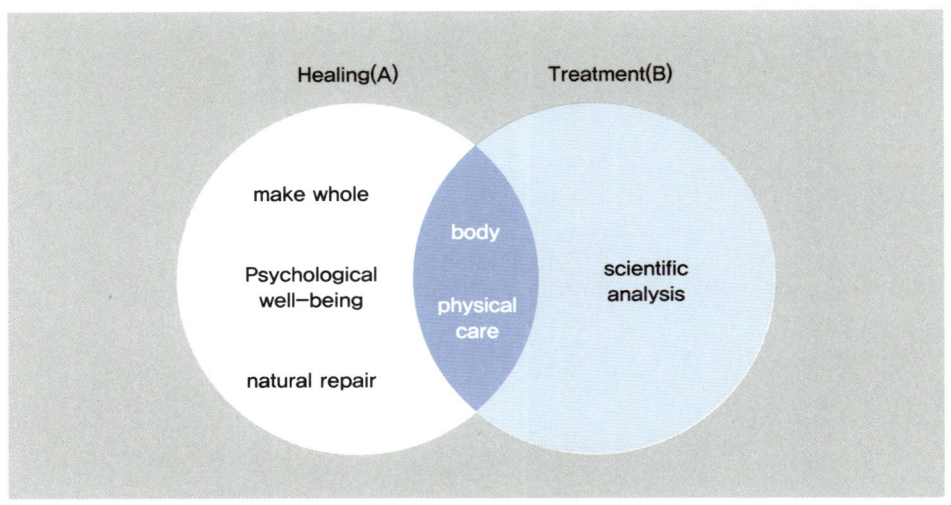

그림 1 치유와 치료의 정의

각이 오늘날 갑작스럽게 대두된 것은 아니라는 것입니다.

필자는 병원건축에서의 '치유' 이슈에 주목하고, 역사 속 치유 개념과 실제 공간으로 구현된 다양한 사례를 조사하였습니다. 그리고 이를 바탕으로 오늘날 병원건축에서 환자의 회복에 긍정적 영향을 미치며 건강한 삶을 돕는 물리적 환경을 구현하는 방법을 연구하게 되었습니다.

역사적으로 **질병의 원인을 바라보는 시각에 따라 치유에 관한 다양한 해석이 존재하고, 해석을 바탕으로 치유를 위한 환경이 구현**되었습니다. 여기서 흥미로운 지점은 동양과 서양에서 질병을 바라보는 시각의 차이가 존재하고, 이로 인해 치유환경에 대한 관점의 차이가 생겼다는 것입니다.

1.1 동양에서 바라보는 질병의 원인

동양은 몸을 단순히 개체로서 이해하는 것이 아니라, 세계와의 관계 속에서 이해해왔습니다. 특히 동양에서는 세상을 이해하는데 있어 '기(氣)'를 가장 중요하게 보았고, **기(氣)의 흐름을 통해 인간과 세계가 관계를 맺는다고 인식**하였습니다. 이와 같은 세계관을 바탕으로 동양에서는 질병이 바로 인간과 세계 사이의 기의 흐름이 원활하지 못하기 때문에 발생한다고 보았습니다.

중국 의학의 기초서적으로 동양의학의 사상적 근간이 되는 「황제내경」에서는 세상이 음과 양이라는 기(氣)의 원리로 움직이며, 몸이 이 기(氣)를 이어받지 못할 때, 질병이 발생한다고 기술하고 있습니다. 또한, 질병의 치료 방법은 지역에 따라 달라져야한다고 기술합니다.[3]

고대 인도철학을 연구한 심재관은 건강을 의미하는 산스크리트어 아로갸(Ārogya)는 '파괴되지 않은', '파편화되지 않은' 것을 의미하며, 이 해석을 확장하면 건강은 신체 내부의 활동이 원활하게 소통하는 것뿐만 아니라 신체와 세계와의 균형있는 소통에 단절이 없다는 것을 의미한다고 언급합니다.[4] 즉, 인도에서는 질병의 상태를 인간이 자신을 둘러싸고 있는 세계와의 관계가 단절된 상태로 이해합니다.

로버타 비빈스(Roberta Bivins)는 인도와 중국의 의학을 떠받치는 중요한 신체개념은 몸을 '환경의 힘과 소통할 수 있는 유동적 실체'로 인식하는 점이라고 주장합니다.[5] 이에 중국과 인도에서 바라보는 질병은 몸 안의 불균형 상태의 결과이며, 개인과 환경 사이의 불균형이나 상호작용, 또는 부조화로 인해 발생한다고 보았습니다.

동의보감에서는 인간의 몸을 자연의 일부분이며, 우주를 닮은 소우주(小宇宙)로 바라보고 있습니다. 몸은 끊임없이 세계와 기의 흐름으로 연결되어 있는데 기의 순환이 막히거나 원활하지 않을 때, 질병이 발생한다고 보았습니다. 이 같은 시각은 서양과는 전혀 다른 방식으로 몸을 해석하는데 영향을 미치게 됩니다. 인간의 몸을 사실적이고, 실체적으로 그려낸 서양의 해부도(그림 2)와 비교하면 동의보감의 신형장부도는 비현실적으로 보입니다. 하지만 신형장부도는 인체의 해부도를 그린 것이 아니라, 사실 기의 흐름으로 세계와 관계를 맺는 몸을 그린 것입니다(그림 3). 고전문학 평론가 고미숙은 신형장부도는 호흡하는 입, 꿈틀거리는 배, 벌어진 폐 등을 통해 기의 흐름과 분포를 보여주며,

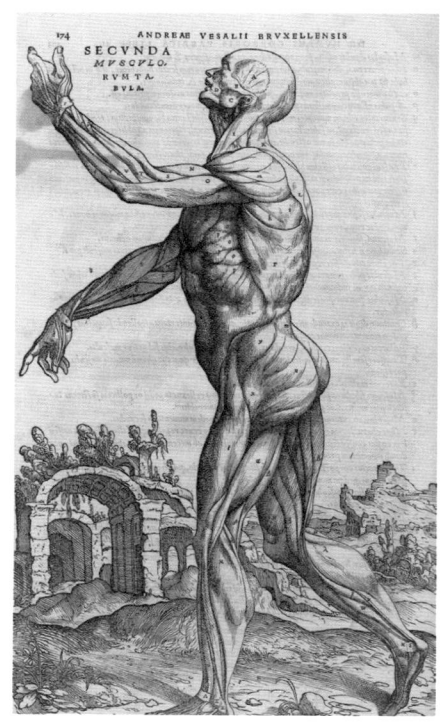
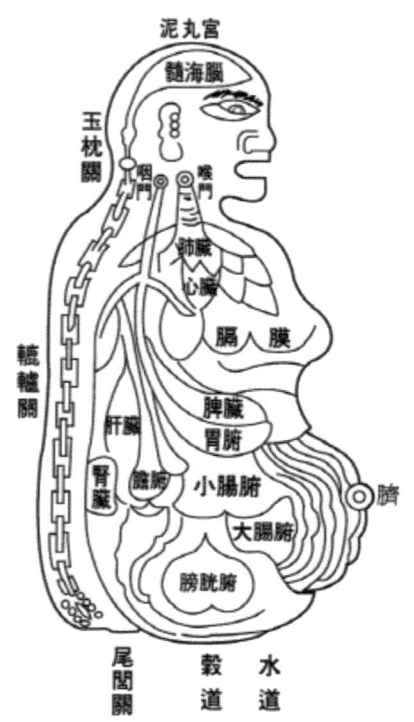

그림 2   파브리카(Fabrica), 해부도   그림 3   동의보감, 신형장부도

장기(臟器)란 기가 도달하여 기운이 작용하는 특정 구역이라고 해석합니다.[6] 동의보감 해석을 통해 고미숙은 건강이란 근원적으로 몸과 외부 사이의 '활발 발'한 소통을 의미한다고 정리하였습니다. 소통하지 않는 삶은 그 자체로 병이 라고 보았습니다. 그래서 몸에 대한 탐구는 당연히 이웃과 사회, 혹은 자연과 우주에 대한 탐구로 나아가야 한다고 주장합니다.

   17세기 청나라 명의로 알려진 섭천사(葉天士)의 다음 일화를 통해 인간의 몸이 변화하는 환경에 영향을 받는 대상이라는 것을 알 수 있습니다. 어느날 한 환자가 있었는데, 어떤 약을 써도 효험이 없었으나 섭천사가 이전 처방에 오 동잎을 보조약으로 넣어주는 것을 한 첩 먹고 병이 씻은 듯이 나았습니다. 그 때는 가을철이었던지라 오동이 가을 기운을 먼저 알기 때문에 가을 기운으로 병 기운을 다스렸더니 그 기운이 들어맞아서 낫게 되었다는 것입니다.[7] 여기서

'가을의 기운으로 병의 기운을 다스린다'라는 것은 몸과 시시각각 변하는 세계와의 조화로운 기의 흐름 속에서 질병을 극복하려 했다는 것을 의미합니다.

　동양의학은 몸과 세계 사이의 원활한 기의 흐름을 추구하는 가운데 인간을 둘러싼 세계를 단순히 자연환경으로만 해석한 것은 아닙니다. 19세기 사상의학을 주창한 이제마는 원활하지 못한 감정의 조절은 기 흐름의 문제를 야기하고 질병의 원인이라고 보았습니다. 따라서 절제된 감정을 유지하는 것이 질병으로부터 벗어나 건강한 삶을 유지하는 길이라고 여겼습니다. 여기서 이제마는 감정을 조절하는 방법 즉, 건강한 삶은 의술뿐만 아니라 사람과의 원활한 관계를 통해 유지될 수 있다고 보았습니다. 한의학자 곽노규는 이제마가 정의하는 구체적 감정은 나와 다른 사람과의 관계에서 생기고, 또한 다른 사람들의 관계를 보면서도 생긴다고 보았습니다. 그리고 여기서 말하는 다른 사람들의 관계는 나와 상관없는 객체가 아니라 내가 속해 있는 사회 안에 존재하는 관계이므로 결국 나에게 영향을 주는 것으로 해석하였습니다.[8] 이제마가 바라본 질병의 문제는 인간과 인간, 그리고 인간과 그가 속한 물리적, 사회적 환경 사이의 원활하지 못한 소통에 기인한 기의 불균형이었던 것입니다.

결론적으로 동양의학은 인간과 세계 사이의 기의 흐름이 원활하지 않을 때 질병이 발생한다고 봅니다. 즉, 질병의 원인을 몸과 세계의 관계에서 찾는 것입니다. 따라서 **동양에서는 건강한 삶을 유지하기 위해 인간을 둘러싼 유·무형의 환경과 조화로운 관계를 맺을 수 있는 기의 흐름에 대해 탐구**하였습니다. 그리고 질병을 육체의 한 부분의 문제로 인식하는 것이 아니라 몸 전체, 나아가 감정이라는 정신, 심리적 문제로 바라보았습니다. 동양의학에서는 질병의 문제를 전인적 관점에서 이해하고 극복하기 위한 노력은 치유의 개념과 일맥상통한다는 것을 알 수 있습니다.

1.2 서양에서 바라보는 질병의 원인과 치유

동양의학이 기의 흐름으로 몸과 세상의 관계를 이해하고, 그 과정에서 질병의 원인을 찾고자 했다면, 서양의학에서는 질병의 원인을 바라보는 시각이 시대마다 달랐습니다. 근대 과학중심 의학이 도래하기 전까지 서양의학은 질병의 문제를 영적인 세계, 인간을 둘러싼 세계와의 관계 문제로 이해하고 극복하려 했습니다. 서양의학도 동양의학과 마찬가지로 **관계론적 관점**에서 질병의 원인을 찾으려 한 것입니다.

고대 이집트와 그리스에서는 질병의 원인을 초자연적인 현상으로 바라보았습니다. 병이 나는 이유는 신 또는 조상이 그 병을 보냈기 때문에 신이나 조상에게 기도를 하는 것이 회복되는 방법이라고 보았습니다. 또한 신전에서 잠을 자는 동안 신이 인간의 꿈에 나타나 회복되는 방법을 전한다는 믿음으로 신전수면요법으로 몸을 치유하였습니다. 서양의학의 아버지로 일컬어지는 히포크라테스는 인간이 자연에서 멀어질수록 병에 가까워진다고 보았습니다. 히포크라테스는 계절과 환경이 질병과 관련이 있다고 믿었으며, 좋은 환경이 환자의 신체 기능을 향상시킬 수 있다고 생각했습니다. 건강한 삶을 위해 인간을 둘러싼 환경의 중요성이 대두된 것입니다.

중세 기독교 시대가 되면서 사람은 죄로 인해 질병에 걸린다고 보았습니다. 환자는 신의 은총을 받아 죄를 용서받고, 병에서 낫는다는 믿음을 갖게 되었습니다. 따라서 환자들은 병상에서 기도와 믿음을 통해 종교의 힘으로 병이 치유된다고 생각하였습니다. 당시 교회, 수도원은 환자들이 신과 대면하기 위한 의료시설의 역할을 수행하였으며, 환자를 돌보는 것을 수도원의 의무로 생각하였습니다. 베네딕도 규칙서 제36조에서는 "병든 형제들에 대하여"에서는 "환자들을 치료하는 것은 가장 큰 의무에 속한다. 그리스도에게 봉사하는 것처럼 환자들을 돌보아야 한다."고 병자를 돌보는 수도원의 임무를 제시하고 있습니다.

르네상스 이후, 질병의 원인을 과학적으로 분석하는 움직임이 나타났습니다. 몸을 관찰하고 사실적으로 표현하는 해부학이 발전했으며, 세균이 외부에서 몸에 침투해 질병을 일으킨다는 사실이 과학적으로 밝혀지면서 질병에 대한 관점이 완전히 변화했습니다. 중세 이전에는 질병을 육체와 환경, 더 나아가 정신적·영적인 문제로 확장하여 관계론적 관점에서 치유하려 했으나, 이후에는 질병을 육체 자체의 문제로 한정하여 바라보기 시작했습니다.

16세기 파라켈수스(Paracelsus)는 광물질에 의해 질병이 발생한다고 보고, 약을 처방하여 이를 치료하였습니다. 그는 고대 그리스 의학에서 질병의 원인으로 여겨졌던 4체액의 불균형이 몸 전체의 불균형을 초래한다는 관점을 부정하였습니다.[9] 이후, 산모들의 산욕열이 의사들의 씻지 않은 손을 통해 퍼진 세균에 의해 발생한다는 것을 밝힌 이그나츠 제멜바이스(Ignaz Philipp Semmelweis), 미생물 발견을 통해 질병이 병원균에 의해 발생한다는 것을 증명한 루이 파스퇴르(Louis Pasteur), 그리고 콜레라 원인균과 결핵균을 발견하며 세균학을 발전시킨 로베르트 코흐(Heinrich Hermann Robert Koch) 등 수 많은 과학자에 의해 질병이 병원균에 의해 발생한다는 생각이 서양의학 분야에서 확고해졌습니다.

근대 과학 중심의 의학이 서양의학의 주류가 되면서, 서양의학은 질병의 원인을 병원균으로 국한하고, 신체를 구조와 기능에 따라 기계적으로 구분하였습니다. 그리고 질병이 발생한 부위에서 병원균을 제거하는 데 중점을 두었습니다. 이로 인해, **과거 전체론적 관점에서 몸을 치유하던 접근법은 점차 사라지고, 기술과 약물에 의한 치료가 서양의학의 중심이 되었습니다.**

1.3 관계의 장(場), 치유환경

1) 동양의 치유환경

동양은 질병의 원인을 인간과 자신을 둘러싼 물리적·사회적 환경, 그리고 인간 사이 기의 흐름의 문제로 바라보았습니다. 따라서 건강한 삶을 위해 **기의 흐름이 균형을 이룰 수 있는 환경**을 탐구하고, 일상의 공간에 이를 구현하고자 했습니다.

인도에서는 영혼과 몸 그리고 세계가 소통할 때, 건강이 유지되고, 그 방법으로 명상 수련을 강조하는 움직임이 나타났습니다. 기원전 6세기 인도의 고타마 싯다르타는 사원을 조성하여 명상이 가능한 치유환경을 계획하였습니다. 당시 치유환경은 구체적 환경요소가 제안된 공간이 아니라 종교·철학과 맞닿아 있는 정신적 공간 그 자체였습니다.[10]

우리나라 고대 종족 중 하나인 예맥(기원전 2~3세기)에는 인간의 삶이 환경의 영향을 받고, 환경을 통해 치유가 가능하다는 개념의 피접 풍습이 있었습니다. 중국 「후한서」에 따르면 피접이란 병에 걸리면 옛 집을 버리고 새로 집을 지어 이사하거나 요양하는 풍습이었습니다. 조선의 7대 왕 세조가 피부질환을 앓았으나, 쉽게 낫지 않아 회복을 위해 좋은 공기와 물이 있는 곳을 찾아다니다 상원사에 머물렀다는 기록이 남아 있는데 바로 피접의 풍습이 조선 왕가까지 이어지고 있음을 알 수 있는 사례입니다. 오늘날에도 요양을 위해 사람들이 집을 떠나 더 나은 환경을 찾는 행위를 통해 피접의 흔적을 찾아볼 수 있습니다.

동양의학에서 강조하는 양생(養生)이란 질병을 다스릴 수 있는 **자연치유력을 증진 시키는 방안**입니다. 그러나 양생은 질병에 걸린 특정 상황에 대처하는 방법이 아닙니다. 양생은 평상시 인간과 세계 사이의 일상적인 기의 흐름이 균형을 이룬다면 건강한 삶을 유지할 수 있다는 것을 의미하는 것입니다. 따라서 동양의 치유환경은 병에 걸린 환자만을 위한 개념으로 국한되는 것이 아니라, 일상적인 삶과 긴밀하게 연결된 공간 개념인 것입니다. 나를 둘러싼 일상의 환경이 건강한 삶에 영향을 미친다는 생각에서 비롯된 학문이 풍수지리학입니다.

풍수지리의 기본 원리인 장풍득수(藏風得水)는 4세기 중국 곽박의 「장경」에서 처음 기술된 용어입니다. 풍수지리는 적절한 바람과 물의 흐름이 땅이 가진 기의 흐름에 영향을 미친다고 봅니다. 그리고 그 영향으로 인해 땅의 음양(陰陽)이 정해지는데, 기가 잘 통하고, 양기가 흐르는 땅은 생기(生氣)가 흐르는 건강한 땅으로 사람이 살기에 좋은 곳이라고 했습니다. **풍수지리는 땅을 객체로 이해하는 것이 아니라 땅을 둘러싼 세계 즉, 관계의 장 안에서 이해하는 학문이었습니다. 풍수지리는 인간과 환경의 조화로운 관계 속에서 건강한 삶을 위한 치유 공간을 찾는 방법**이라고 생각합니다.

김승호는 환경은 사람의 몸과 마음에 영향을 미치기 때문에 좋은 환경은 사람을 좋게 만들고, 나쁜 환경은 사람을 나쁘게 만든다고 보았습니다. 그는 이러한 맥락에서 풍수지리가 환경이론과 다르지 않다고 보았습니다. 그는 환경이란 터의 성질을 일컫는데 터의 종류에 따라 서로 다른 기운이 발산되고 그 기운이 사람에게 작용한다고 말했습니다.[11]

이제마는 기의 흐름에 영향을 미치는 감정 조절은 인간과 인간, 그리고 인간을 둘러싼 사회적 환경에 영향을 미친다고 보았습니다. 긍정적인 인간관계를 맺을 수 있는 환경이 건강한 삶에 영향을 미친다는 내용은 18세기 연암 박지원의 소설 「민옹전」에도 나타납니다. 「민옹전」은 병을 얻은 박지원이 비록 의사가 아니지만 민옹과 이야기를 나누고 소통하면서 회복되는 과정을 그리고 있습니다. 이 소설은 사람과의 관계를 통해 회복이 가능한 것을 보여주고 있습니다.

동시대의 실학자 이중환은 「택리지」의 복거총론(卜居總論)에서 풍수 조건에 해당하는 터를 잡는데 중요한 요인을 제안합니다. 실터를 잡는데 있어 첫째,

그림 4   사회적 관계의 장

지리가 좋아야 하고, 다음은 생리가 좋아야 하며, 다음은 인심이 좋고, 다음은 아름다운 산과 물이 있어야 한다[12]고 주장하였습니다. **동양에서 일상의 터를 선정하는 과정은 곧 건강한 삶을 위한 치유환경을 찾는 과정이었습니다.** 특히, 이중환은 터를 선정하는 중요 인자 중 하나를 인심으로 보았는데 인간과 인간이 긍정적 관계를 맺을 수 있는 환경이 좋은 환경임을 강조하는 것입니다(그림 4).

동양의 치유환경은 특정한 물질적인 대상으로 존재하는 것이 아니라, 인간을 자연의 일부로 바라보고, **보이지 않는 기의 흐름을 통해 인간이 세상과 끊임없이 소통할 수 있는 관계맺음의 장(場)을 만드는 것입니다.** 필자는 고시원의 고독사, 이웃과의 단절, 빛이 들어오지 않는 반지하 주거와 같은 이슈가 만연한 오늘날 우리의 도시 그리고 건축 공간에 필요한 것은 동양적 관점의 치유환경이 아닐까 생각해봅니다.

2) 서양의 치유환경

서양의학에서 질병의 원인을 바라보는 시각이 변화함에 따라, 인간이 질병으로부터 회복되기 위해 머무는 공간도 달라졌습니다.

고대 그리스인들은 초자연적인 현상에 의해 발생하는 질병을 극복하기 위해 치유의 신 아스클레피우스를 대면하기 위한 신전으로 향하게 됩니다. 바로 이 신전이 당시 의료시설인 아스클레피온(Asclepion)입니다. 고대 그리스인들은 환자들이 신과 영적인 만남을 통해 마음의 평온을 느낄 수 있도록 아스클레피온에 다양한 건축적 장치를 계획하게 됩니다.

신전으로 들어가는 과정에서 터널을 계획하고, 터널에 빛이 떨어지도록 천정에 구멍을 계획하여 극적인 **공간감을 연출**하였습니다. 환자들이 이 터널을 지나가는 동안 이 구멍을 통해 "너는 반드시 병이 나을 것이다"라는 소리와 함께 한 줄기 빛을 받을 수 있도록 함으로써 마치 신의 계시를 받는 느낌이 들도록 하였습니다. 그리고 마지막에 환자가 신전에 도달하여 꿈에서 신을 대면하는 수면치유요법을 시행합니다.

아스클레피온은 당시 히포크라테스가 질병을 극복하기 위해 추구한 환경과 인간의 조화로운 상호작용이 가능한 공간도 구현합니다. 아스클레피온은 자연환경과 인접한 곳에 계획되었습니다. 그리고 물이 떨어지는 물길을 만들어 환자들이 생동감 있는 자연의 소리를 들을 수 있도록 하였습니다. **아스클레피온은 환자들이 자연을 느낄 수 있도록 감각을 자극하는 공간 연출을 한 것입니다.** 그리스인들은 질병을 극복하기 위해 아스클레피온에 인문학적 치유환경을 조성하기도 합니다. 고대 이집트에서는 독서를 인간의 영혼을 치유하는 행위로 보고, 람세스 2세는 궁전 내 도서관을 계획하였으며, 이를 영혼의 진료소라고 일컬었습니다. 이후 도서관은 영혼의 요양소로 인식되었으며, 아스클레피온에도 설치되었습니다.

또한, 환자들이 직접 연극과 공연에 참여할 수 있는 야외극장이 설치되었는

그림 5 중세시대 Hotel Dieu

데, 이 공간에서 환자들은 연극, 공연 등의 행위를 통해 자신의 상황과 삶의 문제를 인식하고, 심리적 깨달음을 얻어 평온함을 찾을 수 있었습니다. 오늘날 거울 효과를 통해 환자의 심리를 치료하는 연극치료가 이미 고대 그리스에서 진행되었으며, 아스클레피온에 이 행위가 이루어질 수 있는 극장이 계획된 것을 알 수 있습니다.

중세 기독교 시대에는 질병을 죄로 인한 것으로 여겼기 때문에 환자들은 기도를 통해 용서를 구하고, 질병에서 벗어나려 했습니다. 중세 병원은 '하나님의 숙박소'라는 의미의 오뗄 듀(Hotel Dieu)라고 불렸습니다. 이곳은 중상류층이 아닌, 사회적 약자, 소외계층들이 주로 머무는 곳으로 의지할 곳 없는 자들이 성직자와 수녀들의 기도와 돌봄 속에서 하나님과 마주하는 치유의 공간이었습니다. 병원은 교회 형태의 공간으로 구성되어 있고, 건물 한가운데 십자가를 배치하고 모든 환자가 십자가의 예수를 바라볼 수 있도록 병상이 배치되어 있었습니다. 오뗄 듀 내부의 그림을 보면, 한 병상에 두 명이 누워 있거나 병상 옆에서 사체를 처리하는 모습을 볼 수 있습니다. 오뗄 듀는 지금의 감염과 청결 기준으로 볼 때, 환자가 머물기에는 매우 열악한 환경이었지만, 그곳은 심신이 지친 환자들에게 영혼의 안식처 역할을 했던 공간이었습니다(그림 5).

한편, 베네딕도 규칙서에서 볼 수 있듯이 수도회가 사회적 역할로서 병자들을 돌보기 위해 수도원이 병원의 역할을 하게 되었습니다. 당시 수도원에는 환자들이 머무는 병상뿐만 아니라 약초를 생산하기 위해 약초원을 두었으며, 환자들의 섭식을 위해 과일 정원을 두었는데 이 정원들은 단순히 생산의 목적이 아니라 치유의 공간이었습니다. 13세기 클레르보 수도사의 편지에서는 이 공간이 치유공간이라는 단서가 남아있습니다.

> "수도원 뒤로 가면 넓은 정원이 있어. 거긴 담으로 둘러싸여 있지. 그런데 정원이 꼭 과수원 같아. 세상의 모든 과일나무가 다 있어. 아픈 사람들 사는 병동에 가까이 있거든. 아픈 형제들이 위안을 얻을 수 있게 말이지. (중략) 이렇게 그늘에 앉아 약초 향이 코로 스며들어 더 위안이 될 거야. 약초는 사랑스런 연두색으로, 꽃은 예쁜 빛깔로 환자들의 눈을 즐겁게 해주고, (중략) 공기는 순수하게 빛나고 흙은 훈훈한 향기를 풍기니 환자는 눈으로, 귀로, 코로 색과 노래와 향을 듬뿍 마실 수 있어."[13]

이 수도사의 편지에는 환자에게 긍정적인 영향을 줄 수 있는 자연의 감각 자극이 기술되어 있습니다. 감각을 자극하는 자연 요소들은 단순히 물리적 자연이 아니라, 병을 극복할 수 있도록 신이 환자들에게 베푸는 은혜로 여겨졌습니다.

근대 과학 중심의 의학이 중시되면서, 병원에서 치유환경 개념이 반영된 의료 공간은 사라지거나 축소되고, 치료를 위한 기능적 공간들이 주로 배치되었습니다. 다만, 18세기 이후 전염병 대처를 위해 고안된 파빌리온 병원은 환자들의 병상 간 간격을 넓히고, 기존의 어두웠던 병동은 모든 침상이 빛에 노출되는 밝은 병동으로 계획되었습니다. 또한, 신선한 공기를 들이마실 수 있도록 큰 창을 설치해 쾌적한 병원 환경을 조성했습니다. 전염병에 대처하기 위해 설계된 파빌리온식 병원은 환자들에게 자연환경과 대면할 수 있는 치유환경을 제공할 수 있었습니다.

구분	동양의 치유환경	서양의 치유환경
개념	인간과 세계가 균형을 이루는 관계의 장(場)	인간의 긍정적 감정을 유발시키는 감각자극 환경
개념 모형		

표 1   동·서양의 치유환경 개념화

3) 동·서양의 치유환경의 차이

역사적으로 치유환경은 인간과 그를 둘러싼 유·무형의 환경 사이에서 조화로운 관계 맺음으로써 질병을 극복하는데 도움을 준다고 여겨졌습니다. 치유환경은 관계론적 세계관에서 비롯되었다고 볼 수 있는데, 그럼에도 불구하고 동양과 서양의 치유환경은 관계를 맺는 방식에서 차이가 있다고 생각합니다.

동양에서는 인간이 세계의 일원으로서 보이지 않는 기의 흐름을 통해 끊임없이 세계와 공명한다고 보았습니다. 이로 인해 나의 상태가 세계에 영향을 주고, 세계가 나에게 영향을 미치는 상호작용이 이루어진다고 생각했습니다. 따라서 동양에서는 다양한 환경 요인들이 만들어내는 원활한 기 흐름의 장(場) 안에서 치유가 가능하다고 보았습니다. **동양의 치유환경은 바로 장(場)의 건축인 것입니다.** 서양에서는 인간과 세계에 존재하는 모든 대상을 객체로 이해하기 때문에, 서양의 치유환경은 치유 요소로 판단할 수 있는 대상들과 인간이 육체적, 심리적, 정신적 관계를 맺을 수 있는 공간으로 이해할 수 있습니다. 나와 신과의 관계, 나와 자연의 관계, 나와 타인의 관계 등 인간이 치유 요소와 관계맺음에서 중요한 도구는 바로 감각이었습니다. 따라서 **서양 치유환경의 핵심은 환자들이 건축 공간에서 오감을 통해 치유 요소들을 인지할 수 있도록 디자인하는 것이었습니다**(표 1).

2. 병원건축과 치유환경

사람들은 건축을 소위 **삶을 닮는 그릇**이라고 일컫습니다. 병원건축을 전공한 필자에게 병원건축이란 질병에 대한 인식의 변화 속에서 당시 인류가 추구하는 가치와 첨단 기술력을 고스란히 담아 질병을 극복할 수 있는 환경이 구현된 집약체라고 생각합니다.

오늘날 병원건축에서 치유가 다시 주목받는 이유는 근대 과학 중심 의학이 추구하는 의료시설 운영의 합리성과 효율성, 그리고 치료 기능에 초점을 맞춰 계획된 근대 병원건축이 가진 한계가 드러났기 때문입니다. 그 한계는 바로 치유환경에서 가장 중요한 개념인 인간과 세계 사이의 관계맺음이 실종되었다는 것입니다.

2.1 치료를 위한 기계, 근대 병원건축의 관계 상실

근대 과학 중심의 의학은 질병이 외부에서 몸으로 침투한다고 보았기 때문에 이를 발견하고 치료하는 것이 중요했습니다. 질병을 제거하면 인간이 회복된다는 관점은 병원을 치료 중심의 기능적인 공간으로 변화시켰습니다. 그리고 근대 병원이 계획되던 시기에는 증가하는 인건비와 관리비를 효율적으로 관리하는 것은 병원 운영에 있어 주요 사안이었습니다. 따라서 적은 인력으로 많은 환자를 돌보고 공간을 효율적으로 활용할 수 있는 병원건축 계획의 중요성이 강조되었습니다. 이와 같은 목표의식은 당시 모더니즘 건축이 추구하는 효용성과 경제성의 가치와도 일맥상통 하였습니다.

근대 병원건축은 직원들의 이동 거리를 최소화할 수 있는 동선과 공간 배치, 그리고 공간 손실을 줄일 수 있는 컴팩트한 구조를 추구했습니다(그림 6). 에른스트 콥은 병동부에서 짧은 동선이 병원의 경제적 운영에 필수적인 개념이라고 주장했으며, 1960년대 네덜란드에서는 이중복도형 병동부가 등장하기

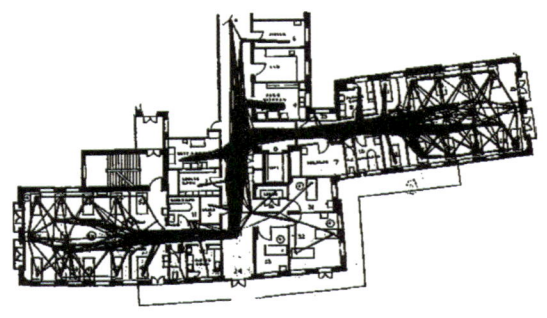

그림 6　의료시설의 짧은 동선 계획을 위한 연구 사례

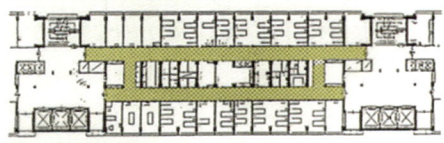

그림 7　최초 이중복도 유형의 병동(Dijkzigt Hospital, Rotterdam)

시작했습니다(그림 7). 이 개념은 우리나라에 근대적인 종합병원이 건립되던 시기부터 지금까지 대부분의 병동부 계획에 우선적으로 적용되고 있는 실정입니다(그림 8).

르 코르뷔지에(Le Corbusier)는 '집은 삶을 위한 기계'라고 말했습니다. 필자는 '**근대 병원은 치료를 위한 기계**'라고 생각합니다. 근대 병원은 치료 기능과 관리 효율을 극대화한다는 명분 아래, 환자의 돌봄과 치유를 위한 공간은 사라지고 치료 행위만 남은 건물이 되었습니다. 즉, 근대 병원건축에는 이전에 중요시되었던 환자의 심리적, 정신적 치유와 전인적인 회복은 전혀 고려되지 않

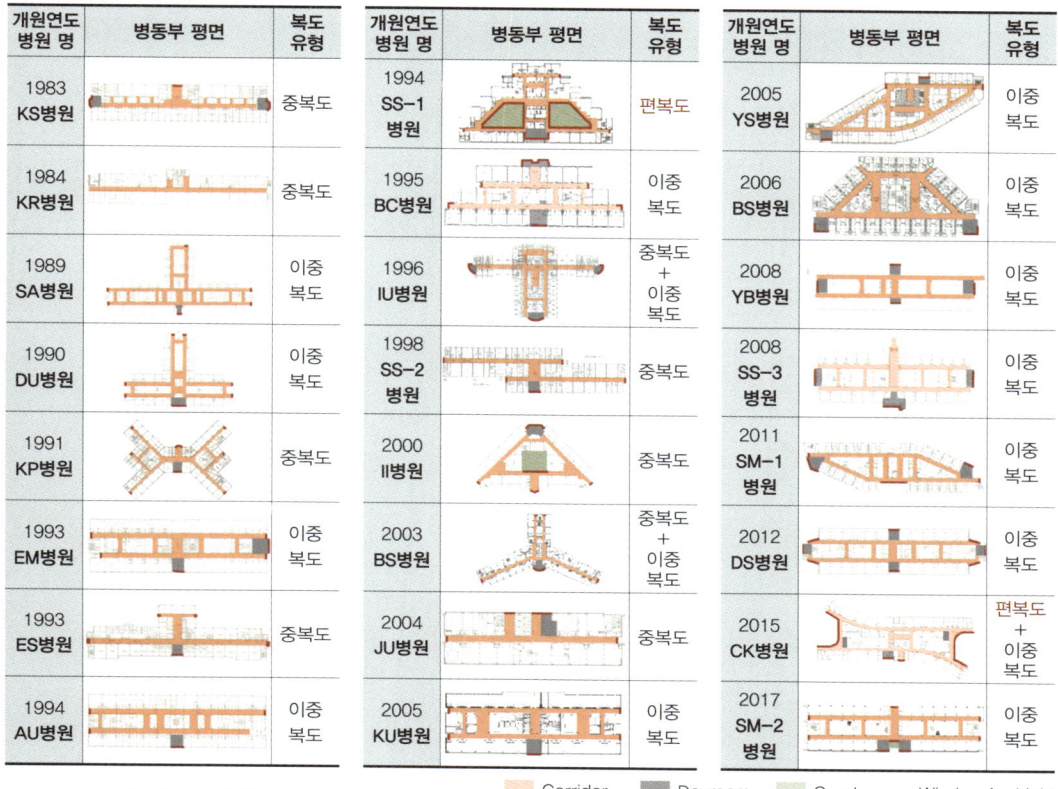

그림 8　연대별 병동부 평면　　Corridor　　Dayroom　　Court　　— Window for Light

은 공간들만이 남아있으며, 빛이 들어오지 않는 공간, 외부와 단절된 콘크리트 벽 속에서는 근대 이전에 환자가 관계 맺음을 통해 치유 받았던 세계는 존재하지 않았습니다. 근대 병원건축은 **효율성, 경제성, 표준화**라는 시대의 가치를 충실히 반영한 훌륭한 대안이었지만, 치유의 관점에서는 환자에게 스트레스를 주고 주변 세계와의 관계를 맺기 어려운 공간을 만들어 새로운 병적 상태를 유발하는 건축이 되고 말았던 것입니다.

2.2　치유의 재등장과 치유환경 연구 동향

이후 근대 병원건축 공간에 대한 비판이 제기되면서, 21세기 병원은 시설, 기능주의, 표준화, 합리화에 중점을 둔 기존의 접근에서 벗어나, 환자의 정신적·

사회적 치유를 촉진할 수 있는 환경으로 조성되어야 한다는 주장이 등장했습니다. 또한, 질병의 원인을 단순히 외부의 병원균 문제로 국한하지 않고, 내면의 문제로 확장하여 바라보기 시작하였습니다. **다시 인간의 몸을 치료의 대상으로만 보지 않고, 치유의 대상으로서 세계와 끊임없는 관계를 맺는 존재로 인식하기 시작**한 것입니다.

암 환자를 연구한 칼 시몬튼(O. Carl Simonton) 박사는 상실감이 무기력과 절망감을 초래하고, 스트레스를 유발하여 질병의 원인이 된다고 주장하였습니다.[14] 그는 가시적인 질병의 증상이 신체에 나타날 뿐, 신체와 함께 정신적·심리적 치유가 동반되지 않는 한 완전한 회복은 이룰 수 없기 때문에, 전인적 관점에서의 회복이 필요하다고 강조하였습니다.

일본 의학박사 가와시마 아키라는 서양의학에서 몸과 마음을 서로 별개의 것으로 파악하여 치료하지만, 인간의 몸과 마음은 깊이 연결되어 있기 때문에 질병의 문제를 육체로 국한할 수만은 없다고 주장합니다.[15]

철학자 한병철은 시대마다 고유한 질병이 존재한다고 보았습니다. 그는 근대 성과사회에서는 질병의 원인을 바이러스와 같은 외부 요인으로 여겨, 백신으로 제거할 수 있는 대상으로 인식하였으나 현대는 성과 과잉사회로서 성과주의에 따른 스트레스, 인간의 사회적 파편화, 공동체 소멸로 인한 내적 우울증과 고립감이 질병의 주요 원인이라고 보았습니다. 한병철은 현대의 질병이 인간 내부에서 발생하기 때문에, 내면을 다스리는 사색적 삶과 치유가 필요하다고 주장합니다.

진화생물학, 신경과학, 심리신경면역학을 중심으로 환경에서 받는 스트레스 요인이 환자의 면역 체계와 환경 심리에 부정적인 영향을 미친다는 연구 결과들이 도출되면서, 치유환경 디자인의 효과, 치유 디자인 요소 등에 관한 학술적 연구가 진행되었습니다.[16] 울리히(Roger S. Ulrich) 박사는 자연환경이 약 10년간 담낭절제술을 받은 환자들의 회복에 미치는 효과를 연구하였습니다.

울리히 박사는 환자들을 두 그룹으로 나누어, 한 그룹은 정원이 보이는 병실에 입원시키고, 다른 그룹은 벽이 보이는 병실에 입원시켰습니다(그림 9). 이후 두 그룹 간의 재원 기간, 합병증 발생률, 진통제 사용 강도를 비교한 결과, 정원을 바라보는 병실에 입원한 환자들이 벽을 바라보는 환자들에 비해 재원 기간이 짧고, 합병증 발생률이 낮으며, 투약되는 진통제의 강도도 낮다는 결과를 얻었습니다. 울리히 박사는 연구를 통해 자연환경이 인간의 회복에 긍정적인 영향을 미친다는 것을 입증한 것입니다.

20세기 말부터 과학적 관찰과 실험을 통해 치유환경 요소를 도출하고 이를 디자인에 적용하는 근거중심디자인(Evidence Based Design) 방법론이 확산 되었습니다. 국내에서도 치유환경 계획의 중요성이 대두되고 있음을 연구동향을 통해 확인할 수 있었습니다. 지난 40년간 국내에서 발간된 석·박사 학위 논문 중 병원건축과 관련된 주제를 정리한 결과, 1990년대까지는 주로 공간의 적정규모 산정에 대한 연구가 진행되었으나, 2000년 이후부터는 치유환경을 주제로 한 연구가 급증했습니다(그림 10). 이러한 연구 흐름을 보면, 병원이 단순한 치료 기능을 넘어 치유의 질적 공간으로 나아가야 한다는 담론이 확산되고 있음을 알 수 있습니다.

국내·외 치유환경 관련 연구를 살펴보면, 주로 사람들의 오감을 긍정적인 관점에서 자극하는 다양한 감각 자극 디자인 요소들이 제안되었습니다. 이에 따라 **병원들은 치유환경을 구현하기 위해 이러한 감각자극 요소들을 공간에 적극적으로 도입**하기 시작했습니다(그림 11, 표 2).

최근 병원은 기능에 중점을 둔 근대 병원과 달리, 중정, 아트리움, 로비 같은 공용공간을 적극적으로 도입하고, 환자들이 긍정적 감각자극을 통해 일상을 경험할 수 있는 공간들을 제시하고 있습니다. 그러나 필자는 **감각자극 요소가 공간의 구조적 변화 없이 단순히 적용되는 것은 근본적으로 병원을 치유환경으로 변화시키는 데 한계가 있다**고 생각합니다.

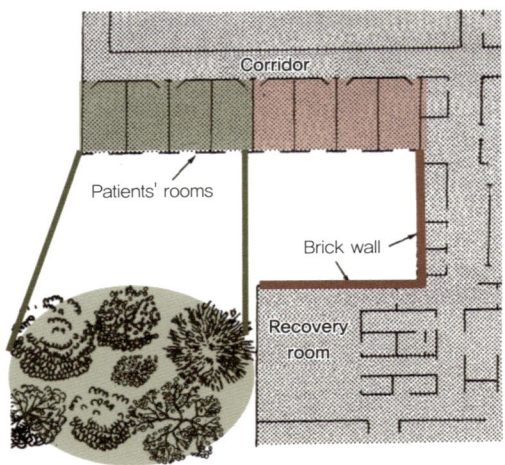

그림 9 울리히 박사의 '정원을 바라보는 병실-벽돌을 바라보는 병실의 수술 후 환자 상태 비교' 연구
(Comparisson of Recovery from Surgery between Wall-view and Tree View Patient Groups)

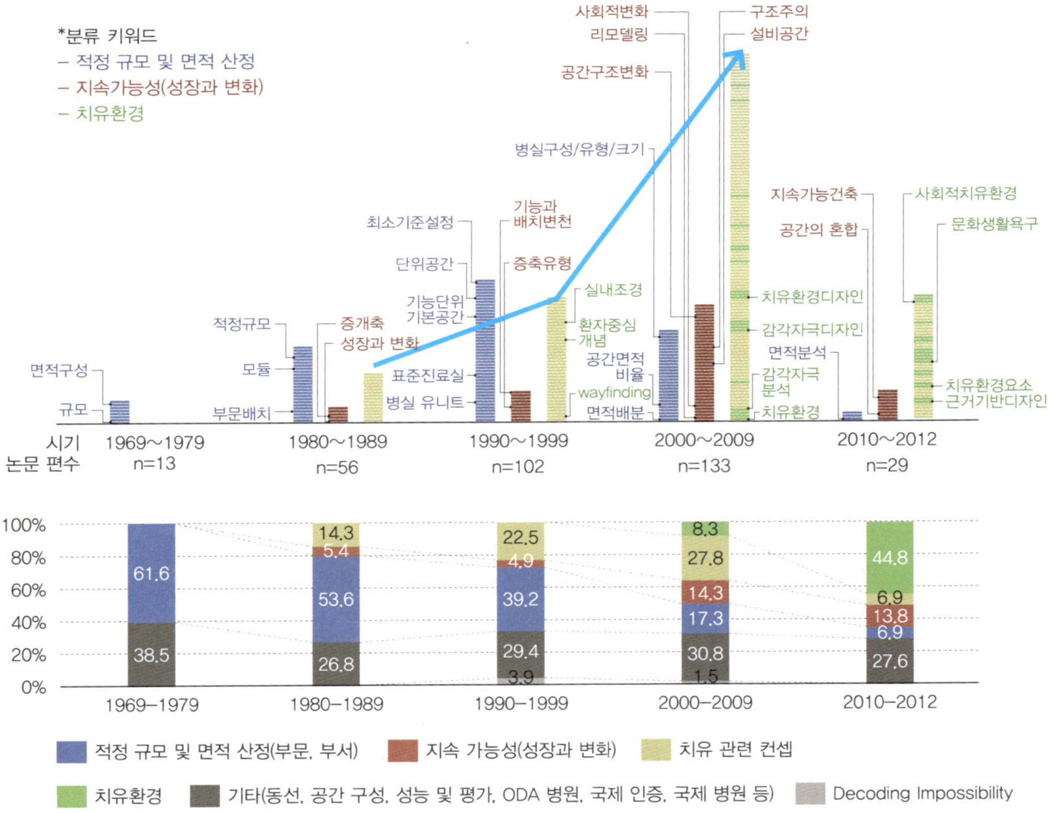

그림 10 의료시설 건축계획에 관한 국내 학위 논문 키워드 변화

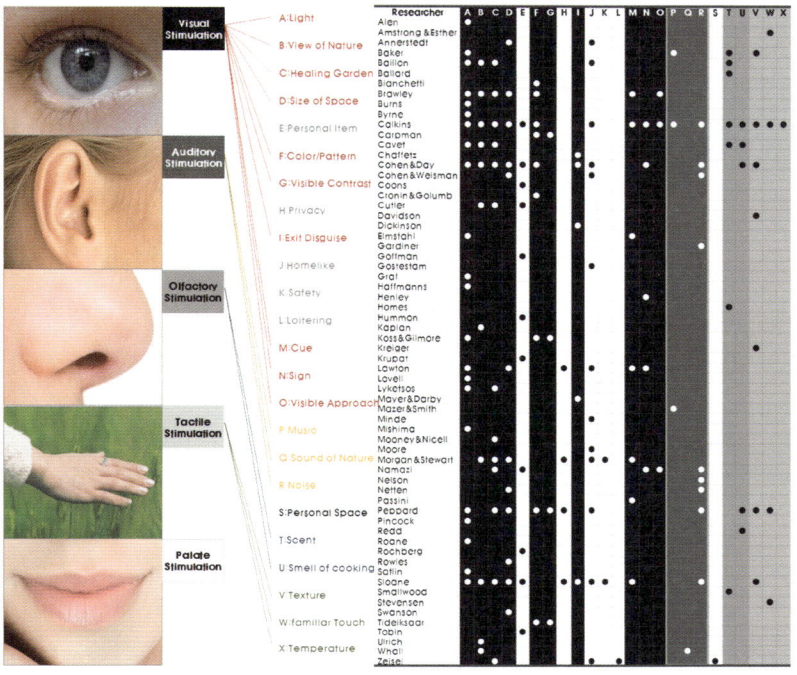

그림 11   감각자극디자인 요소 연구 사례(국외)

Visual Stimulation	연구자	최광석, 김길채	최영미	최영선, 최여진
Auditory Stimulation	치유 환경 요소	길찾기	빛	특별 케어 병동
		소음	자연 조망	외부 공간
		빛	치유정원	배회 가능한 복도
		온도	공간규모	배회 경로 디자인
Olfactory Stimulation		가구	개인아이템	공용 생활 공간 이용 패턴
		친근한 출입구 계획	색/패턴	병실 유형 및 디자인
		프라이버시	시각적 대조	소리
		명료함	프라이버시	조명
Tactile Stimulation		안전/보안	출구위장	소음
		환경 적응성	가정다움	실내 마감 색
		데이룸, 휴게실, 로비 라운지	안전	시각적 자극
		조경, 옥상 정원	배회로	청각적 자극
Palate Stimulation		색, 패턴 재료	단서	후각적 자극
		공간 스케일감	사인	벽화
		개방감	시각적 접근	거울
		자연물	음악	바닥 패턴
		예술품	자연의 소리	출입문 디자인
		배회	소음	
		취미	개별장소	
		가족 공간	향기	
		정보 교환	요리냄새	
			질감	
			친근한 접촉	
			온도	

표 2   감각자극디자인 요소 연구 사례(국내)

표 3 치유 개념이 결여된 병동부 복도 계획

　　병원의 병동부는 환자들이 가장 오래 머무는 공간으로, 최근 치유환경 계획의 중요성이 가장 강조되는 장소 중 하나입니다. 이에 병원은 병원 같은 시설의 이미지를 탈피하기 위해 다양한 색채와 건축 재료를 활용해 병동부를 디자인하고 있습니다. 그러나 복도는 여전히 근대 병원건축에서 추구한 이중복도 유형을 유지하며, **짧은 동선과 컴팩트한 공간 배치 개념이 그대로 남아 있는 실정입**니다. 공간 내부를 보면 실제로 1970~80년대에 계획된 병원과 큰 차이가 없습니다(표 3). 이 공간은 여전히 사람과 환경 사이의 관계가 단절된 곳이라고 생각합니다. 근본적인 공간 구조의 변화가 없는 감각자극환경은 환자의 **치유를** 이끌어내는 관계의 장이 될 수 없다고 생각합니다.

　　현대 병원건축 계획에서 필요한 개념은 동양의 **치유환경**이라고 생각합니다. 단순히 기존 공간에 감각 자극 요소를 덧붙이는 것이 아니라, **인간이 자신을 둘러싼 세계와의 관계를 회복할 수 있는 장(場)을 마련하는 것이 우리 시대 치유환경계획**의 대안이 될 것입니다.

3. 이용자 행태로 바라본 사회적 치유환경

3.1 사회적 치유의 의의와 사회적 치유환경

치유환경은 인간과 인간을 둘러싼 환경이 유기적인 관계맺음을 통해 질병으로부터 인간의 회복을 돕는 환경이며, 근본적으로 인간을 객체가 아닌 관계적 존재로 바라보는 세계관에서 비롯된 개념이라고 생각합니다. 특히, **일상으로부터 벗어나 격리된 입원환자들에게는 타인과 관계를 맺음으로써 누군가의 지지를 받고 사회의 일원으로 존재하는 것이 회복을 위해 반드시 필요합니다**. 가족, 자신과 일상을 공유하던 사람들과 떨어져 발생하는 사회적 관계의 단절은 환자들에게 심리적 압박과 스트레스를 유발하는 요인이기 때문입니다. 이미 여러 분야에서 사회적 관계 형성과 타인의 지지가 심리적, 정신적 치유에 영향을 미친다는 연구와 논의가 이루어지고 있습니다.

1983년 비엔나에서 열린 세계회의 'Epidemiology & Community Psychiatry' 심포지엄에서는 정신의학 분야에서 논의되고 있는 사회적 관계 형성에 대한 유형을 제시하고, 사회적 관계에 대한 범위, 판단 기준, 감정적 치유의 효과 등에 대해 정리하고 있습니다.[17] 정신의학 분야에서는 상호 호통할 수 있는 대인관계를 맺거나 유지함으로써 사회적 지지를 획득할 수 있으며, 대인관계 형성이 인간의 정신건강에 긍정적인 영향을 미치고 치유 효과가 있다는 연구들을 진행하고 있습니다.

의학 분야에서도 사회적 관계 형성이 신체에 미치는 영향에 관한 연구가 진행되었습니다. 약 30년간 해당 주제를 연구한 우치노(Bert N. Uchino) 박사는 사회적 지지와 심혈관 반응의 상관관계에 대해 조사했습니다. 우치노 박사는 이 연구에서 피험자들이 절도의 누명을 받고 취조를 받는 상황을 설정하고, 피험자들을 타인의 지지(변호)를 받는 그룹과 타인의 지지를 받지 않는 그룹으로 나누어 피험자들의 수축기 혈압(SBP)와 이완기 혈압(DBP)를 추적하였

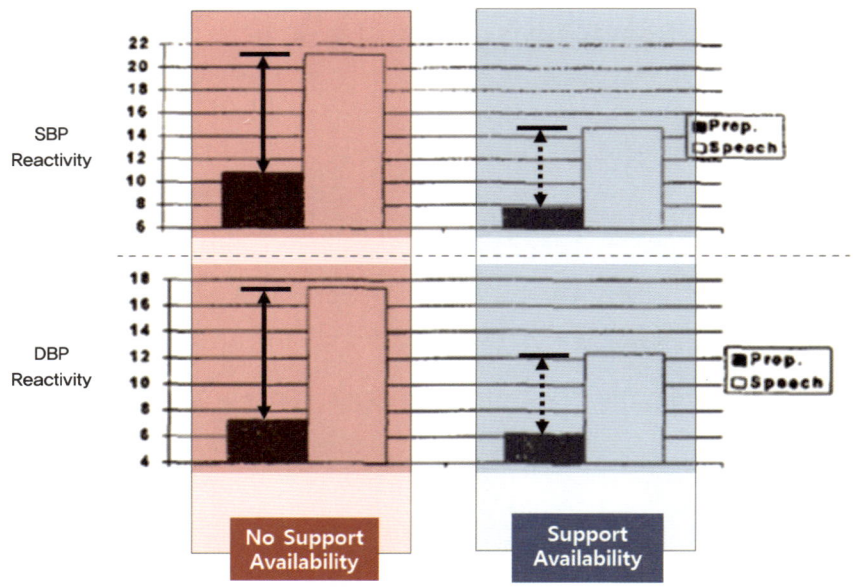

그림 12   사회적 지원의 유·무와 심혈관 반응성의 상관관계

습니다. 그 결과 타인의 지지를 받는 그룹 피험자들의 심장 수축기와 이완기의 혈압 차이가 타인의 지지를 받지 않는 그룹 피험자들에 비해 적게 나타났습니다(그림 12). 이 연구는 타인의 사회적 지지와 관계 형성이 심리적 안정감에 영향을 미치며, 이는 신체적으로도 긍정적 효과로 작용한다는 것을 증명한 사례입니다.[18]

루돌프 스타이너(Roudolf Steiner)는 인간을 영혼과 육체를 지닌 정신적 존재로 바라보았으며, 인간 본성 그 자체에 내재 된 능력으로 세상을 직관적으로 이해하는 인지학을 주장하였습니다. 인지학에서 인간은 내적세계와 외적세계와의 끊임없는 상호작용을 바탕으로 세상을 이해한다고 봅니다. 이 과정에서 나와 타인의 관계 속에서 우리를 형성한다고 주장합니다.[19] 인지학에서는 이와 같은 인간의 내적 세계와 외적 세계의 상호작용에 문제가 있을 때, 질병이 발생한다고 합니다. 수잔느(Susanne Siepl-Coates) 박사는 인간의 질병 또는 불안정한 상태는 가족과 친구, 사회적 상호관계뿐만 아니라 큰 틀에서 사회문

It is not surprising that in **anthroposophical medicine**, the built, cultural and social environments in which patients are treated play as important a role as the therapies and remedies prescribed for the patients. **Given this biographical connection, the illness or disability must be seen in a larger social context, including one's family and friends, one's community and society at large. Social interaction, social support and a sense of community play a most significant role in anthroposophical therapy.**

그림 13   인지학의 사회적 치유 개념

제로 바라보아야 한다고 주장합니다. 수잔느 박사는 사회적 소통, 사회적 지원과 커뮤니티 형성이 인지학적 치유 효과를 갖고 있기 때문에 치유의 대안으로서 가능이 있다고 보았습니다. 즉, 인지학적 관점에서 질병으로부터의 회복은 환자들 스스로 자신이 사회 구성원임을 인지하고, 소속된 커뮤니티에서 사회적 관계를 형성하는 것 입니다(그림 13). 수잔느 박사는 건축가들이 사회적 관계를 형성할 수 있는 건축적 환경을 조성해야 한다고 강조합니다.[20]

사회 심리학자 플로이드 올포트(Floyd Allport)는 타인의 존재가 개인의 능력을 향상시키는 현상을 '사회적 촉진'이라고 명명하였습니다. 그는 사회적 촉진이 타인과의 직접적인 상호작용뿐만 아니라, 단순히 같은 공간에 함께 있는 것만으로도 개인에게 영향을 미칠 수 있다고 주장합니다. 이는 같은 공간을 공유하는 간접적인 인간관계도 사회적 지지와 관계 형성에 중요한 의미를 지닌다는 점으로 그 의미가 확장됩니다.

필자는 사람들이 일상 속에서 타인과 직접적인 관계를 맺거나 특정 사회의 일원으로 간접적인 관계를 형성할 수 있는 건축환경을 '사회적 치유환경'이라고 명명합니다. 병원건축에서는 사회적 접촉과 커뮤니티가 형성될 수 있는 공간을 계획함으로써, 낯선 병원 환경에서 심리적, 정신적으로 적응해야 하는 환자들에게 사회적 치유를 제공하는 것이 반드시 필요하다고 생각합니다.

하지만 사회적 치유공간을 단순히 비어있는 공용공간으로만 인식해서는 안 된다고 생각합니다. 사람들은 의식적으로 특정 공간을 찾기도 하지만, 무의식적으로 머무는 공간도 있으며, 그 공간은 사람들을 자연스럽게 모으는 힘을 지니고 있다고 봅니다. 사회적 치유환경을 구현하기 위해서는 사람들이 모이는 장소의 본질적인 특징을 분석하고, 이를 건축계획에 적극적으로 반영해야 한다고 생각합니다.

의사 험프리 오스몬드(Humphry Osmond)는 의료시설 내 고립된 생활과 타인과의 대화가 단절된 상태는 환자들에게 부정적 영향을 미친다고 주장합니다. 또한, 그는 사람들이 모일 수 있는 공용공간의 부재가 사회적 접촉을 저해시킨다고 판단하였습니다. 험프리 오스몬드는 열차 대합실과 같은 공간은 사람들 간의 커뮤니티가 발생할 수 없는 곳으로서 이사회적 공간(Sociofugal Space)이며, 노천의 카페와 같이 사람들이 자연스럽게 모여 커뮤니티가 형성될 수 있는 공간은 집사회적 공간(Sociopetal Space)이라고 명명하였습니다. 그는 환자들에게 필요한 것은 집사회적 공간이라는 점을 인식하고, 의료시설 내 집사회적 공간을 조성하기 위한 가구 배치, 가구 형태들에 관하여 연구하였습니다.[21]

헤르만 헤르츠버거(Herman Hertzberger)는 공공 장소의 활성화를 위해 사람들이 머무르고 접촉할 수 있는 공간의 특징에 대해 연구하였습니다. 그가 제시한 '좌석의 사회학' 개념에 따르면, 공공장소에 배치된 좌석에 사람들이 머물면서 낯선 사람들과 눈을 마주치고, 인사를 하는 사회적 상호작용이 발생한다고 보았습니다.[22] 그는 이와 같은 상호작용을 촉진하기 위해 공동주택 진입부와 인접한 길 또는 광장과 같은 공공장소에 착석할 수 있는 공간을 계획하였습니다. 그리고 주택의 주출입구와 인접한 외부 공간을 텃밭, 외부 휴식 공

그림 14 커뮤니티 구축을 위한 공공장소의 착석 공간(Haarlemmer Houttuinen)

간들로 활용함으로써 이웃 간의 접촉과 교류가 자연스럽게 촉발될 수 있도록 공용공간을 디자인하였습니다(그림 14).

2005년 개최된 Therapeutic Environment Forum에서는 건축 플래너, 디자이너, 엔지니어, 인테리어 디자이너, 조경 디자이너가 모여 치유환경을 주제로 논의하였습니다. 참석자들은 의료시설 계획 시 환자 중심 환경을 조성하기 위해 치유환경을 개념화하고, 이에 해당하는 디자인 요소들을 정리하였습니다. 포럼에서는 사회적 관계 형성이 가능한 공간 계획을 치유환경의 중요한 개념으로 제시하고, 의료시설 내에서 타인과의 사회적 접촉과 군집을 유도하는 다음의 다섯 가지 사회적 치유공간을 제시하고 있습니다. 첫째, 병실 내 가족과 함께할 수 있는 영역 설정(Family Zone), 둘째, 환자들이 가족이나 보호자들과 접촉할 수 있는 공간계획(Place for Family and Caregivers), 셋째, 환자의 검사 및 치료과정에 함께하는 가족을 위한 숙박시설 설치(Accommodation for Patient's Family), 넷째, 문화적으로 적합한 환경 조성(Culturally Appropriate Environment), 다섯째, 사회적 활동과 그룹을 형성할 수 있는 공간계획(Sociopetal Spaces Facilitate Social Behaviors and the Development of Social Groups)입니다.

그림 15   Vidar Clinic 사회적 치유환경

　알란 딜라니(Alan Dilani) 박사는 환자들이 자신이 속한 일상의 영역에서 스스로를 공동체의 구성원으로 인지하고, 커뮤니티를 맺는 것이 치유에 효과적이며, 동일한 공간 내 타인과 존재하는 것 자체만으로 회복에 긍정적 영향을 준다고 보았습니다. 딜라니 박사는 환자가 사회적 관계를 맺을 수 있는 환경과 공간 계획의 중요성을 강조하며, 호스피탈 스트리트(Hospital Street), 도시의 공공영역과 연계된 노인시설, 병원의 문화 공간, 직원과 환자가 일상을 공유할 수 있는 정원을 사회적 치유환경의 건축적 대안으로 제시하고 있습니다.[23]

　수잔느(Susanne Siepl-Coates) 박사는 건축가 에릭 암쎈(Eric Amssen)이 설계한 비다르 클리닉(Vidar Clinic)에서 인지학적 치유 관점에서 필요한 사회적 환경이 잘 구현되었다고 평가합니다. 에릭 암쎈은 비다르 클리닉을 설계하는 과정에서 환자와 보호자들이 사회적 접촉을 할 수 있도록 내·외향적 공간을 조성하였습니다. 그는 건물 중앙에 큰 중정을 계획하고, 그 주변에 외부를 관망할 수 있는 식당, 프로그램실 등 공용공간을 배치하고, 해당 공용공간에서 다양한 프로그램 활동, 이벤트, 체류 등에 병원을 이용하는 사람들이 참여함으로써 그들이 공동체적 소속감을 느끼고, 타인과의 생활에 적응해 일상으로의 회귀를 돕고자 하였습니다.[24]

필자는 병원 내 사회적 치유환경 개념을 적용하여 낯선 병원 환경에서 일상과 단절되고 고립감을 느낄 수 있는 환자들에게 심리적 안정을 제공할 수 있는 공간을 구현할 수 있다고 생각합니다. **환자들이 타인과 소통하고 함께 모여 자신의 삶을 공유할 수 있는 사회적 치유환경은 환자들의 삶의 질을 향상시킬 수 있는 건축적 치유의 대안이 될 것입니다.**

3.2 사회적 치유환경 조성을 위한 건축적 고려사항

(행태조사 연구 사례)

의료시설에서 병동은 환자들이 치료를 받는 공간이자 동시에 일상의 공간입니다. 비록 며칠일지라도, 환자들이 자신이 살던 곳을 떠나 낯선 환경에서 낯선 이들과 함께 지내야 한다는 점은 극심한 스트레스를 유발할 수 있습니다. 특히, 의료기능과 직원의 업무 효율에만 초점을 맞춘 병동 환경은 입원환자들이 병실에만 머무르게 하는 상황을 초래하고, 환자들의 심리적 고독과 무기력을 느끼게 합니다. 장기 입원환자의 경우, 오랜 기간 병동에서 생활해야 하므로 일상성을 회복시킬 수 있는 병동 환경이 환자의 삶의 질에 더욱 큰 영향을 미칠 수밖에 없습니다.

사회적 치유환경은 낯선 병동에서 사람들과의 접촉과 군집을 통해 입원환자들의 일상성을 회복시킬 수 있는 건축적 대안이 될 수 있다고 생각합니다. 병동부 공용공간의 사회적 접촉과 군집을 촉진할 수 있는 집사회적 공간 조성의 답을 찾기

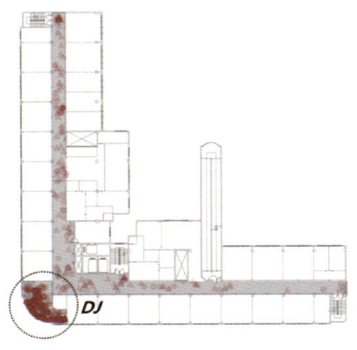

그림 16 사용자 체류 농도지도 _ DJ병원

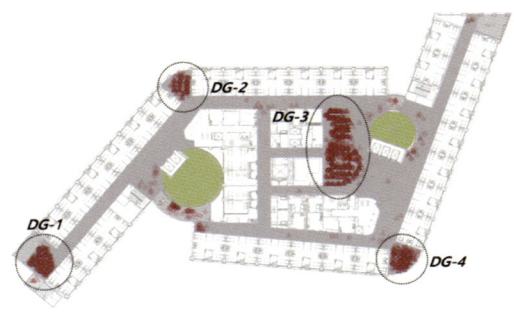

그림 17 사용자 체류 농도지도 _ DG병원

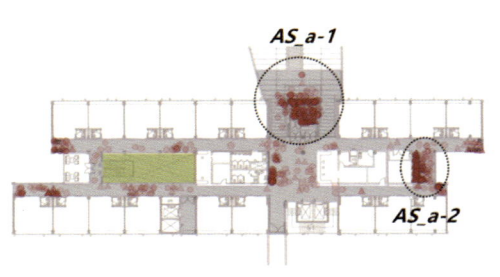

그림 18 사용자 체류 농도지도 _ AS병원(a)

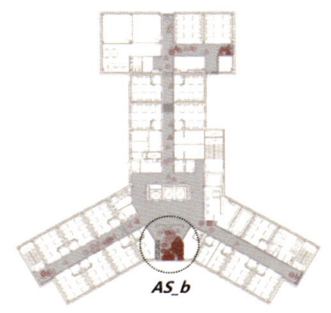

그림 19 사용자 체류 농도지도 _ AS병원(b)

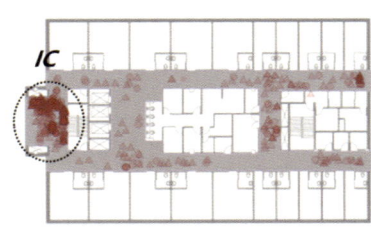

그림 20 사용자 체류 농도지도 _ IC병원

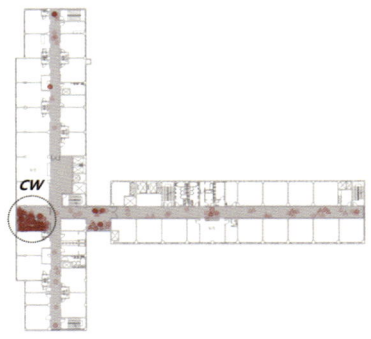

그림 21 사용자 체류 농도지도 _ CW병원

위해, 필자는 유사 질병군의 장기 입원환자가 머무는 병동의 공용공간을 조사하였습니다.

운영방식의 차이로 인한 변수를 줄이기 위해, 고용노동부 산하에서 유사한 시스템으로 운영되는 병원을 조사대상으로 국한하고, 공용공간(데이룸, 복도, 발코니)의 공간적 유형이 다른 사례들을 선정하여 이용자의 체류 빈도를 분석했습니다. 총 6개 병동의 공용공간에 머물고 있는 사용자들의 위치를 추적하여 붉은 점으로 표시하고, 붉은 점을 누적하여 체류 빈도를 농도 지도로 표시하는 조사 방법을 통해 사용자가 많이 머무는 공간의 특징을 살펴보았습니다 (그림 16~21).

1) 공간 규모와 사회적 치유환경

사람에게는 사회적 거리가 존재합니다. 에드워드 홀(Hall, E. T)은 사람들은 타인의 영역을 침범하지 않기 위해 공공장소에서 일정 거리를 유지하며, 개인적인 거리를 유지하면서 군집을 이루고 공간을 이용하는 것 자체가 커뮤니케이션의 기능을 한다고 주장했습니다. 병동에서 환자들이 공용공간을 이용할 때도 마찬가지로, 낯선 이들과의 사회적 거리를 유지하려 합니다. 그런데 만약 이러한 사람 사이의 **사회적 거리를 고려하지 않고, 공용공간의 규모를 설정한다면, 그 공간은 타인과 함께하기 어려운 이사회적 공간(Sociofugal Space)이 될 수밖에 없습니다.**

필자는 본 연구를 통해 병동 내 공용공간의 규모에 따라 이용자들의 체류 빈도가 어떻게 달라지는지를 분석하여, 공간 규모와 사회적 치유환경의 상관관계를 파악하고자 했습니다. 이를 위해 먼저 농도지도를 통해 조사대상 병원별 체류 빈도가 높은 데이룸, 프로그램실, 발코니 영역을 확인한 뒤, 해당 영역들의 면적과 이용자 체류 빈도 간의 상관관계를 분석하였습니다(표 4).

분석 결과, 데이룸, 프로그램실, 발코니 등의 공용공간 면적이 클수록 이용

구분	면적(㎡)	
DJ	57.96	
DG-1	47.18	
DG-2	34.14	268.24
DG-3	143.70	
DG-4	43.22	

구분	면적(㎡)	
AS_a-1	41.26	62.88
AS_a-2	21.62	
AS_b	48.74	
IC	47.90	
CW	49.26	

표 4   데이룸, 프로그램실, 발코니 조사영역 면적

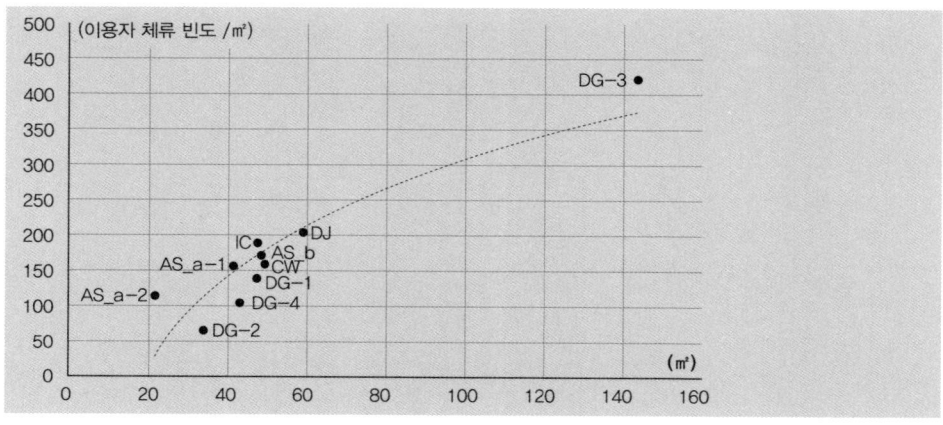

그림 22   데이룸, 발코니, 프로그램실의 영역별 면적과 이용자 체류 빈도의 상관관계

자의 체류 빈도가 높다는 점을 확인할 수 있었습니다. 낯선 병동 환경에서 이용자들은 동일한 공간을 공유하는 데 있어 다소 보수적인 성향을 보일 수밖에 없다고 생각합니다. 특히, DG병원의 경우 한 층에 데이룸과 프로그램실이 가장 많아, 이용자들이 체류 공간을 선택할 수 있는 상황이 되면서 자연스럽게 사람들이 분산하여 머무르는 경향이 나타나 상대적으로 단위 면적 대비 체류 빈도가 낮게 나타났습니다(그림 22).

결론적으로, 이용자의 체류 빈도를 높이기 위해서는 데이룸이나 프로그램실과 같은 공용공간의 면적을 단순히 병실과 동일하거나 병실의 1.5배로 설계하는 기존의 관행에서 벗어나, **추가 면적을 확보하여 여유로운 규모로 계획**해야

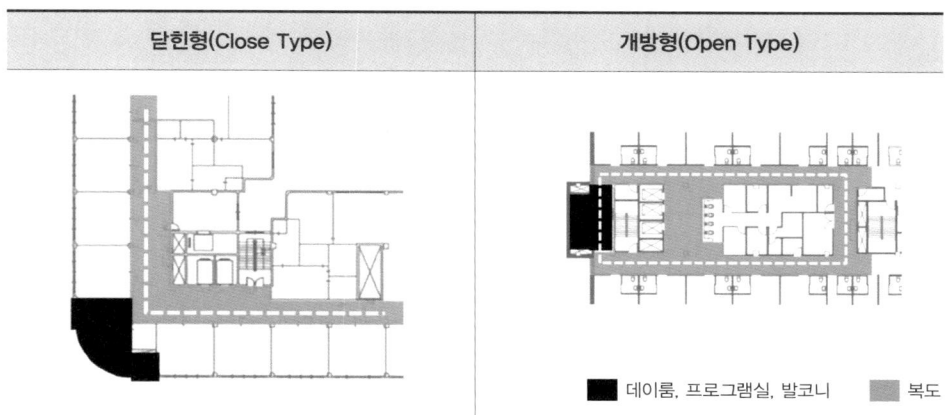

표 5   접근성에 따른 데이룸, 프로그램실, 발코니의 공간 유형

합니다. 또한, **소규모 공용공간은 사회적 접촉과 군집 형성을 저해할 수 있으므로 지양**하는 것이 바람직하다고 생각합니다.

2) 평면 유형과 사회적 치유환경

건축에서 접근성은 이용자들의 공간 사용에 큰 영향을 미치는 요소입니다. 공간의 접근성이 높을수록 타인과 접촉할 가능성이 커지기 때문에 사회적 치유환경 계획에서 집사회적 공간을 조성하는 데 유리하다고 볼 수 있습니다. 따라서 병원의 공공영역 중 어떤 유형이 사용자 접근성을 높일 수 있는지 알 수 있다면 우리는 사회적 접촉을 높일 수 있는 공간을 계획할 수 있다고 생각합니다.

조사대상 병동부의 데이룸을 분석한 결과, 크게 두 가지 유형으로 공간을 분류할 수 있었습니다. 첫 번째 유형은 벽과 칸막이로 복도와 완전히 분리되어 있으며, 명확한 입구를 통해 진입할 수 있는 공간이고, 두 번째 유형은 복도의 연속 선상에 위치해 이용자들이 통과할 수 있는 공간입니다(표 5). 필자는 전자를 닫힌형(Closed Type), 후자를 개방형(Opened Type)으로 명명하고, 두 유형의 공간에서 병동 이용자들의 체류 빈도를 분석하였습니다(표 6).

조사영역의 단위 면적당 이용자 체류 빈도를 분석한 결과, 개방형으로 분

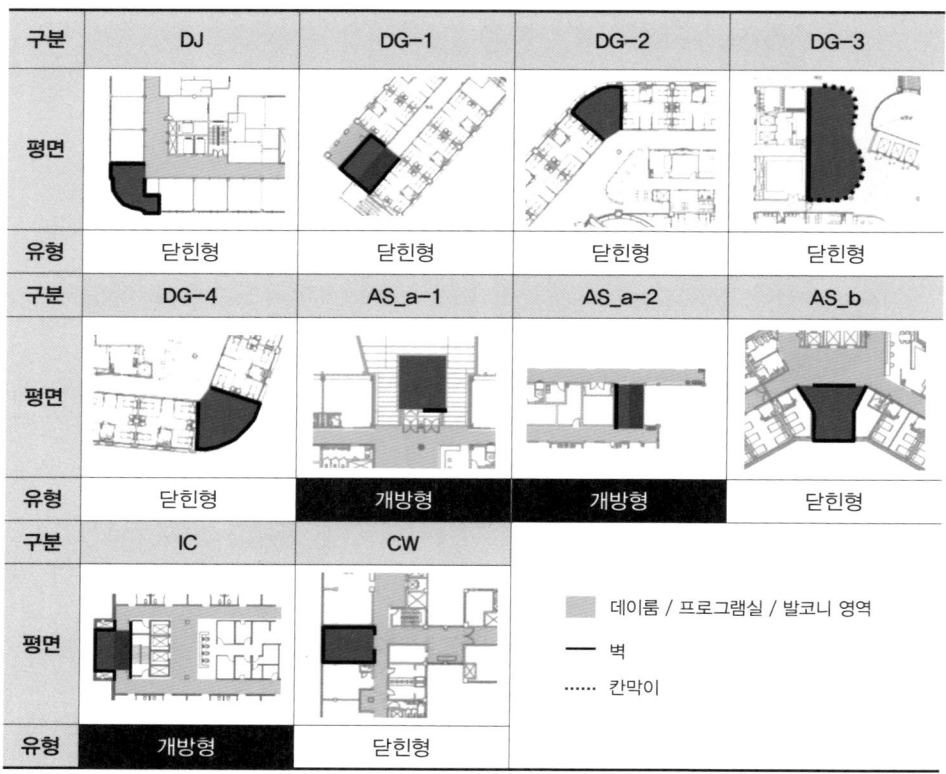

표 6 조사 영역별 유형 분류

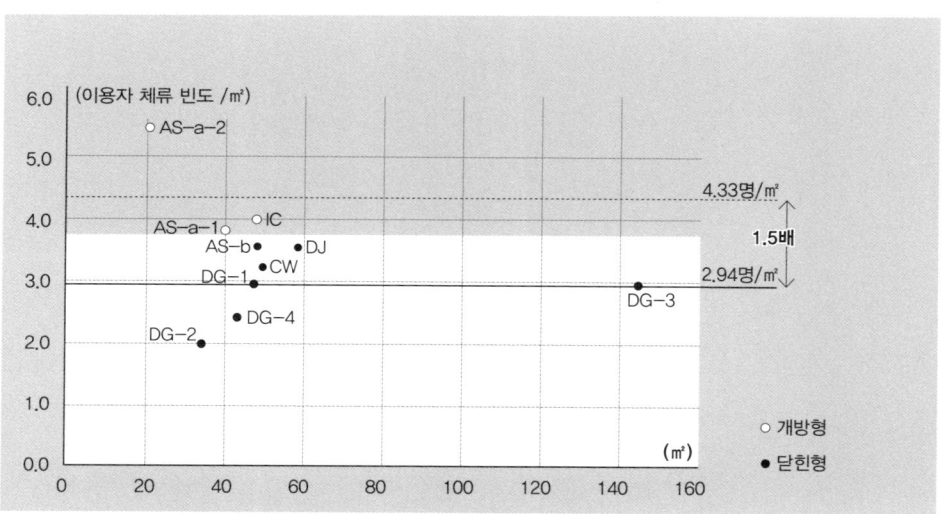

그림 23 조사 영역별 단위 면적 당 체류 인원

류된 AS_a-1, AS_a-2, IC 영역이 닫힌형으로 분류된 사례들보다 모두 체류 빈도가 높았습니다. 두 유형 별 사례의 체류 빈도 평균을 분석한 결과 개방형이 닫힌형에 비해 체류 빈도가 높게 나타나는 것을 알 수 있었습니다(그림 23). 결론적으로 **복도와 인접하여 접근성과 이동성이 용이한 개방형 데이룸과 프로그램실이 체류 빈도를 높이는 집사회적 공간 구조**라는 점을 본 연구를 통해 알 수 있었습니다.

병동의 데이룸과 프로그램실은 환자와 보호자의 편의를 위해 계획된 공간입니다. 우리나라 대부분의 병원에서는 이러한 공간들이 환자와 보호자의 이용 방식을 충분히 고려하지 않고, 단순히 하나의 기능적 실로 데이룸과 프로그램실을 계획하고 있습니다. 그러나 **공간 접근 방식만으로도 해당 공간을 사회적 치유환경으로 조성할 수 있는 가능성**이 있다는 것을 본 연구를 통해 알 수 있었습니다. 병동부 설계과정에서 사회적 치유환경이 추상적인 글로 기술되는 것이 아니라 실체적인 공간으로 구현될 수 있도록 건축가들이 연구 결과를 설계에 반영하기를 바라봅니다.

3) 채광과 조망 그리고 사회적 치유환경

자연의 빛은 역사적으로 정신적·심리적 안정감을 주는 치유환경으로 여겨졌으며, 근대 과학 중심의 의학에서도 빛은 생리학적으로 인간의 건강에 도움을 주는 중요한 요소였습니다. 그러나 근대 병원건축은 기능 중심의 공간 구조로 인해 병동은 자연의 빛을 잃어버리게 됩니다. 치유환경의 중요성이 대두되면서 병동에 중정이나 아트리움(Atrium) 배치의 필요성이 논의되고 있지만, 사용성과 경제성에 대한 의문으로 실제 설계로 반영되는 경우는 매우 드뭅니다. 필자는 본 연구를 통해 사용성의 관점에서 채광의 유무가 사용자의 체류 빈도에 미치는 영향을 분석해 보았습니다.

조사대상 병원 중 복도에 채광이 들어오는 사례는 DG 병동과 AS_a 병동

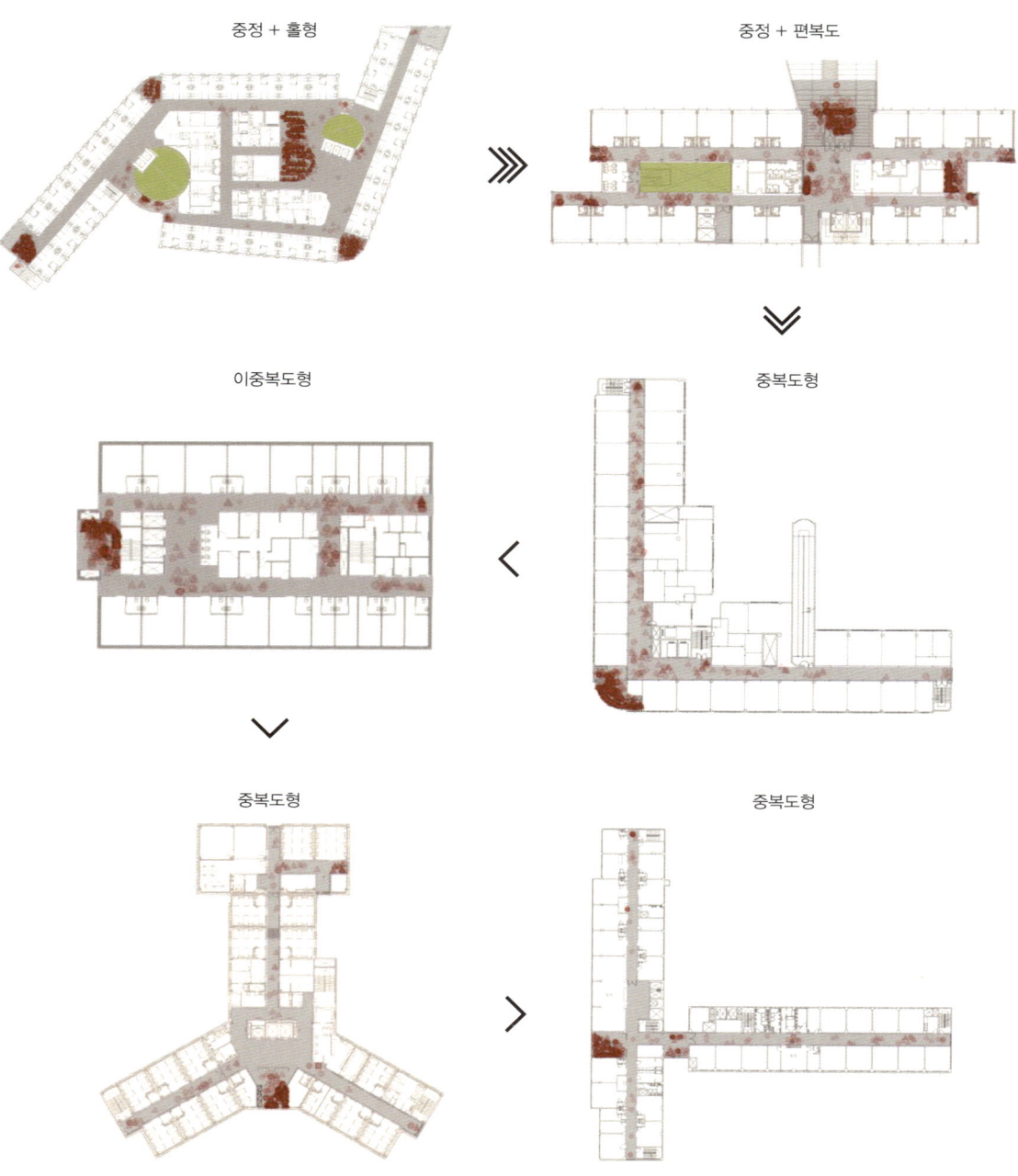

그림 24   공용공간의 유형별 이용자 체류 위치와 빈도

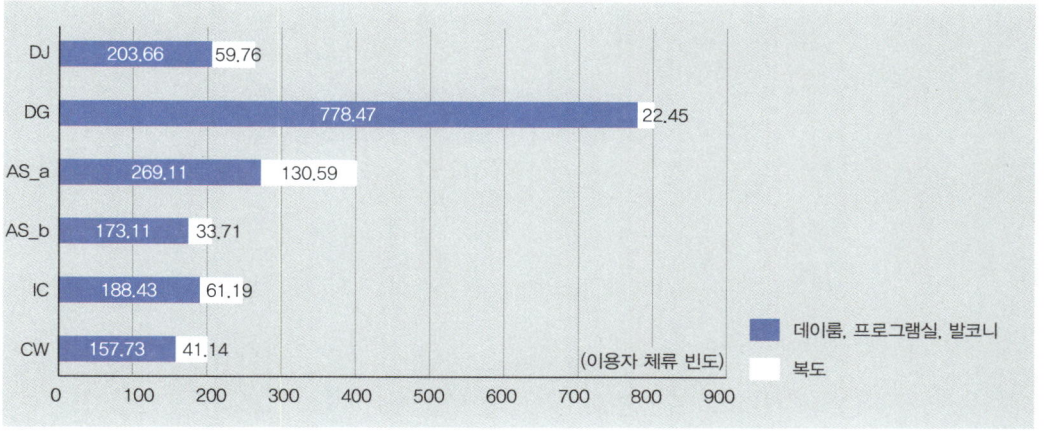

그림 25　공용공간의 이용자 체류 빈도

그림 26　DG병원 DG-3 영역 모습

그림 27　AS_a병원의 사회적 치유환경

이었습니다. 이 두 병동 사용자들의 공용공간 체류 빈도는 다른 병원들에 비해 압도적으로 높은 수치를 보였습니다(그림 24, 25). 특히 DG 사례에서 중정을 시각적으로 조망할 수 있는 프로그램실 DG-3 영역은 DG 병동부의 데이룸 체류 빈도를 높이는 데 가장 큰 영향을 미치는 공간이었습니다(그림 26).

　AS_a병원의 경우, 복도의 체류 빈도가 다른 사례에 비해 매우 높았습니다. 특히 사람들이 모여있는 복도 영역을 살펴보면, 채광과 조망이 가능한 중정 또는 편복도와 인접한 영역이었습니다. 흥미로운 점은, 이 영역에서 사람들이 머물기 위해 개인적으로 의자를 가져다 놓거나, 병원에서 프로그램 활동으로 만든 개인 물건들을 전시해 놓은 모습을 볼 수 있었습니다. 난잡한 자신들의 물건을 늘어놓는 것이 아니라 흡사 주택에서 내 앞마당을 가꾸는 모습들이 나타났습니다. **공용공간인 복도가 사적인 영역으로 변하면서, 다른 사람들이 지나가다 그곳에 머물러 대화를 나누고 일상을 공유하는 장면이 자주 목격되었습니다**(그림 27).

자연채광과 조망이 가능한 복도에서 자연스러운 사회적 접촉과 모임이 유발되는 모습을 발견할 수 있었습니다. 병원의 운영과 업무 효율성을 높이기 위해 공간과 공간을 최단으로 연결하기 위한 통로로써 복도에서는 드문 광경이었습니다. 환자들이 병동이라는 낯선 공간이 자신의 삶을 타인과 공유할 수 있는 친숙한 일상의 영역으로 바뀌는 사회적 치유환경의 힘을 보여주는 사례였습니다. 필자가 진행한 사용자 행태 연구를 통해 우리가 발견한 사회적 치유환경의 가능성들이 병원건축에서 의미있는 관계맺음의 장(場)을 조성하기 위한 단서가 되기를 바랍니다.

미주

1. http://dictionary.reference.com/browse/treatment, http://www.etymonline.com/index.php?term=heal&allowed_in_frame=0
2. http://dictionary.reference.com/
3. 최형주, 황제내경소문
4. 심재관, 인문의학, 고대 인도의 의철학과 전통과 건강
5. Roy Poter, 의학 놀라운 치유의 역사
6. 고미숙, 동의보감 몸과 우주 그리고 삶의 비전을 찾아서
7. 하야시 하지메, 동양의 의학은 서양 과학을 뒤엎을 것인가
8. 곽노규, 인문의학, 고통! 사람과 세상을 만다다
9. 로이 포터, 놀라운 치유의 역사
10. 로이 포터, 놀라운 치유의 역사
11. 김승호, 사는 곳이 운명이다.
12. 국사편찬 위원회, 삶과 생명의 공간, 집의 문화
13. 고정희, 신의 정원, 나의 천국
14. O. Carl Simonton, Belief Systems and Management of the Emotional Aspects of Malignancy
15. 가와시마 아키라, 보이지 않는 힘
16. Roger S. Ulrich, Sara O. Marberry, Improving Healthcare with Better Building Design Chicago
17. A.S. Henderson, Interpreting the evidence on social support
18. Bert N. Uchino, Timothy S Garvey, The Availability of Social Support Reduce Cardiovascular Reactivity to Acute Psychological Stress
19. 에바 미스 크리스텔러(Eva Mees-Christeller), 루돌프 슈타이너의 인지학 예술치료
20. Susanne Siepl-Coates, The architecture of Hospital
21. Edward T. Hall, 보이지 않는 차원
22. Herman Hertzberger, 헤르만 헤르츠버거의 건축수업
23. Alan Dilani, Psychosocially Supportive Design-Scandinavian Healthcare Design
24. Susanne Siepl-Coates, The architecture of Hospital

III
병원건축과 시간

조준영

1. 병원건축과 변화

우리는 여전히 기능적 시각으로 병원건축을 바라보고 있습니다. 그러나 기능은 변하고, 구축된 공간은 남아서 계속되는 변화들을 수용해야 합니다.

그렇다면 왜?, 얼마나 변화하는 걸까요?

건축은 사람이 필요로 하는 공간을 주어진 대지의 조건 안에서 만들어 나가는 일련의 과정이라고 생각합니다. 사람의 필요는 상황과 조건이 변하면 언제든지 달라질 수 있고, 대지를 둘러싼 주변 환경이 달라지면 대지에 대한 해석과 활용도 달라지게 됩니다. 그래서 필자는 사람과 대지, 그리고 두 요소가 모여있는 **도시의 변화에 대한 이해**가 병원건축의 변화를 알아가는 첫걸음이라고 생각했습니다. 그리고 막연하게 느껴지는 '성장과 변화'를 객관적으로 확인하고 이해하고 싶었습니다.

병원 건축은 단순히 현재의 필요를 충족하는 것을 넘어서, 변화에 대응하고 미래를 대비하는 방향으로 나아가야 합니다. 이를 위해 사람, 대지, 그리고 도시의 변화를 이해하는 것이 중요하며, 이러한 변화를 수용할 수 있는 유연한 공간 계획이 필요하다고 생각합니다. **기능을 뛰어넘어 변화를 바라봐야** 합니다.

1.1 변화의 원인과 결과

1) 병원건축의 변화 사례

21세기 초반, 서울특별시는 서남부 지역 개발 계획의 일환으로 고령자와 재활 환자를 위한 의료시설을 건립하기로 결정했습니다. 이는 고령사회로의 전환이 중요한 사회적 이슈로 떠오르던 시기에 이루어진 결정으로, 서울시는 이 병원이 서남부권역을 책임지는 고령·만성질환·재활 의료서비스의 중추적인 역할을 해줄 것이라고 기대했습니다.

그러나 건립 이후 서울시의 의도와는 달리, 지역 주민들은 급성기 환자의

그림 1 사례병원 입지와 환자분포 변화

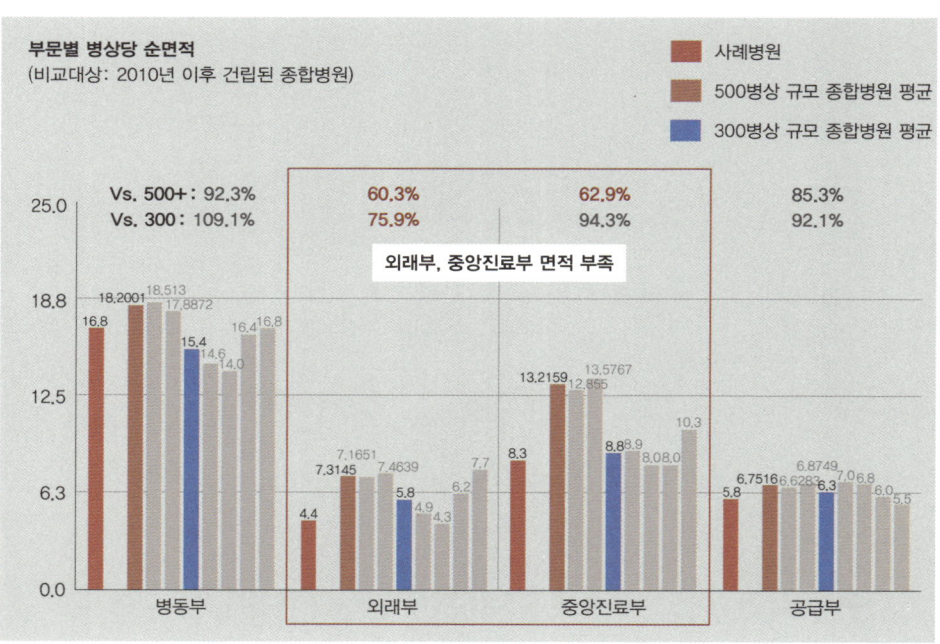

그림 2 사례병원 주요부문 병상당 순면적 비교 (vs. 비교 당시 최근 건립된 유사규모 병원)

치료가 가능한 종합병원을 요구했습니다. 고령환자를 위한 의료시설을 계획했지만 병원 주변에 새롭게 조성된 지역은 상대적으로 낮은 주택가격으로 공급되어 젊은 세대들의 유입이 많았기 때문이었습니다. 수요와 공급의 차이가 발생하자 병원을 이용하는 환자수는 점점 감소했고, 지역에서의 영향력도 점차 줄어들게 되었습니다(그림 1).

이 병원은 개원 후 10년이 채 되지 않아 역할 변화가 필요했고 공간도 변경해야 하는 상황이 되었습니다. 서울시는 2018년에 병원의 기능과 역할을 다시 설정하는 연구를 진행하였고, 그 결과에 따라 급성기 종합병원으로 기능을 변경하기로 결정 했습니다. 개원한지 7년만에 전체 병원의 기능을 완전히 바꾸기로 결정한 것입니다.

병원의 역할을 종합병원으로 변경하기 위해서는 몇 가지 공간적인 문제를 해결해야 했습니다. 외래진료부와 중앙진료부의 면적 부족이 가장 큰 문제였고, 급성기 환자 치료를 위해 부서의 전체적인 공간 재배치와 내부 조정이 필요했습니다(그림 2). 그러나 이 병원은 작은 단위 블록으로 분산된 형태의 건물이었고, 대지가 좁아서 수평 증축을 할 수 없는 상황이었습니다(그림 3). 결국, 현재 상태에서 부서를 확장하거나 이동하기 어려웠습니다. 의료시설의 확장을 고려하지 못한 대지의 선정과 내부 공간의 변경이 쉽지 않은 공간 구성은 변화에 유연하게 대응하지 못했습니다.

이 문제를 해결하기 위해서 2개층을 수직으로 증축하고 일부 부서를 다른 층으로 이전하는 계획을 세웠습니다. 이를 통해 공사기간 중 임시 이전을 위한 예비공간을 마련하였고, 순차적으로 공사를 진행할 수 있도록 계획했습니다 (그림 4).

노인·재활 병원을 급성기 종합병원으로 변경하기 위해 기존 면적의 17%에 해당하는 면적을 증축하고 48%의 면적은 리모델링 해야 했습니다. 개원 후 약

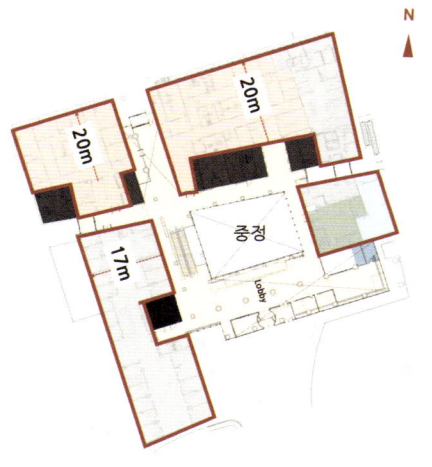
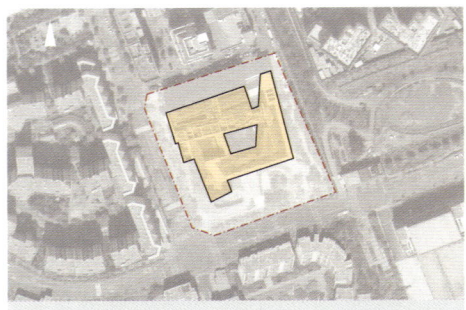

- 대지 조건상 수평 증축 불가
- 작은 단위, 특별한 형태의 블록 계획
- 부서의 증설이나 재배치가 어려운 구조
- 공용 공간과 기능공간 연계 문제

그림 3 사례병원 공간구성의 특징 (변경이 어려운 공간 구조)

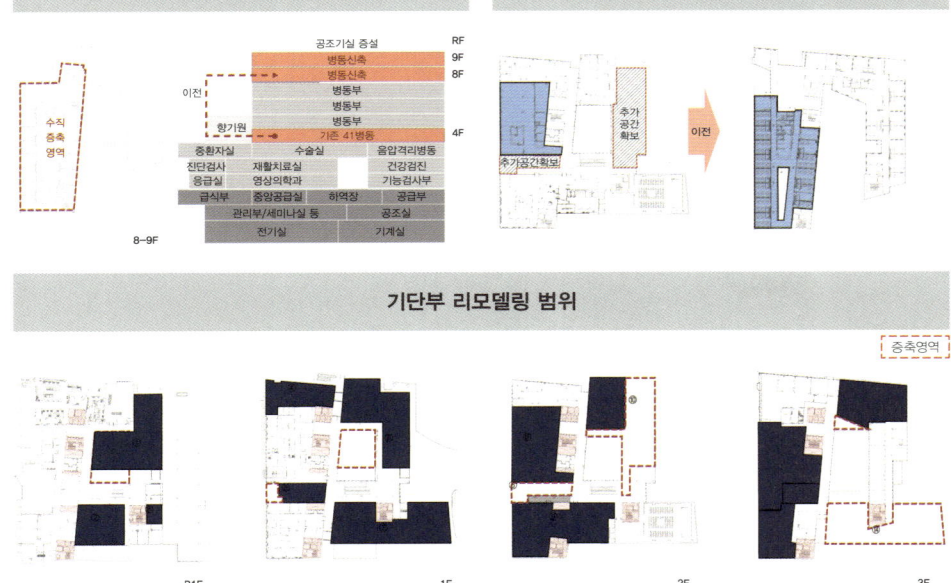

그림 4 사례병원 증축 및 리모델링 전략

10년 만에 공간 재조정을 위해 초기 건설비용의 65%의 예산이 필요했습니다.

사례병원의 의료 수요와 공급에 대한 예측은 10여 년 만에 완전히 수정되어야 했습니다. **의료시설에 대한 수요와 공급의 정확한 예측이 어렵기 때문에 병원 공간은 언제나 변화를 준비하고 있어야 합니다.** 그러나 이 병원은 초기 계획단계에서 병원의 성장을 고려한 충분한 대지를 확보하지 못했고, 그 시점에 필요한 기능에 맞춘 용도 중심의 설계방식으로 계획되어 개원 이후에 발생하는 변화에 대응하기 어려웠습니다.

이 사례는 병원건축 기획·계획·설계 방식의 변화에 대한 여러 가지 시사점을 주고 있습니다. 병원을 둘러싼 환경이 변화하고, 사용자도 변할 수 있습니다. 한번 구축된 병원 건축물은 처음 모습과 상태로 유지되는 것이 아니라 지속적인 변화해야 합니다.

기획과 계획 단계에서 미래의 변화를 정확히 예측할 수는 없지만 대지의 활용과 건물의 확장을 미리 반영하지 못한다면 병원의 건축적 수명은 급속히 줄어들게 됩니다. 설계 단계에서부터 **고쳐서 사용하고 확장하면서 쓸 수 있는 체계(system)를 만들지 못한다면 병원의 경쟁력은 빠르게 소진됩니다.**

2) 삶의 변화와 병원건축

1980년대 한국사회는 인구의 폭발적인 증가와 경제성장, 전국민의료보험 시행 등 다양한 이유로 사회 전반의 시스템 변화가 시작된 시기였고, 의료시설은 갑자기 늘어나는 환자들을 빠르고 효과적으로 대처하기 위한 방법으로 계획되었습니다. 1990년대 중반까지 의료인력과 장비 등 의료자원은 매우 제한적이었고, 환자수는 급격하게 증가했습니다. 따라서 의료시설에서는 적은 인력과 장비로 많은 환자를 효율적으로 진료하고 검사·치료하는 것이 중요했고, 이를 위한 건축적인 해법은 의료진을 위한 짧은 동선과 장비 운영의 효율을 극대화

할 수 있는 집중된 공간 구성이었습니다. 지금은 당연하게 생각하는 조망이 있고 녹지가 보이는 복도, 사용자를 위한 휴식과 사색이 있는 공용공간은 효율을 떨어뜨리는 사치스러운 장소로 여겨졌습니다.

그러나 1990년대 중반, 한국 사회는 새로운 변화를 맞이하게 됩니다. 국민소득 1만 달러 시대에 들어서면서, 단순히 질병을 치료하는 것뿐만 아니라 예방하고, 환자 중심의 의료 서비스를 제공하는 개념이 도입되었습니다. 이러한 변화는 병원의 설계에도 큰 영향을 미쳤습니다. 예를 들어, 도시와 병원을 이어주고 쾌적하게 기다릴 수 있는 로비공간이 제안되고, 환자들을 위한 공연이 열리는 공간이 만들어지고, 외부공간의 조경에도 신경쓰게 되었으며, 편의시설이 확충되었습니다.

2000년대 중반에 접어들면서 국민소득이 2만 달러를 넘어가자, 병원 설계에서는 전문진료센터, 치유환경, 고령사회 대응, 연구중심병원, 환자 안전과 감염 관리, 환자 경험 개선 등의 다양한 주제가 중요하게 다루어지기 시작했습니다.

1인당 소득수준(GNI per Capita)은 한 국가의 삶의 수준을 반영하는 주요 지표 중 하나입니다. 사람들의 삶의 수준이 높아지면 건강과 의료서비스에 대한 기대도 자연스럽게 높아집니다. 세계은행(World Bank)과 OECD의 주요 국가들에 대한 자료를 분석해보면, 1인당 국민소득이 5,000~10,000달러 수준일 때 병원의 공급이 급격하게 증가하고, 30,000달러 이상이 되면 증가 속도가 둔화되거나 오히려 감소하는 현상을 볼 수 있습니다. 또한, 소득수준이 높아질수록 기준 병실의 병상수가 줄어드는 경향이 나타납니다.

우리나라의 병원들은 국민소득이 1만 달러에 도달했을 때, 다인실의 병상수는 6인실이 일반적이었고, 일부 병원에서 병실 내 화장실 설치가 시작되었습니다. 국민소득이 2만 달러 수준에 이르렀을 때는 화장실이 포함된 5인실이 표준으로 자리 잡았습니다. 그리고 국민소득 3만 달러 시대에는 4인 병실이 기준 병실로 법제화되었습니다. 물론, 4인병실의 제도화는 2015년 MERS사태에 대한 후속 조치로 이루어진 감염관리 차원의 규정이었지만 필자는 MERS 사태는 일종의 촉진제 역할을 한 것일 뿐 우리나라의 수준에서는 4인실로 가야하는 상황이었다고 판단합니다. 이러한 변화는 삶의 수준이 높아짐에 따라 병원이 제공하는 서비스와 공간의 질도 함께 향상되어야 한다는 점을 보여줍니다.

이런 변화는 더 많은 공간과 면적을 요구하게 되었고, 하나의 병상을 운영하기 위해 필요한 면적을 의미하는 병상당 연면적이 지속적으로 증가하는 경향으로 나타납니다. 1980년대 종합병원은 병상당 약 50㎡ 수준으로 계획되었지만 2020년 이후에는 병상당 약 125㎡ 이상으로 증가하였습니다. 의료서비스의 질적 요구가 높아지면서 **지난 40년간 필요한 공간의 면적은 약 2.5배 이상 증가했습니다**(그림 5).

우리나라의 종합병원 수는 계속 증가하고 있고, 2023년 12월을 기준으로 378개가 있습니다. 이 중 40%에 해당하는 154개소는 1990년 이전에 최초 개원했습니다. [그림 6] 우리는 오래된 병원이라고 해서 의료서비스의 질이 낮아도 이해해 주지 않습니다. 사용자들은 오래된 병원건물에서도 지금 우리의 삶의 수준에 맞는 서비스를 제공받고 싶어합니다. 삶이 질이 달라지면 요구되는 공간의 수준도 달라져야 하기 때문에 병원건축에서는 지속적인 증축과 리모델링이 반복적으로 이루어 질 수 밖에 없습니다.

우리나라의 병원은 40년이라는 짧은 기간 동안 급격한 사회적·의학적·제도적 변화를 겪었고 사용자 요구의 변화에 꾸준히 대응하기 위해 공간을 변화시키고자 노력했습니다. 1980년대의 생활과 2020년의 생활은 다르기 때문에 사람들이 요구하는 공간의 역할도 달라질 수 밖에 없습니다. '생활과 공간의 대응'이 건축계획의 본질이라면, 과거에 만들어진 삶의 공간을 지금 또는 미래의

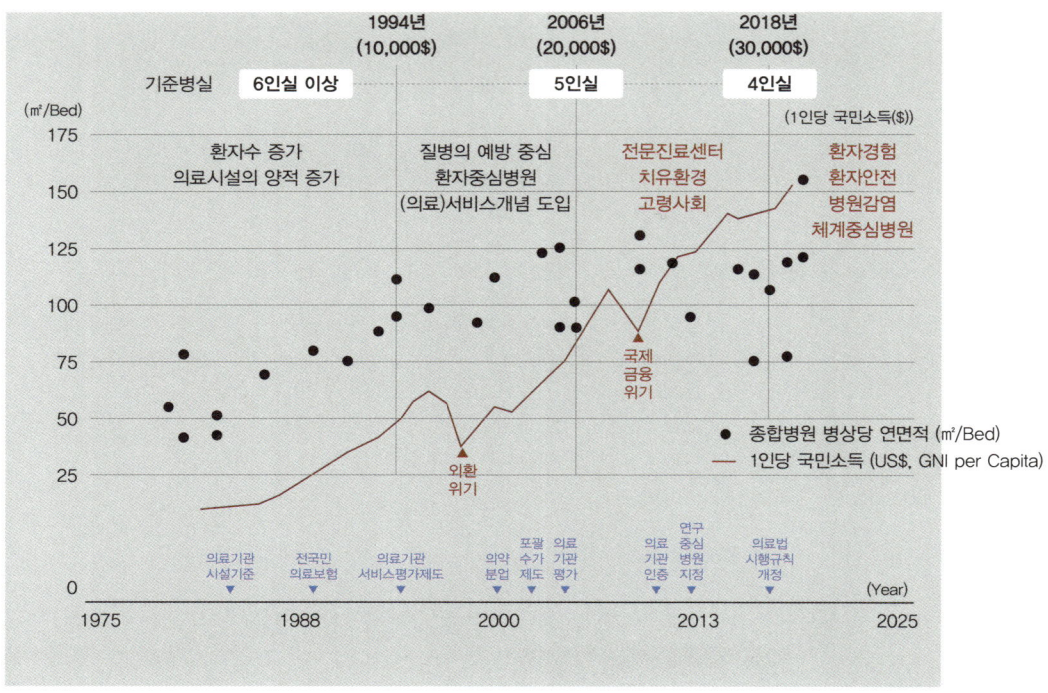

그림 5   소득수준과 병원건축의 변화

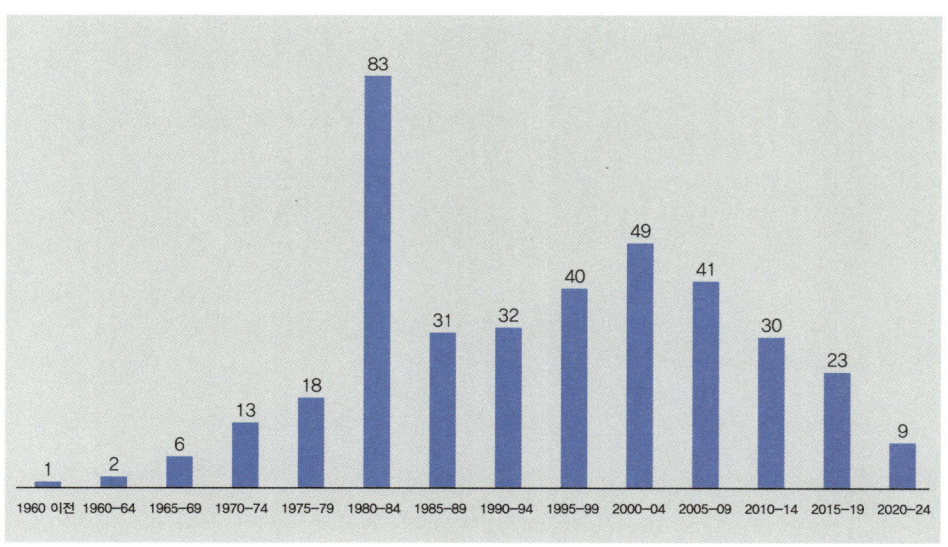

그림 6   국내 종합병원 개원시기

삶의 공간으로 계속해서 조정해 가는 과정은 필연적입니다. 병원건축은 공간을 지속적인 조정 과정을 담아야 합니다. 건축가의 역할은 변화에 대응하고 쉽게 고쳐서 사용하고, 공간이 확장되더라도 기존 공간과 새로운 공간이 유기적으로 연계될 수 있는 체계를 만들어 주는 것입니다.

의료시설의 운영경험이 부족했던 양적인 성장시기에는 표준화와 벤치마킹을 통해 유사한 병원 건축물을 계획했지만, 의료의 질적인 가치에 대해 고민하는 시대로 변화하면서 사용자의 상황에 맞춘 다양한 논의가 필요하게 되었습니다. 병원을 건립하고 운영한지 한 세대가 지나면서 병원 내에서의 다양한 경험을 통해 문제점과 개선방안들이 제시되고 있습니다. 새로 건립되거나 기존 시설을 리모델링하는 계획에서 축적된 경험을 토대로 운영방식과 병원의 성격에 맞는 공간을 찾아가야 합니다.

3) 병원의 역할과 규모, 병상수의 의미

병원건축을 이해하기 위해서는 병상수가 가지는 의미와 건축에 미치는 영향을 우선 살펴봐야 합니다. 우리나라 종합병원은 병상수에 따라 병원의 성격이 달라집니다. 병원의 규모에 따라 필요한 의료자원과 시설 및 장비에 차이가 있습니다. 의료법의 분류에 따라 같은 종합병원이라고 하더라도 의료자원의 보유 상황에 따라 5개 구간 (300/ 500/ 800/ 1,000 병상)으로 구분할 수 있습니다 (그림 7).

전체 종합병원의 50% 이상은 300병상 미만이고, 기초진단과 중증도가 상대적으로 낮은 질환을 대상으로 하는 의료기관이라고 할 수 있습니다. 일부는 전문병원의 역할을 수행합니다. 평균적으로 10~12개 진료과목을 운영하고 100병상당 약 11명의 전문의가 있으며, 1개의 분만실과 3~4개의 수술실을 운영하고 있습니다. 전반적으로 물리치료실과 인공신장실의 규모가 상대적으로 높다는 점에서 급성·중증의 환자보다는 만성·재활 환자의 치료와 관리 기능이

구분		300병상 미만	300-399 병상	400-499 병상	500-599 병상	600-699 병상	700-799 병상	800-899 병상	900-999 병상	1000병상 이상
기관수		193	40	32	18	17	13	23	7	18
병상수(평균)		233	352	449	549	644	742	846	954	1,407
의사인력	전문의수(평균)	28.5	57.3	66.6	116.9	145.1	158.6	212.8	206.9	434.7
	전문의수(백병상당)	12.3	16.3	14.8	21.3	22.5	21.4	25.2	21.7	30.9
	외과계 전문의수(평균)	10.2	17.9	21.2	37.9	47.4	53.4	69.4	67.3	137.6
	외과계 전문의수(백병상당)	4.4	5.1	4.7	6.9	7.4	7.2	8.2	7.0	9.8
중환자시설	중환자실 성인(평균)	8.1	20.9	24.0	36.3	38.4	49.8	54.0	69.3	90.7
	중환자실 신생아(평균)	0.4	0.6	1.1	5.8	10.1	11.8	22.2	18.0	35.1
	무균치료실(평균)	0.0	0.1	0.2	1.6	0.9	1.6	2.8	3.3	13.6
진료시설	수술실(평균)	3.9	5.6	6.4	9.8	11.8	13.5	16.9	17.4	33.3
	응급실(평균)	12.5	18.3	20.5	24.8	27.9	37.8	33.3	33.3	47.7
	분만실(평균)	0.7	1.8	2.4	4.6	5.9	4.6	4.9	5.3	5.7
기초영상	초음파(평균)	9.8	17.6	21.3	31.4	36.9	47.5	54.3	57.6	100.0
특수진단	CT(평균)	1.3	1.8	2.3	3.2	3.7	4.3	4.9	5.0	9.0
	MRI(평균)	1.3	1.7	1.8	2.4	2.3	2.8	3.0	3.1	6.8
	유방촬영장치(평균)	1.1	1.3	1.4	1.6	2.0	2.2	2.4	1.9	3.1
암	PET(평균)	0.1	0.3	0.7	0.9	1.0	0.8	1.2	1.4	2.4
	Gamma Knife(평균)	0.0	0.0	0.0	0.0	0.1	0.1	0.2	0.3	0.7
	Cyber knife(평균)	0.0	0.0	0.1	0.0	0.0	0.1	0.1	0.1	0.2

그림 7   병상규모별 인력, 시설, 장비 비교

크다고 볼 수 있습니다. 다만, 일부 병원은 특정 분야를 전문화하여 운영하고 있고 이들 병원의 경우에는 유사한 병상수를 갖는 다른 병원에 비해 시설과 장비를 많이 보유하고 있습니다. 전문병원의 경우 지정분야에 따라 의료인력, 분만실, 수술실 등에서 동일구간의 평균적인 분포와는 다른 양상을 보입니다. 따라서 이 그룹의 경우에는 전문의료기관과 기초의료기관이 혼재된 영역으로 모든 지표에서 편차가 매우 크게 나타나기 때문에 의료계획과 건축계획을 수립할 때 병원의 성격을 정확히 파악하는 것이 중요합니다.

500병상 이상의 종합병원은 20개 이상의 진료과목을 운영하고 100병상 당 전문의는 약 22명 정도입니다. 전문의수 대비 수련의가 절반 이상으로 중증·교육수련 병원의 역할을 하기 때문에 의료인력과 장비의 수준이 달라지는 중요한 변곡점이 됩니다.

800병상 이상의 종합병원은 설립주체의 차이는 있으나 모든 기관이 대학병원과 연계되어 있습니다. 수련의 수는 전문의 수와 유사하거나 오히려 더 많은 사례들도 있습니다. 이들 의료기관은 종양치료 등 고도·난치성 질환에 대한 치료와 관리를 수행할 수 있는 인력과 장비를 갖추고 있습니다.

병상규모에 따라 병상당 연면적 분포에서 볼 수 있듯이 병상수가 증가할수록 병상당 연면적이 증가 경향을 보입니다(그림 8). 각 구간에 따라 병원의 역할과 성격이 다르기 때문에 병상당 필요한 연면적에 차이가 발생하며, 면적 증가의 가장 큰 원인은 의료진과 직원수의 증가 때문입니다. 의료장비의 경우 병상수에 따라 증가하지만 100병상당 의료장비로 환산할 경우 병상수가 증가하더라도 일정한 수준을 유지하는 것을 알 수 있습니다. 그러나 인력의 경우 병상수가 증가할수록 증가율이 높아지기 때문에 상대적으로 직원들에게 필요한 공간이 더욱 증가합니다. 100병상당 의사수를 기준으로 각 구간의 의사수는 각각 1.6배, 3.1배, 3.6배, 4.8배 증가했고. 특히 300에서 500병상 사이 구간에서

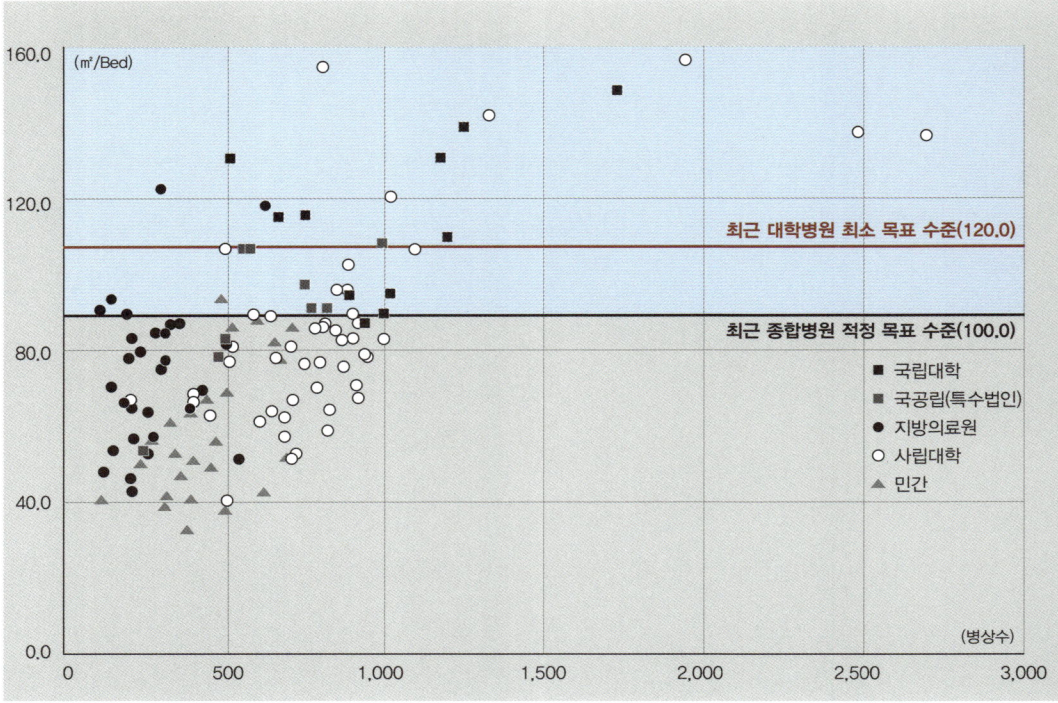

그림 8 　 국내 종합병원의 병상당 연면적 (2024년 기준)

가장 크게 증가했습니다.

　구간별로 가장 편차가 큰 의료자원은 의료인력이고 이에 대응하는 공간이 상대적으로 많아지고 필요한 의료자원 역시 증가하는 경향을 보입니다. 또한, 중증 환자에 대한 의료서비스 제공을 위해서는 복잡한 부서간의 연계와 내부 환경의 제어가 중요하기 때문에 더 많은 공용면적과 기계·전기·공조실이 요구됩니다.

　4) 병상수와 연면적 변화

의료환경이 달라짐에 따라 의료시설의 규모를 지속적으로 변하게됩니다. 규모는 두가지 지표로 나눠볼 수 있습니다. 병상수는 병원의 역할과 운영 등의 의료계획을 가늠할 수 있는 척도이고, 병상당 연면적은 의료서비스와 공간의 질적 수준을 비교해 볼 수 있는 대표적인 지표입니다.

물론 의료환경의 변화와 시설 규모의 변화 사이의 상관관계를 엄격한 과학적 방법으로 분석하는 것은 쉽지 않습니다. 하지만, 어떠한 원인에서든 발생한 변화를 조사하고 분석한 결과들은 향후 의료시설 건축계획을 위한 중요한 근거로 사용될 수 있다고 생각합니다. 규모 변화는 환경변화에 대응하기 위해 개별 병원들이 가진 조건에서 최선을 다한 결과이기 때문에 범위 내 모든 의료시설을 대상으로 전체적인 경향을 파악함과 동시에 개별 사례들의 변화와 그 특징들도 함께 분석할 필요가 있습니다.

의료시설은 의료환경의 변화에 따라 지속적으로 규모를 확대한다는 것이 일반적인 생각이었고, 이를 토대로 20세기 중반부터 병원건축의 성장과 변화에 대한 다양한 이론들이 제시되었습니다. 특히 의료시설 중에서 가장 규모가 클 뿐만 아니라 대부분의 질병을 치료할 수 있는 종합병원에서는 성장과 변화는 당연한 것으로 인식되어 왔고, 그 원인은 의료시설의 운영과 치료 모델의 변화·소비자의 요구 수준과 시장경쟁의 증가·의료기술의 극적인 진화와 그 영향·제도의 변화가 그 주요한 원동력이라고 보았습니다.

그러나 대도시에 위치한 의료기관들은 공간 확장을 위해 필요한 추가 대지의 확보가 어렵고, 도시의 무분별한 확장을 막기 위한 여러 가지 규제들과 도심지 인구변화에 따른 수요자의 감소와 고령화로 인한 이용 빈도 증가 등 다양한 요인으로 인해 지속적인 성장만으로 변화되는 의료환경에 대응할 수 없는 상황에 놓인 경우가 많아지고 있습니다. 급격한 도시화로 인해, 도심지 내에서의 추가적인 공간 확보가 어려워졌고 인력 및 장비 등 의료자원의 지역 간 불균형에 따라 병원들이 새로운 운영모델을 찾고자 하는 상황에서는 증축을 통한 공간 확장 중심의 생각에도 변화가 필요한 시점이 되었습니다.

사례를 통해 좀 더 살펴보도록 하겠습니다. 서울시의 전체 종합병원의 수와 병

서울 소재 종합병원 병상수 변화 (2005-2020)

서울 소재 종합병원 병상당 연면적 변화 (2005-2020)

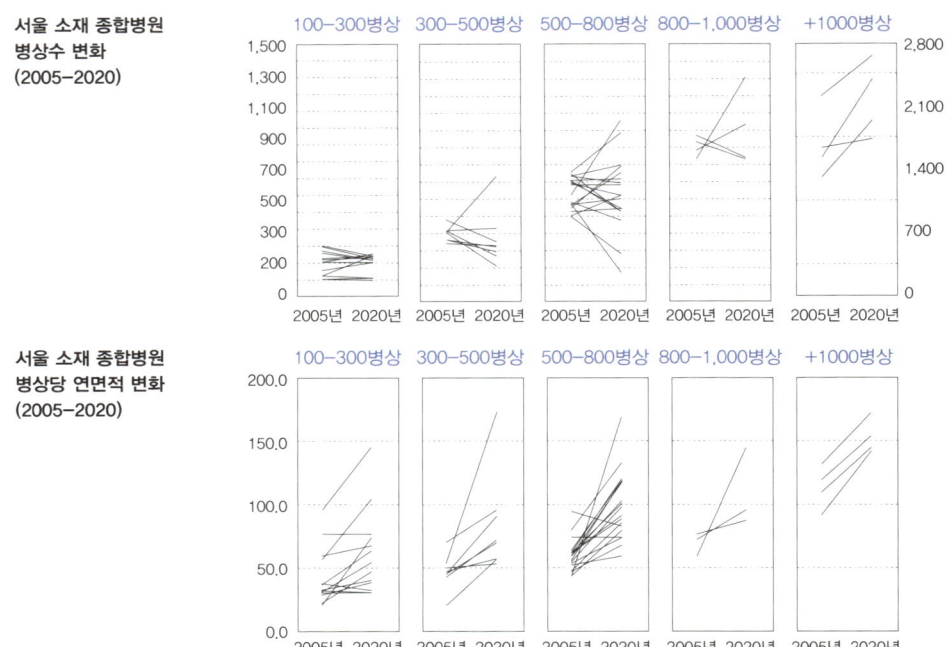

그림 9 서울시 종합병원의 규모 변화 (2005~2020)

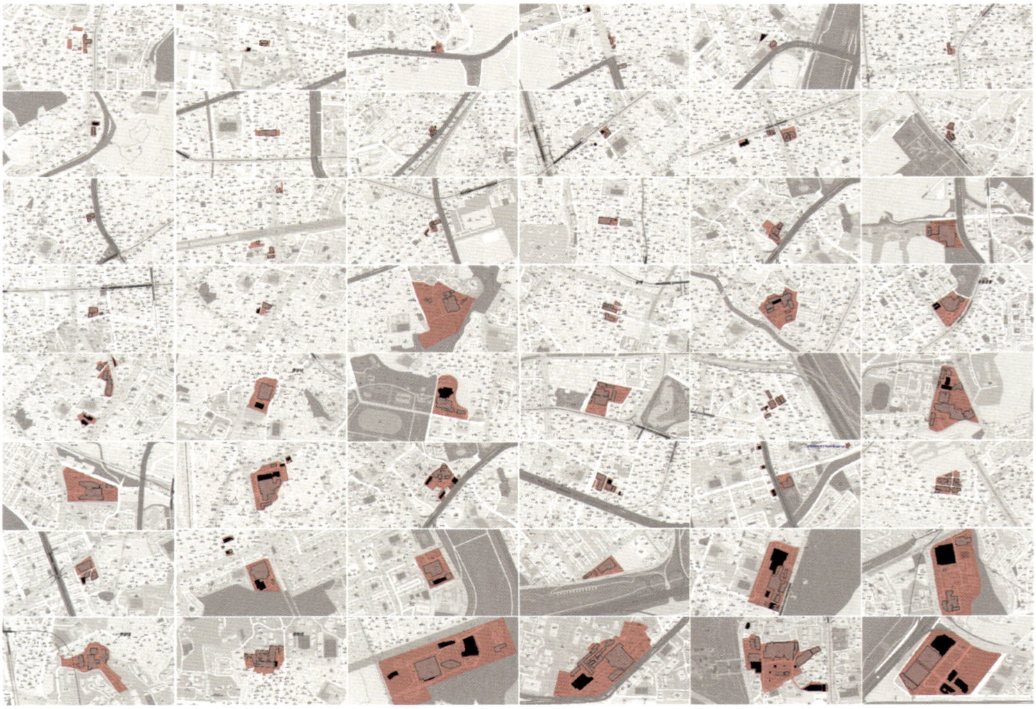

그림 10 서울특별시 소재 종합병원의 대지와 건물배치 (동일 축적, 검정색은 2005년 이후 증축)

상 수는 2005년에 61개소, 30,500병상에서 2020년 56개소, 33,147병상으로 병원의 수는 5개 감소했지만 병상수는 2,647병상 증가했습니다. 종합병원수 변화를 좀더 자세히 살펴보면, 폐업 또는 요양병원으로 전환된 시설이 12개소였고, 신규 종합병원은 7개였습니다. 폐업된 시설은 모두 300병상 미만의 소규모 병원들이었습니다. 상대적으로 병상규모가 작은 병원의 폐업 또는 전환 비율이 높았습니다. 반면 신설되거나 병원에서 종합병원으로 전환된 시설은 300병상 미만이 3개소였고 이 중에서 2개소는 척추·관절 분야 전문병원으로 지정된 병원이었습니다. 600병상 이상이 3개였으며 모두 의과대학부속병원입니다.

지난 15년 동안 서울에 있는 개별 종합병원의 병상수 변화를 조사한 결과는 다음과 같습니다(그림 9). 16개소 (26.2%)는 병상수 변화가 10% 내외가 많지 않았습니다. 병상수가 10% 이상 감소한 병원은 19개소(31.1%)였고, 이 중 9개소는 25%이상 병상수가 감소했습니다. 병상수가 10%이상 증가한 시설은 14개소 (22.9%)였고, 이 중 10개소는 25%이상 병상수가 증가했습니다. 같은 기간 동안, 3개소는 연면적 변화가 없었고, 39개소는 연면적이 증가했습니다. 병상당 연면적은 평균 56.1㎡에서 90.3㎡로 1.61배 증가했습니다.

조사 결과를 종합해보면, 1개소를 제외한 모든 종합병원은 병상당 연면적이 증가했습니다. 병상당 연면적의 의미가 병상 1개를 운영하기 위해 필요한 면적의 개념이므로, 과거에 비해 충분한 의료서비스를 제공하기 위해 필요한 공간이 더 넓어졌다고 볼 수 있습니다.

800병상 이상의 종합병원들은 병상수와 연면적을 지속적으로 확장하는 경향을 보였으나, 300병상 미만의 종합병원들은 병상수를 유지하거나 축소하는 경향을 보였습니다. 이러한 변화는 병원의 역할과 성격을 재정립하고, 대지 상황에 따라 적절한 전략을 선택하는 과정에서 발생한 것입니다.

병상당 연면적을 확대하기 위해 충분한 대지를 확보하지 못한 병원들은 두 가지 전략을 사용합니다. 첫 번째는 병원의 역할을 구체화하여 선택과 집중을 통해 병상 수를 줄이는 방식으로 필요한 면적을 확보하는 방법입니다. 두 번째는 기존 병원과 연결할 수 없는 대지에서도 외래, 재활치료, 인공신장실 등의 공간을 분산 배치하거나 행정 및 연구시설을 이전 배치하여 기존 시설 내에 공간을 확보하는 방식입니다.

대지조건에 따라 규모 확장의 방식이 다르기 때문에 향후 의료시설 기획단계에서 대지 선정을 위한 주요 고려사항, 시설의 분산에 따른 운영방식과 건축계획에 관한 추가적인 연구가 필요하다고 생각됩니다. 또한 의료법에 의한 종합병원이라고 하더라도 규모와 역할의 차이가 커진 상황이므로 동일한 체계 내에서 같은 규정을 적용하기는 어렵습니다. 의료시설의 정의와 규정에 대한 새로운 기준을 수립을 논의해야 할 필요가 있습니다.

1.2   병원건축과 도시

1)   입지와 접근성

1988년 개원한 공공병원의 사례입니다. 이 병원은 도시 중심에 자리잡고 있었습니다. 환자는 계속해서 증가했고, 지역사회는 더 나은 의료서비스 제공을 요구했지만 오래된 건물과 좁은 대지에서는 이를 개선하기 어려웠습니다. 결국 이 병원은 더 이상의 시설 개선이 어렵다고 판단하여 도시 외곽에 약 10배 넓은 면적의 대지를 마련하여 2012년에 이전하였습니다. 새로운 건물은 기존 시설보다 2.4배 많은 병상수와 2.7배 넓은 연면적으로 건설되었습니다. 병원에서는 더 많은 환자가 더 넓고 쾌적하게 계획된 현대적인 환경에서 의료서비스를 제공받을 수 있을 것으로 예상했습니다(그림 11).

병원이 이전하는 위치는 접근성이 떨어지는 도시 외곽이었지만 거리가 아주 멀지는 않았기 때문에(기존 병원과 6km) 환자들의 이용에 문제는 없을 것이라고 예상했습니다. 그러나 2012년 신축 이후 예상보다 환자수가 증가하지 않았습니다. 병원의 시설 규모와 병상수, 직원수가 증가한 것을 고려하면 실제 환

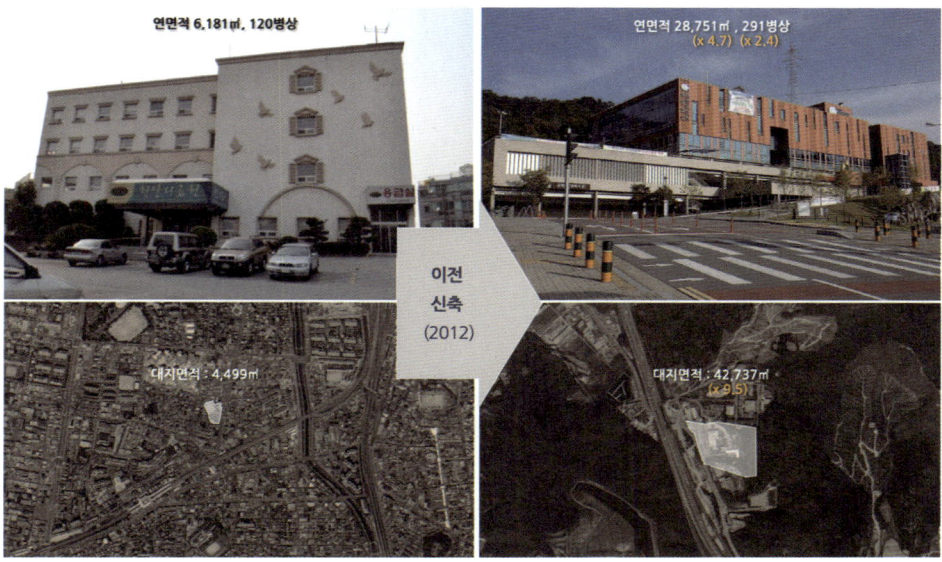

그림11   병원 신축 이전 사례

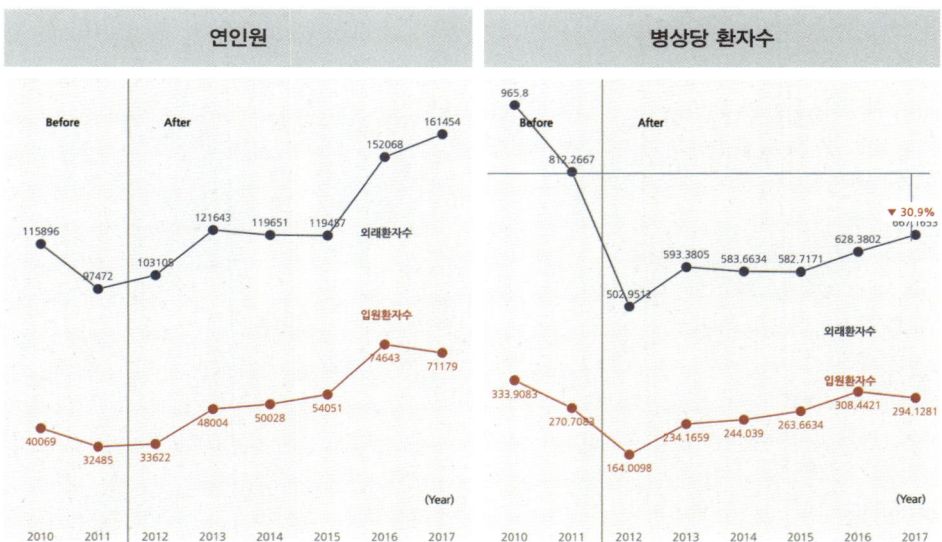

그림12   신축 이전 전, 후 환자수 비교

그림13   병원 이용 범위 조사 사례

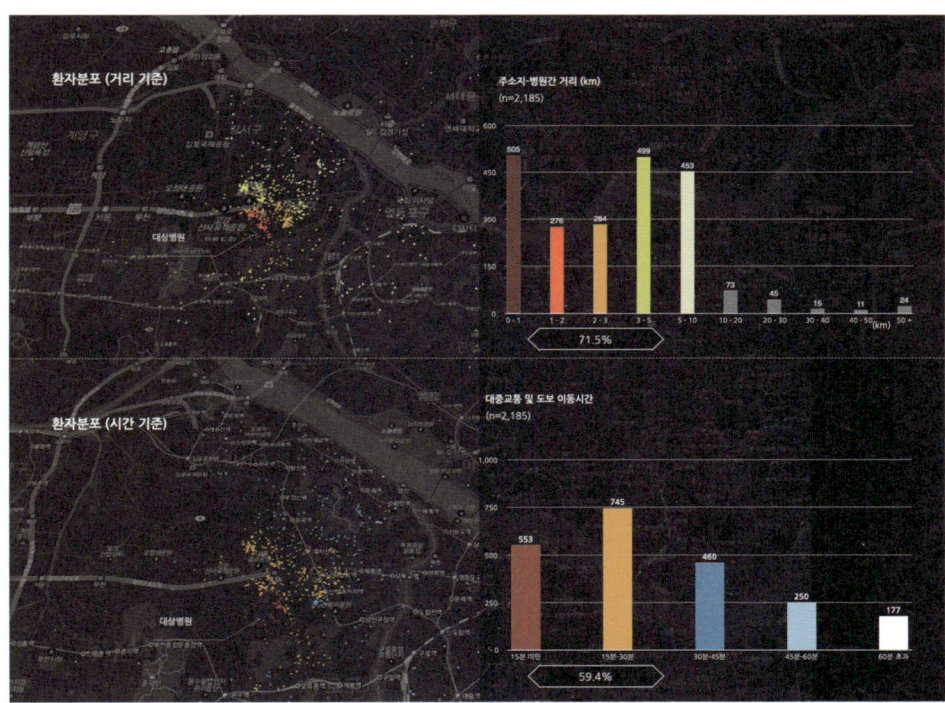

그림14   환자분포와 이동시간 및 거리

자수는 오히려 줄어들었습니다. 특히, 외래환자수는 약 30% 이상 감소했습니다. 이 사례는 입지의 선정에서 환자의 접근성이 매우 중요하다는 것을 보여줍니다(그림 12).

필자는 서울특별시 시립병원과 함께 환자의 접근성이 병원의 이용에 미치는 영향을 연구했습니다. 병원의 환자정보와 서울의 도시정보를 결합하여 병원을 이용하는 환자의 특징을 분석했습니다. [그림 13]은 6개월 동안 한 병원의 사례를 조사한 결과입니다. 이용한 사람들의 주소정보 약 4만여개를 지도에 표시해 보면, 병원 주변으로 환자 주소가 집중되어 있는 것을 알 수 있습니다. 10㎞ 이상, 대중교통 1시간 이상의 지역에서 환자수가 급격하게 감소하고 약 70%의 환자는 5㎞, 30분 이내 거리에서 병원을 이용한 것을 알 수 있습니다(그림 14). 의료시설의 영향 범위를 지나치게 낙관적으로 광범위하게 바라보는 경향이 있는데, 실제 환자들의 이용범위는 생각보다 좁은 영역에 분포되어 있습니다.

2) 도시 속 병원의 시작과 소멸

의료시설이 한 대지에 자리 잡으면 언제까지나 그 장소를 지키며 존재하지는 않습니다. 서울의 사례를 보면, 2024년 기준으로 서울에는 57개의 종합병원이 있습니다. 이들 중 1970년 이전부터 지금의 위치를 유지하고 있는 병원은 4곳뿐입니다.

[그림 15]는 1980년대부터 서울의 인구변화를 5년 단위로 나타낸 자료입니다. 초록색은 인구감소, 주황색은 인구 증가를 의미합니다. 같은 기간에 새로 만들어진 종합병원을 붉은색 점으로 표시하였습니다. 주황색 영역과 붉은색 점이 거의 유사한 지역에 위치하는 것을 볼 수 있습니다. 도시가 점점 확장되고 인구가 이동하면서 전체적인 도시의 구조가 변화되고, 종합병원은 사람이 많아지는 곳에 자리 잡게 되었습니다. 병원의 입지는 도시구조의 변화에 영향

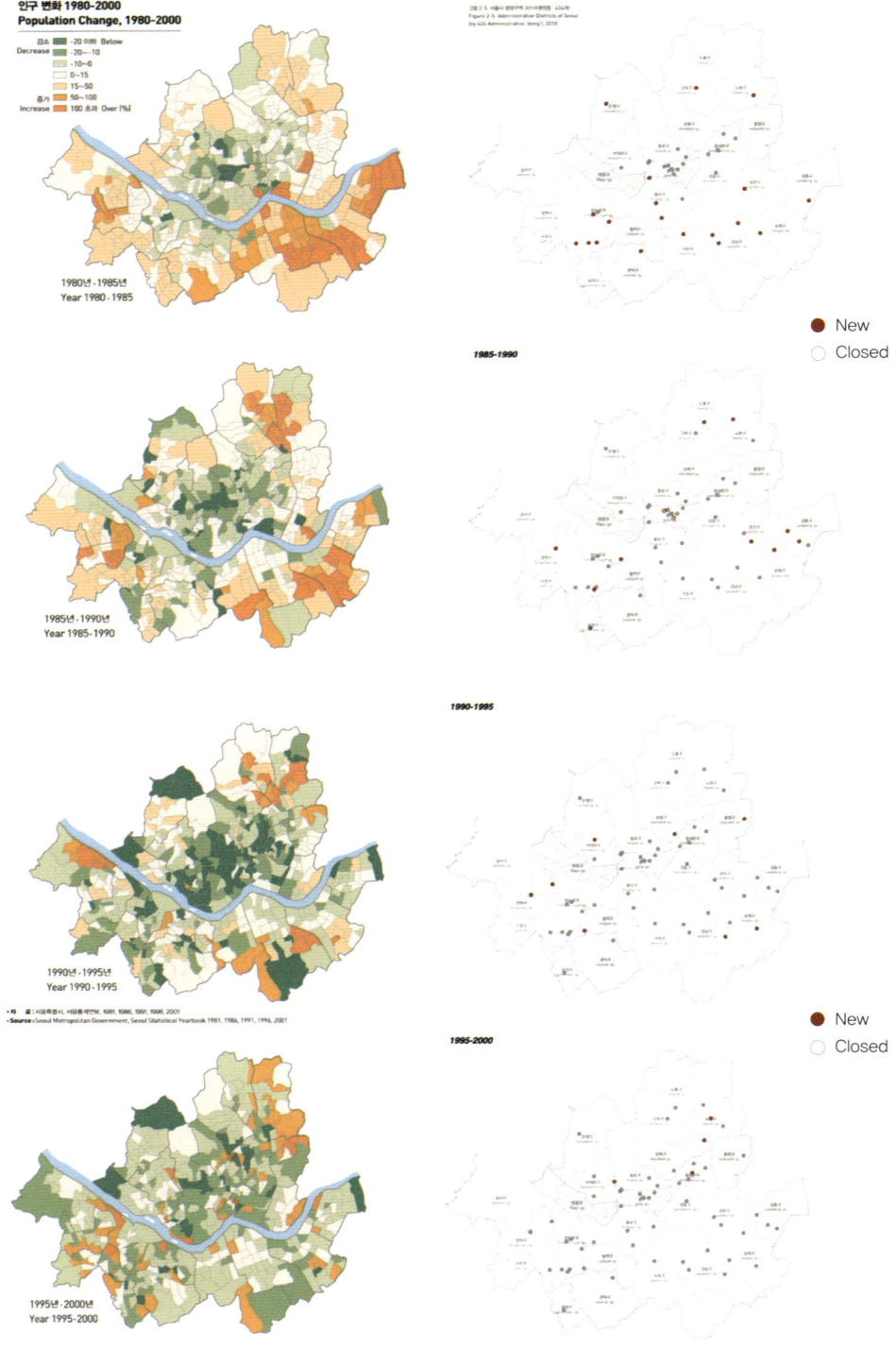

그림15 서울특별시 인구와 종합병원의 변화

을 받습니다. 사람이 모이는 장소에 병원이 생깁니다.

필자는 인구가 감소하고 있는 지역의 병원에는 어떤 변화가 생기는지 궁금했습니다. 4개의 병원 사례가 있습니다. [그림 16] 모두 1975년 이전에 만들어진 병원들로 이 중 3개 사례의 건물들은 그대로 있지만 더 이상 병원으로 사용되고 있지는 않습니다. 그림의 붉은색 점이 이 병원들의 위치이고 지도의 노란색 영역은 1970년대 실제 인구가 집중되어 있던 지역입니다. 도시가 성장하면서 병원 주변의 상황이 빠르게 변화되었고, 초기에 넓은 대지를 확보하고 있지 못했던 병원들은 증축을 통한 면적 확보가 어려워졌습니다. 앞서 이야기한 것처럼, 서울의 중심지는 계속해서 인구가 줄어들면서 병원의 이용자(환자수)가 점차 줄어들면서, 2000년대 이후 이 지역에 있던 병원들은 운영에 어려움을 겪기 시작했습니다. 4개 병원은 모두 인구가 많아진 다른 지역으로 이전 했습니다.

도시와 병원건축계획 간의 상호작용이 중요하지만 우리는 아직까지는 도시와 병원의 관계에 대해 깊게 고민하고 있지는 않습니다. 병원의 위치는 도시 구조와 인구 분포에 따라 변화될 수밖에 없습니다. 도시가 성장하고 변화하면서 병원도 이에 맞춰 재배치되거나 이전할 수 있습니다. 병원이 단순히 의료서비스를 제공하는 장소로서의 역할을 넘어서, 도시의 변화와 밀접하게 연관되어 있으며, 이 변화에 적절히 대응하지 않으면 병원의 지속 가능성이 위협받을 수 있습니다.

3) 병원건축의 수명

우리나라 종합병원 건물의 수명은 얼마나 될까요? 병원마다 사정이 다르겠지만 사용하던 건물을 포기하고 이전하거나 재건축한 14개 사례를 보면, 평균적으로 약 30년 정도를 사용한 것으로 조사되었습니다(그림 17).

앞서 [그림 6]에서 살펴본 것처럼, 우리나라 종합병원의 상당수는 1980년대

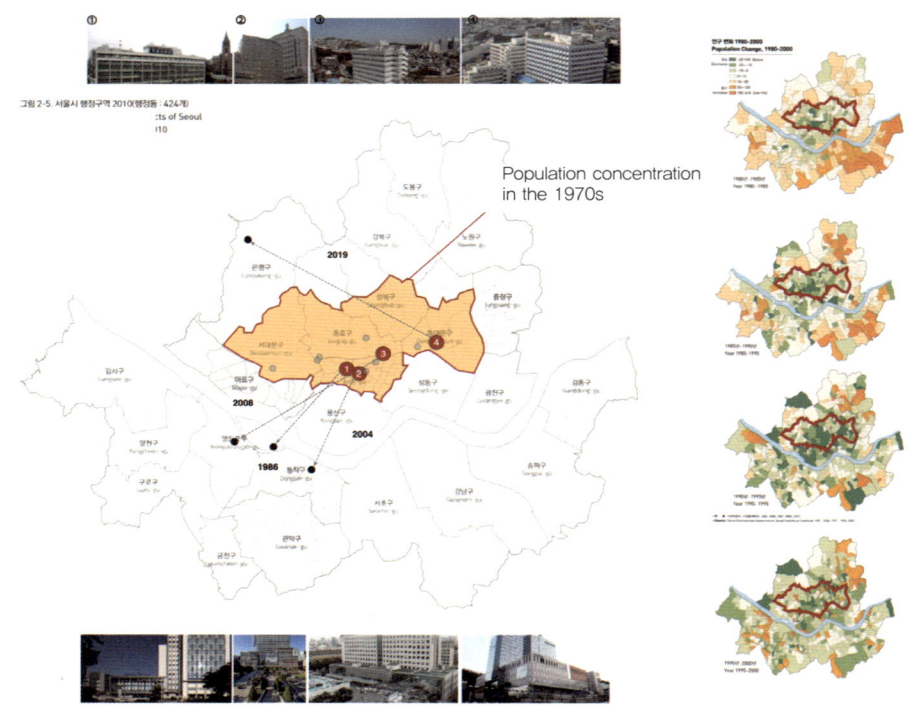

그림16 구도심 종합병원의 이전 사례

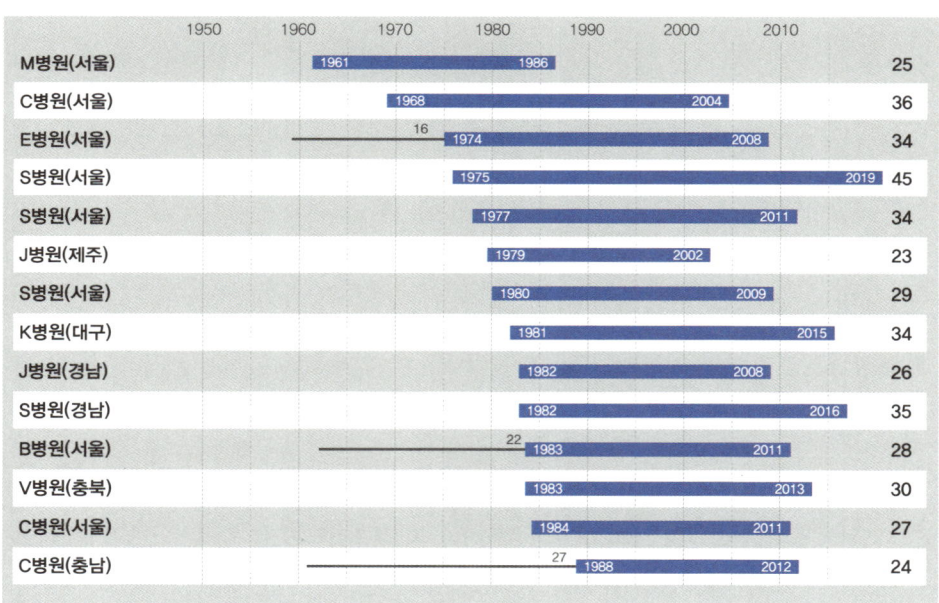

그림17 종합병원 건물 사용기간

전후에 건립되었습니다. 이 시기에 건립된 병원들의 많은 건물이 이제 수명을 다해가고 있습니다. 병원건물의 수명은 구조적인 안전 문제보다는 새로운 기능을 수용하지 못하는 기능적 한계가 원인이었다고 볼 수 있습니다.

의료시설에 새로운 역할과 기능이 필요하거나 기존 시설을 리모델링 할 때는, 새로운 건물을 우선 건설하고 기존 건물의 일부 기능이 이전시켜야 합니다. 기존 건물의 비워지는 공간을 이용해서 순차적으로 리모델링을 진행합니다. 결국, 대지가 좁으면 기존건물의 리모델링도 어렵기워지기 때문에 건물의 수명이 단축될 가능성이 높아집니다.

의료기관은 의료환경 개선을 위해 병상당 연면적을 증가하는 방향으로 변화된다는 것을 이미 확인했습니다. 대형병원과 중소형병원의 전략이 달랐고 가장 큰 차이는 여유 대지의 유무였습니다. 여유대지가 있을 경우에는 증축을 통해 공간을 확보했지만 그렇지 않을 경우에는 병상수를 줄이는 방법을 선택합니다. 결국, **작은 병원은 더 작아지고, 큰 병원은 더 커졌습니다.**

2010년 이후 서울에 새로 만들어지거나 계획중인 종합병원은 도시의 외곽 끝 부분에 위치하고 있습니다(그림 18). 이 중 일부는 기존 건물을 대체하기 위한 이전이었습니다. 종합병원은 항상 그 자리에 위치하고 성장과 변화될 것이라는 것은 착각일지도 모릅니다. **의료시설은 사람과 새로운 대지를 찾아 움직일 수 있습니다.**

1.3 병원건축과 사람

1) 사용자 증가를 따라가지 못하는 증축

건축은 사람의 필요에 의해 만들어집니다. 시간이 지나면 사람들이 필요로 하는 것이 달라지고, 이를 충족하기 위한 조건도 변하게 됩니다.

1980년에 만들어진 한 대학병원은 건물은 3차례의 증축을 통해 1.5배 이상 연면적이 증가했습니다. 그러나 건립 후 약 30년 만에 기존 건물은 더 이상 최

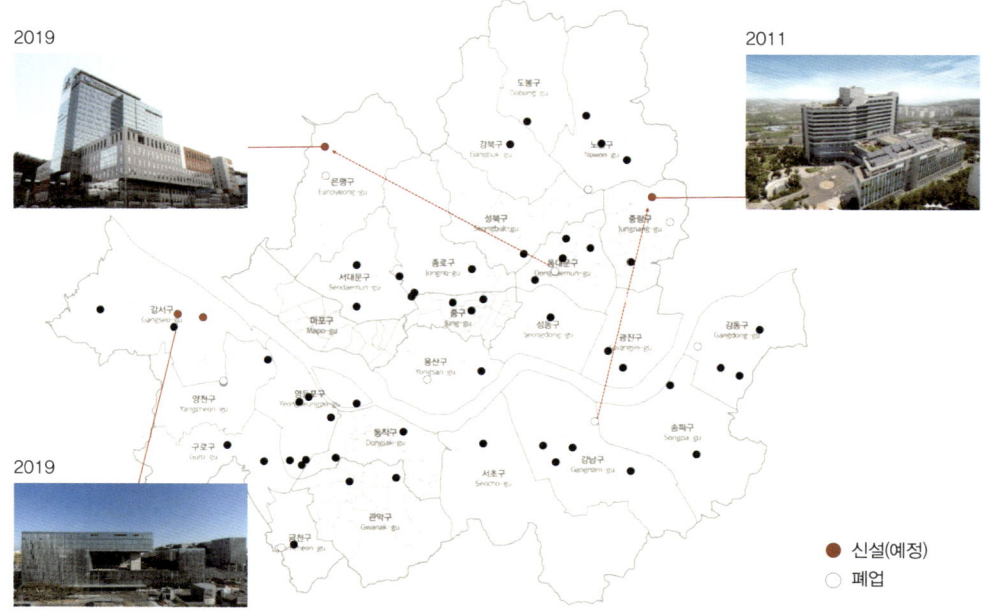

그림 18   2010년 이후 서울특별시 종합병원 분포 변화

고수준의 의료서비스를 제공할 수 있는 환경이 아니라고 판단하였고, 기존 건물 옆 여유공간에 새병원을 건립하기로 결정했습니다. 2009년에 건립된 새병원은 1980년에 비해 약 4.7배 연면적이 증가했습니다.

[그림 19]는 1980년부터 2015년까지 35년 동안의 일평균 환자수와 직원수 변화를 정리한 것입니다. 이 기간동안 일 평균 외래환자수는 5.7배, 직원수는 4.9배 증가했습니다. 연면적과 직원수의 증가율이 유사한 것을 알 수 있습니다.

외래환자수가 가장 많이 증가했지만 외래환자가 병원에 머무는 시간은 상대적으로 짧기 때문에 공간 점유의 측면에서는 입원환자수와 연계된 병상수와 실제 공간을 점유하는 직원의 숫자가 공간의 규모를 결정하는데 더 중요한 요소라고 볼 수 있습니다. 이 병원의 직원수 변화를 상세히 살펴보면(그림 20), 직원수 중에서도, 특히 푸른색으로 표시된 의사를 제외한 의료직원의 수가 가장 많이 증가한 것을 볼 수 있습니다. 이들 중 대부분은 간호사입니다. 또한 새

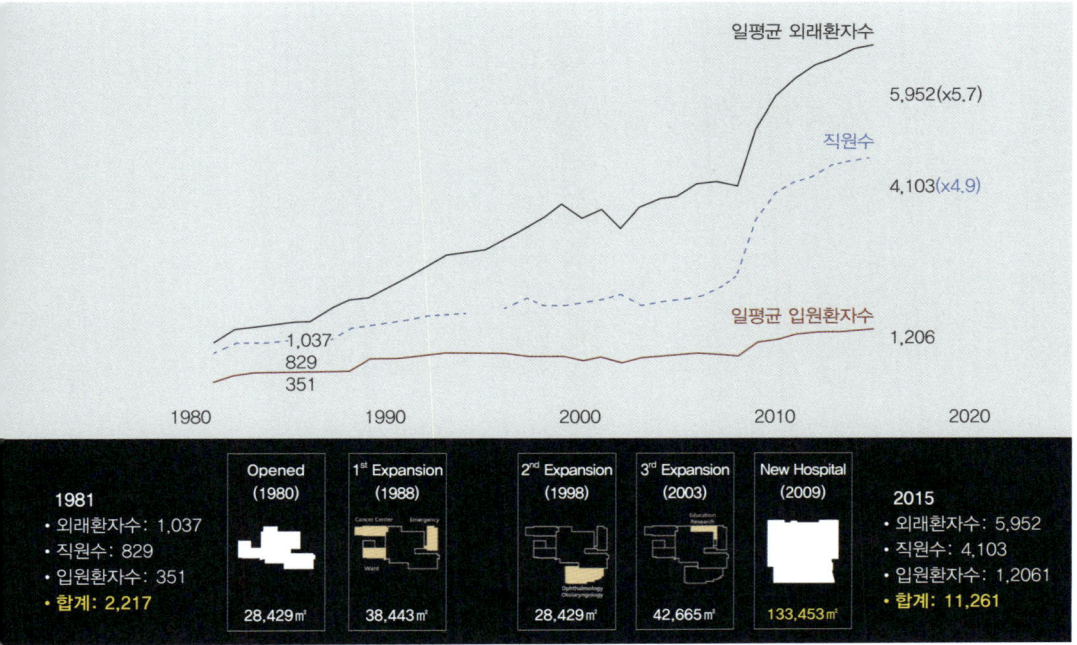

그림 19   사용자 수와 연면적 변화 사례

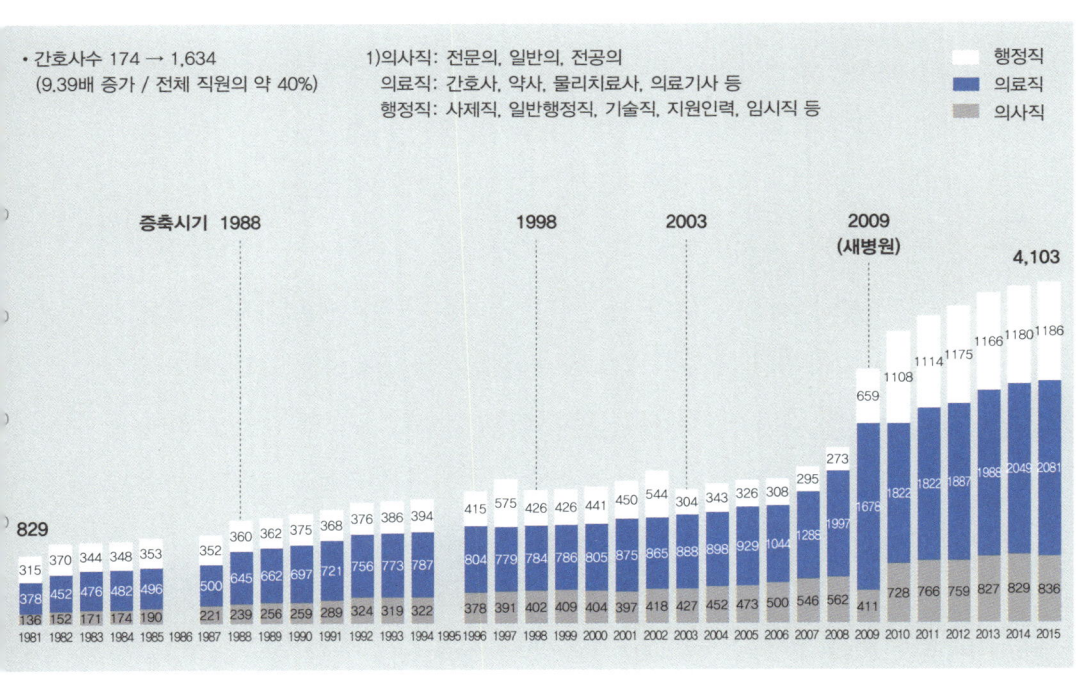

그림 20   직원 수 변화

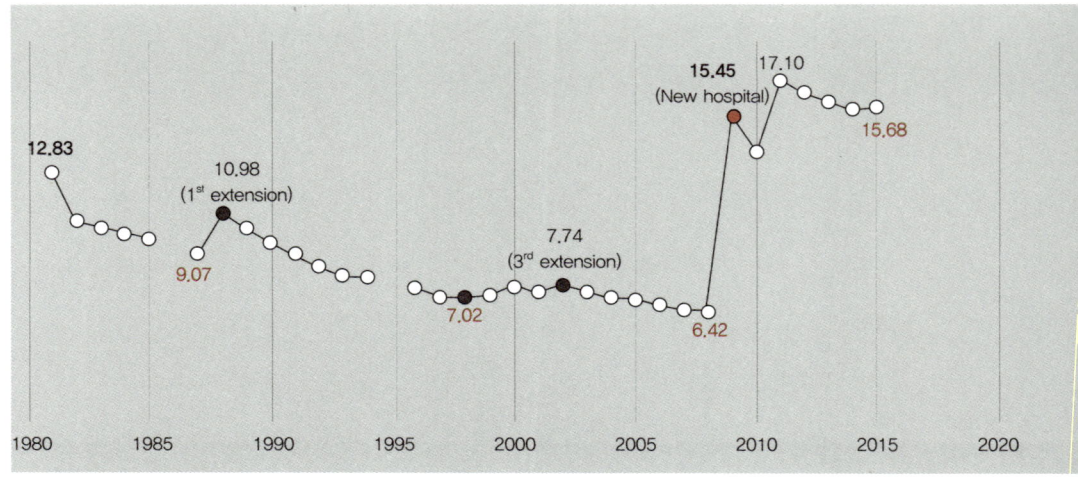

그림 21   사용자 1인당 연면적 변화 (사람수=직원수+일평균 외래환자수+입원환자수)

병원을 건립한 이후에는 행정직원의 숫자도 크게 증가한 것을 알 수 있습니다. 이제 환자 뿐만 아니라 직원을 위한 공간 계획도 중요해졌습니다.

    병원이 지속적인 증축을 통해 면적을 확보하는 노력을 했지만, 추가된 면적이 인력 증가 속도를 따라가지는 못했습니다. 직원들은 공간이 여전히 부족하다고 느끼며, 이는 특히 새 병원이 건립된 이후에도 마찬가지였습니다. 증축을 할수록 직원들은 공간이 더 부족해진다고 느꼈을 것입니다(그림 21). 이 사례는 병원 건축에서 공간 계획이 단순히 현재의 필요를 충족시키는 것만으로는 충분하지 않으며, 미래의 인력 및 환자 수 증가를 고려한 장기적인 계획이 필요함을 시사합니다. 환자뿐만 아니라 증가하는 직원 수에 대응하는 공간 계획의 중요성이 강조됩니다. 병원 운영에서 직원의 업무 환경도 중요한 요소로 작용하며, 이를 충분히 고려한 공간 설계가 필요합니다. 치유와 돌봄은 환자에게만 필요한 개념이 아닙니다.

최근 의료 운영 방식과 기술의 발전은 전용 공간을 줄이고 공유 공간을 넓히는 방식을 가능하게 했습니다. 그러나 이러한 변화에도 불구하고, 실제 현장에서는 여전히 많은 어려움이 존재합니다. 공간이 한정되면 병원은 강화되는 의료와 시설 기준을 준수하면서 제한된 직원 수로 운영해야 합니다.

공간이 부족해지면 병원이 제공할 수 있는 서비스의 범위도 줄어들 수밖에 없습니다. 새로운 의료 서비스를 제공하기 위해서는 결국 환자 수를 줄여야 하는 상황이 발생합니다. 이는 증축이 어려운 병원들이 병상 수를 줄이는 이유 중 하나입니다. 증축을 하더라도 사용자들이 체감하는 공간의 크기는 오히려 줄어드는 경우도 많습니다. 이는 병원이 증축을 통해 물리적인 공간을 늘렸음에도 불구하고, 늘어난 사용자 수와 새로운 시설 기준을 충족시키기에는 여전히 부족함을 의미합니다.

오래된 병원들을 조사해 보면, 충분한 공간이 있음에도 불구하고 제대로 사용할 수 없는 경우가 많습니다. 이는 공간의 배치나 설계가 현재의 운영 방식과 맞지 않거나, 현대적인 의료기술과 기준을 수용할 수 없는 구조적 한계 때문일 수 있습니다. 병원 운영에서 공간의 유연한 활용이 중요합니다. 제한된 공간 내에서 최대한의 효율성을 발휘하기 위해, 기존 공간의 재배치나 리모델링을 통한 개선이 가능해야 합니다.

4) 병원의 규모 결정 요소

병원을 건립하기 위해서는 의료계획, 장비계획, 운영계획을 토대로 건축계획과 중장기계획을 수립하게 되고, 여기에 필요한 비용을 추정하는 과정이 필요합니다(그림 22). 의료시설 계획은 지역의 의료 수요와 공급을 예측하는 진료권 분석에서 시작됩니다. 진료권 분석을 통해 병원의 역할과 규모를 예상하며, 여기서 규모는 주로 병상수를 의미합니다.

의료시설의 공간계획을 결정하는 주요 요소는 결국 사람과 장비입니다. 이 중에서도 사람은 규모에 더 큰 영향을 미칩니다. 병실, 진료실, 검사실 등 주요 의료시설은 사람과 사람, 혹은 사람과 장비 간의 관계에 따라 행위가 결정되

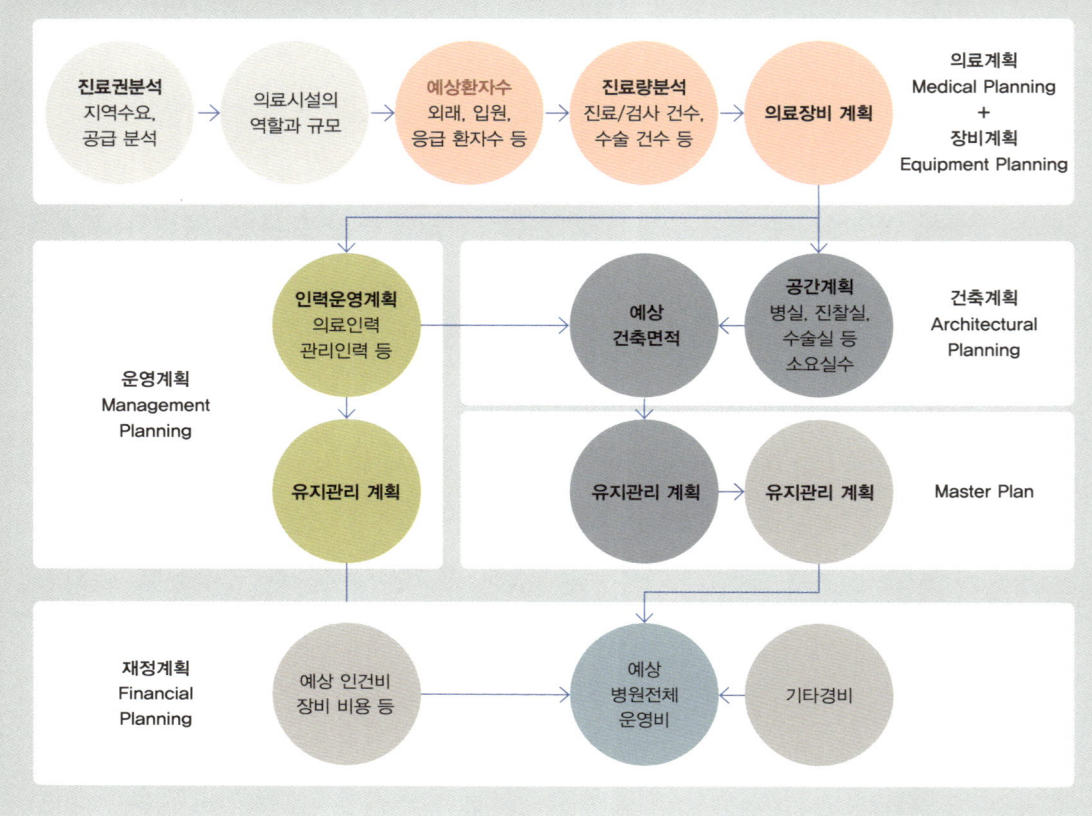

그림 22　의료시설 계획 과정

며, 이러한 행위는 궁극적으로 공간으로 환원됩니다. 병원의 공간계획은 환자와 의료진의 동선, 상호작용, 그리고 장비와의 관계를 고려하여 설계됩니다. 이는 병원 운영의 효율성과 의료서비스의 질에 직접적인 영향을 미칩니다.

그러나 진료권 내의 수요와 공급은 시간이 지나면서 변화할 수 있습니다. 따라서 최초 건립시의 분석과 의사결정이 항상 유효하지 않을 수 있습니다. 이는 병원 건축 계획이 유연하고 미래의 변화를 반영할 수 있는 구조로 설계되어야 하는 이유입니다.

5) 병원의 규모와 사용자 증가

우리나라에서는 대체로 병원의 규모와 면적은 병상수에 의해 좌우된다는 생각을 가지고 있습니다. 물론 병상수가 규모를 결정하는 중요한 지표 중 하나인 것은 사실이지만 항상 유의미한 상관관계를 갖는 것은 아닙니다. 우리나라에서는 여전히 병상수가 병원의 성격과 역할을 규정하는 중요한 기준이고 병원 건축도 병상수에 따라 많은 영향을 받는 것이 사실입니다. 그러나 최근들어 병상수 보다는 사람의 수가 더 중요하다고 인식되고 있습니다. 더 정확하게는 시간의 변화에 따라 병원을 사용하는 사람의 숫자도 증가하지만 새로운 직종의 사람들이 유입되고 필요로 하는 공간의 성격이 달라지면서 발생하는 변화가 중요합니다.

예를 들어 최근 암치료를 위한 중입자, 양성자 치료기를 일부 병원에서 도입하면서 이를 운영하기 위한 물리학자가 함께해야 했습니다. 사용자경험 증진을 위해 공간이나 UX 디자이너를 채용하는 병원도 있습니다. AI 도입을 위한 전문가를 찾는 병원들도 늘어나고 있습니다.

병원에는 다양한 종류의 사람들이 상주하거나 오갑니다. 대부분이 환자와 보호자, 의료진과 의료 보조인력들로 구성되지만 최근 건강과 의료에 대한 인식이 달라지고, 새로운 기술의 도입에 따라 필요로 하는 인력의 구성이 달라지고 있습니다. 기존에 없던 새로운 기능들이 의료의 영역에 들어오면서 생각지 않았던 분야의 사람들이 병원으로 모이고 있습니다. 여기에 더해 오래된 전통적인 의료직군인 간호사의 역할과 업무의 범위가 확장되면서 그 숫자가 크게 증가하고 있습니다. 병원을 방문하는 입원, 외래 환자 1명을 담당하는 의료진 뿐만 아니라 직접 대면하지는 않지만 이들을 지원하는 인력은 점점 늘어나고 있습니다. 앞서 언급한 바와 같이, 병원의 병상당 연면적이 지속적으로 증가하는 원인도 여기에 있습니다.

이외에도 대형 종합병원에서는 다양한 직종의 사람들이 협력하여 환자의 치료와 병원 운영을 지원합니다. 새로운 역할이 부여되고 이를 수행할 사람이 들어오면, 당연히 그들을 위한 공간이 만들어져야 한다. 뿐만 아니라 기존에 통합된 형태로 존재하던 업무들이 세분화되면서 공간들도 분화되고 많아지는 경향을 보입니다.

병원 건축에서 병상수 외에도 다양한 인력의 증가와 새로운 직종의 유입을 고려한 유연한 공간 계획이 필요합니다. 이는 병원이 변화하는 의료 환경에 적응하고 지속 가능한 운영을 할 수 있도록 돕습니다. 병원의 공간 계획은 환자뿐만 아니라 다양한 직종의 인력 증가와 그들이 필요로 하는 공간을 충분히 고려해야 합니다.

2. 변화를 위한 준비

병원건축에서 변화는 작은 공간이나 실 단위에서 시작됩니다. 소소한 변화들이 지속적으로 쌓이면 영역과 건물 단위까지 영향을 미칩니다. 때로는 (의료)단지와 도시 차원으로 확장되기도 합니다. 반대로, 도시 차원의 변화가 작은 공간의 변화로 이어지기도 합니다.

지금 당장의 문제해결을 위한 결정이 다음 단계의 부담이 되어서는 안됩니다. 최소한의 규모와 비용으로 현재의 문제를 해결하는 방식의 임기응변식 대응이 계속되면, 공간의 균형은 점점 무너집니다. 이런 결정들은 문제를 해결하는 것이 아니라 다음으로 미루게 되는 것이고 쌓여진 문제들은 더 이상 손 쓸 수 없을 정도로 커지게 됩니다.

오랜 기간 건물을 사용하고 유지하면서 다음 건물을 건립하거나 기존 건물을 리모델링 할 수 있는 준비를 해나가야 합니다. 병원 건축에서 완성은 없습니다. **기능은 변하고, 체계가 남습니다.**

2.1. 병원건축과 프로그램

1) 기능과 프로그램

500병상 규모의 종합병원을 설계할 때는 어느 정도의 공간과 면적이 필요할까요? 참고로 의료계획 분야에서는 필수적이고 급성 질환에 대응할 수 있는 수준을 2차 또는 포괄적 2차 의료서비스라고 하며, 이를 위해서는 일정 수준 이상의 병상수와 의료자원이 필요하다고 정의합니다. 여기서 '일정 수준'이란 대략 500병상 규모의 종합병원을 뜻합니다.

2019년에 개원한 한 공공병원의 사례를 보면, 약 1,200개의 실과 50,000㎡ 이상의 의료시설 연면적으로 계획되었습니다. 이 중에는 병실처럼 동일한 용도와 크기로 반복되는 실들이 많이 포함되어 있습니다. 이러한 실들의 용도를 우리는 흔히 **기능**이라고 부릅니다.

기능은 특정한 시간에 특정한 목적을 위해 공간을 활용하는 독립적인 단위를 의미합니다. 예를 들어 병실, 진료실, 수술실 등은 기능을 수행하는 공간들입니다. 그러나 이러한 기능은 영구적이지 않으며, 시간이 지남에 따라 변하거나 새로운 요구에 따라 다른 기능으로 전환될 수 있습니다.

반면에 프로그램은 이러한 기능들이 시간의 흐름에 따라 어떻게 결합되고 조직되는지를 다루는 개념입니다. 병원은 단순히 기능들의 집합이 아니라, 다양한 기능들이 서로 유기적으로 연결되어 복잡한 시스템을 이루고 있으며, 이 시스템은 시간이 지남에 따라 기능들이 변화되더라도 문제없이 운영될 수 있는 구조를 가져야 합니다.

종합병원을 계획하고 설계할 때는 필요한 실의 크기와 개수를 정리한 **공간 프로그램**(Space Program)을 작성합니다. 공간 프로그램에는 각 실의 용도, 크기, 요구되는 성능 등이 포함되며, 이는 병원건축 계획과 설계의 중요한 기초 자료가 됩니다. 정교하게 작성된 프로그램은 더 나은 병원건축을 위한 밑바탕이 됩니다. 그러나 의료시설에서 필요로 하는 행위는 지속적으로 변화하기 때문에, 기능 또한 변할 수밖에 없습니다. 이때 기능들은 유효기간에 따라 변화의 속도가 다를 뿐 결국 변경될 것입니다. 시간 개념을 적용해 보면, **기능**은 시간과 무관하게 작동하는 독립적인 단위인 반면, **프로그램**은 시간의 흐름에 따라 여러 기능들이 결합된 복합적인 시스템으로 이해될 수 있습니다.

건축 분야에서는 병원을 기능주의 건축의 대표적 사례로 언급합니다. 이는 긍정과 부정의 의미를 모두 포함한다고 볼 수 있습니다. 병원은 다양한 용도의 공간들이 가장 복잡하게 얽혀 있는 단일 건축물 중 하나입니다. 그래서 병원건축가들에게는 복잡한 기능들을 이해하고 연결시키는 과제가 주어집니다. 또한, 변화에 대응할 수 있는 아이디어도 요구됩니다. 의료행위는 수시로 변경되지만, 설비나 동선 체계는 쉽게 변경하기 어렵습니다. 결국 실이나 부서 단위에서 이루어지는 의료행위를 담는 공간은 가변적인 영역으로 볼 수 있으며, 필요에 따라 변경할 수 있어야 합니다. 따라서 병원건축은 기능보다는 프로그램의 관점에서 접근해야 합니다. 변화가 당연하다면, 내부 공간 변화율이 높은 건축물을 만들어야 합니다.

병원건축은 변화에 대응할 수 있도록 사람, 물류, 에너지 흐름의 체계를 만드는 과정입니다. 그렇다면 어떤 조건을 충족해야 변화에 유연한 공간이 될 수 있을까요? 이 질문에 답하기 위해서는 공간을 바라보는 관점부터 달라져야 합니다. 우리는 이미 기능을 우선시하는 고정된 시간을 기준으로 공간을 구분하고 있습니다. 그러나 기능은 공간을 잠시 빌려 쓰는 것입니다. 병원건축에는 시간 개념이 적용되어야 하며, 이런 의미에서 프로그램의 관점에서 접근해야 합니다.

2) 병원건축의 내부변화

병원에서 기능의 유효기간은 얼마나 될까요? 약 30년 동안 건물을 운영했던 한 병원의 사례를 보겠습니다. 1980년에 개원한 이 병원은 약 500병상 규모 건립되었습니다. 시간이 지나면서 지속적으로 면적을 증가시켰고 2009년까지 약 800병상 규모로 확장되었습니다. 이 기간동안 증축 뿐만 아니라 기존 공간의 재배치도 함께 이뤄졌습니다. 약 30년 동안 연면적은 1.50배 증가했고, 2009년 1,200병상 규모의 새병원이 개원되면서 모든 의료기능을 새병원으로 이전시켰습니다. 기존 시설로는 더 이상 최근 의료환경의 수준을 만족하는 의료서비스 제공이 어렵다고 판단하고 기존 건물을 과감하게 포기하는 결정을 했습니다.

처음 건립된 병원 건축물의 초기 도면과 새병원 이전 직전의 마지막 도면을 비교해 보았습니다(그림 23). 병동부를 제외한 기단부는 약 50% 이상 기능이 변화되었습니다. 단순히 실의 용도가 변경된 것 뿐만 아니라 벽체의 철거 또는 신설을 통한 실의 면적변화도 상당히 발생한 것을 알 수 있습니다.

그림 23 30년간 실단위 기능변화와 벽체 변경 (1980~2009)

그렇다면 공간의 기능은 언제부터 변화할까요? 병원건축 설계 및 시공에 이르는 과정은 규모에 따라 차이는 있겠지만 최소한 3년 이상의 시간이 필요합니다. 병원을 새로 건립하거나 추가로 증축하는 결정을 하기까지의 기획과정을 포함하면 더 많은 시간이 필요합니다. 통상적으로 기획단계에서 오랜시간을 가지고 다양한 논의를 진행하면, 설계와 시공 과정에서 오류를 줄이고 그 시간을 단축시킬 수 있다고 생각합니다. 물론 사업비와 연면적과 같은 전체 규모가 달라지는 문제는 줄일 수 있습니다.

그러나 설계과정에서부터 프로그램은 변경됩니다. 한 병원의 기획단계에서 계획한 진단검사의학과의 프로그램과 실제 설계가 완료된 도면의 실 목록과 면적을 비교해보면, 전체 부서의 면적은 큰 차이가 없었지만 세부 실들은 거의 대부분이 변경된 것을 알 수 있습니다(그림 24).

이 병원은 2020년에 개원한 500병상 규모의 종합병원으로 병원 운영자가 구성되기 전 일괄입찰방식에 의해 설계 및 시공자가 먼저 선정되어 실시설계가 진행되었습니다. 이 과정에서 운영자를 대신한 7개 종합병원의 운영 및 관

실명	기본계획	실시설계	비교	변경사항 / 변화율
접수실	18.0	36.3	18.3	101.7%
외래채혈실 1	60.0	50.1	-9.9	-16.5%
외래채혈실 2	60.0	-	-60.0	삭제
채뇨실 1	-	12.8	12.8	추가
채뇨실 2	-	16.9	16.9	추가
응급검사실	36.0	40.4	4.4	12.3%
일반검사실	144.0	131.9	-12.1	-8.4%
자동화검사실	90.0	84.4	-5.6	-6.2%
소독멸균실	24.0	25.6	1.6	6.7%
미생물검사실	54.0	97.9	43.9	81.2%
기생충검사실	24.0	-	-24.0	미생물검사실로 통합
배지제조실	18.0	16.4	-1.6	-8.6%
배양실	12.0	17.6	5.6	46.7%
결핵균검사실	24.0	24.2	0.2	0.9%
분자유전검사실	90.0	76.4	-13.6	-15.1%
시약 및 기기창고	18.0	58.5	40.5	225.0%
냉장실	18.0	20.0	2.0	10.9%
냉동실	18.0	20.0	2.0	10.9%
기사실	24.0	28.0	4.0	16.7%
기사장실	12.0	-	-12.0	기사실로 통합
의사실 1	15.0	20.3	5.3	35.0%
의사실 2	15.0	-	-15.0	삭제
의국	30.0	-	-30.0	삭제
당직실 1	15.0	20.2	5.2	34.5%
당직실 2	15.0	20.0	5.0	33.4%
갱의실 1	18.0	20.3	2.3	13.0%
갱의실 2	18.0	20.3	2.3	13.0%
회의실	30.0	25.1	-4.9	-16.4%
기기창고	18.0	-	-18.0	창고 통합
혈액은행	36.0	36.3	0.3	0.8%
헌혈실	36.0	-	-36.0	접수로 통합
청소도구실	9.0	-	-9.0	삭제
화장실 (남)	-	5.7	5.7	추가
화장실 (여)	-	5.9	5.9	추가
반송실	-	15.1	15.1	추가
예비실	-	55.7	55.7	추가
계	999.0	1,002.5	3.5	0.3%

그림 24 기본계획과 실시설계의 프로그램 변화 사례 (진단검사의학과)

병원	녹색병원	인천의료원	성남의료원	서울의료원	서울백병원	분당차병원	아주대병원	분당서울대병원
병상수	361	330	501	623	348	855	1,046	1,322
의료수준	종합	종합	종합	종합	종합	종합	상급종합	상급종합
설립구분	민간	국공립	국공립	국공립	사립대학	사립대학	사립대학	국립대학
100병상당 의사수	9.1 (33)	10.0 (36)	13.2 (66)	14.8 (92)	25.9 (90)	25.4 (217)	29.3 (306)	32.5 (430)

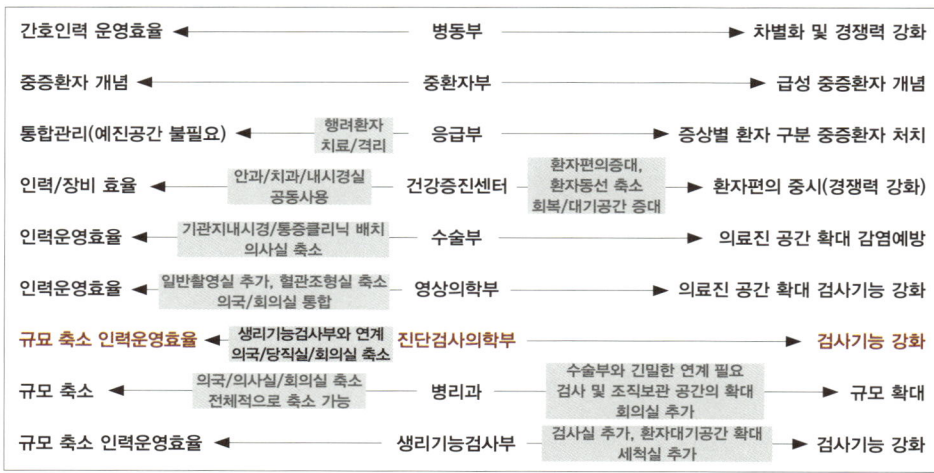

병상수/의료수준/설립(운영)주체/의료인력(의사수)에 따라 평가 내용에 차이가 있다.

그림 25   기본설계 평가의견

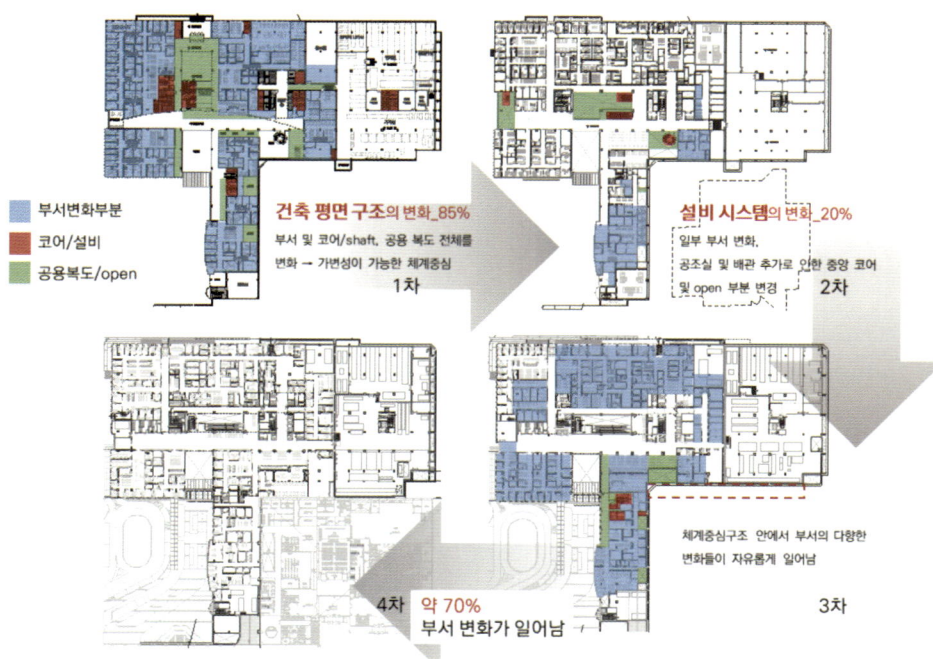

그림 26   설계변경의 주요사항

리자, 분야별 전문가들이 기본 설계안에 대해 검토하고 의료 기능 재배치를 위한 설계변경을 요구 하였습니다(그림 25). 그러나 초기 설계안의 평면 구조는 내부 변경에 있어 매우 불리하였기 때문에 내부 변경의 극대화를 위한 평면 구조를 다시 계획하였습니다.

평면구조변경의 주요 내용은 크게 2가지로 공용복도의 재설정을 통해 다소 균일한 폭의 블록 계획, 내부 변화를 제약하는 코어 및 샤프트 등의 위치 재조정이었습니다. 이를 통해 70~80%의 공간 내부 변화가 자유롭게 일어날 수 있었습니다(그림 26).

개원 직후에는 어떨까요? 필자는 한 병원을 여러 차례 방문하여 공간을 조사하는 경우가 있습니다. 약 5년 내외로 시간이 지난 뒤 방문한 병원들은 생각보다 많은 공간변화가 있었습니다. [그림 27]은 개원 직후 방문하고 6년 후 재방문했을 때, 같은 위치에서 촬영한 사진입니다. 면적의 변화는 없었고 '재활치료실'이라는 명칭은 같았지만, 재활장비는 모두 재배치 되었고, 환자의 치료 동선도 모두 변경되었습니다.

다음은 증축과 리모델링 설계 과정에서 발생한 변화사례입니다. 이 병원은 의료공급 확대를 위한 병상 증설, 치료중심 의료제공을 위한 필요 공간 확보를 위해 2018년 기본계획수립을 시작으로 증축 및 리모델링을 진행 중에 있습니다. 건축사업의 추진 내용 및 성격에 따라 기본계획수립(마스터플랜)->현상설계->기본 및 실시설계 단계로 분류할 수 있습니다. 우선 기본계획에서는 의료기능 면적 확보뿐만 아니라 부서 재배치 등의 내부변화에 유리한 평면구조를 계획하였습니다(그림 28).

이러한 공간체계개편은 설계 마지막까지 계속 유지되면서 현상설계, 기본설계 과정 중에 일어나는 수많은 내부변화에 쉽게 대응할 수 있는 중요한 역할을 하게 됩니다.

그림 27   재활치료공간의 재배치 사례

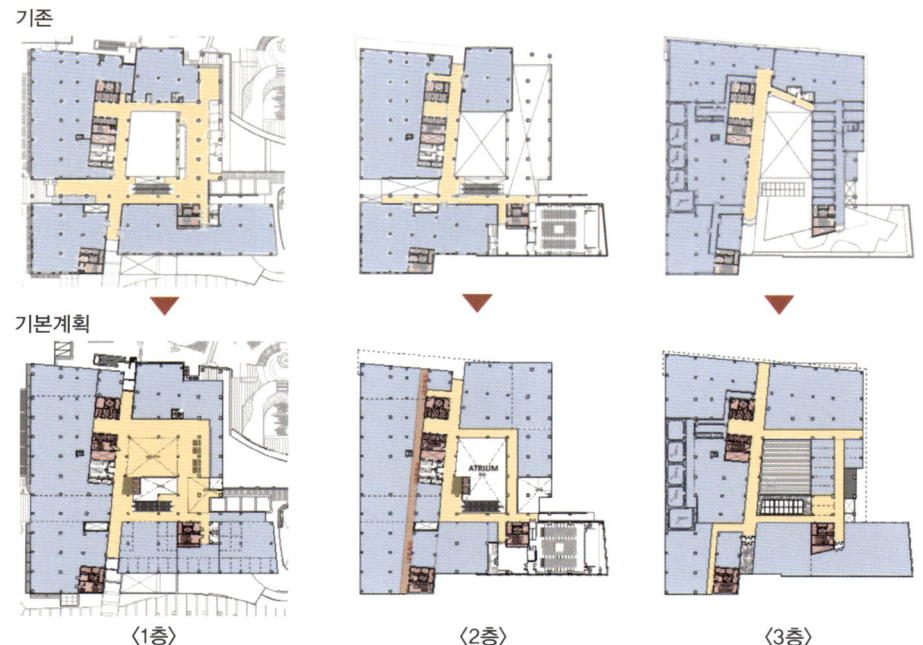

⟨1층⟩   ⟨2층⟩   ⟨3층⟩

그림 28   내부 변화를 위한 평면구조 변경 사례

이후 기본계획을 중심으로 현상설계를 거쳐 기본 및 실시설계를 진행하였습니다. 이 과정 중 기본 및 실시설계 단계에서 내부 기능 변화, 규모 축소 등의 변화가 일어납니다. 특히 규모 축소의 주된 원인은 병원 운영 및 공사비에 큰 영향을 미치는 공조실 이전에 관한 문제였습니다. 이로 인해 리모델링의 주목적인 기능 재배치가 재검토되어 설계변경이 일어났으며 이는 설계기간에 악영향을 끼치게 되었습니다(그림 29).

공간을 변경하기 위해서는 비용이 발생합니다. 2002년에 신축된 한 공공병원이 건물의 유지관리에 사용한 비용을 분석해 보았습니다. [그림 30] 건축공사는 새로운 기능을 도입하거나 공간의 면적 불균형 문제를 조정하기 위한 내부 재배치 비용으로 볼 수 있습니다. 건립 직후부터 건축공사비용이 집행되었고 그 이후로도 수시로 집행된 것을 볼 수 있습니다. 반면, 전기·기계관련 항목들은 개원 후 8~10년 정도에 비교적 높은 비용을 지출했고 16년이 지난 후 가장 많은 비용을 사용했습니다. 공간의 기능 변화는 건립 직후부터 바로 시작되고 설비교체 시점에서 큰 변화가 발생함을 알 수 있습니다.

진료실, 사무공간, 회의실과 같이 복잡한 장비나 장치가 없는 단순한 실들은 필요에 따라 수시로 공간의 용도가 변경됩니다. 반면, 컴퓨터단층촬영기(CT)나 자기공명영상촬영기(MRI)가 설치되는 검사실은 특별한 이유가 없으면 장비의 수명이 다할 때까지 한 장소에서 유지됩니다. 이러한 장비의 수명은 대략 10년 정도인데, 이후에는 장비교체와 맞물려 실의 위치와 규모가 재설정되기도 합니다.

수술부는 하나의 수술실이나 지원실 일부를 소소하게 조정하는 일이 수시로 일어나지만 대략 20년 이상 사용한 이후에 전체적인 기능 조정을 고민하는 것이 일반적입니다. 설비 노후화로 수술실 내의 온도·습도·청정도를 기준에 맞추기 어렵게 되고, 점점 강화되는 의료 절차와 감염 예방 기준을 과거의 공간에서 만족할 수 없기 때문입니다.

〈현상설계〉　　　　〈기본설계〉　　　　〈실시설계〉

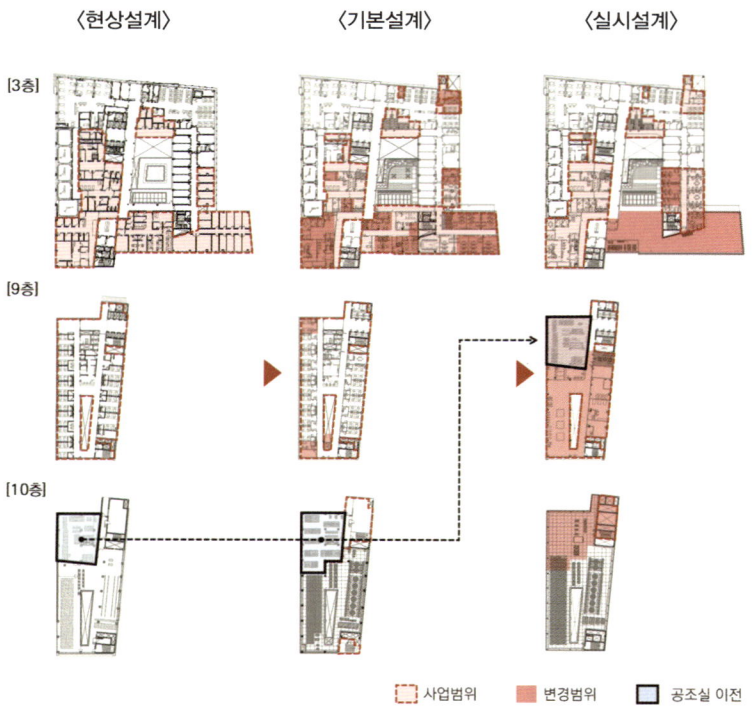

그림 29　설계과정에서 발생한 사업범위 변경 내용

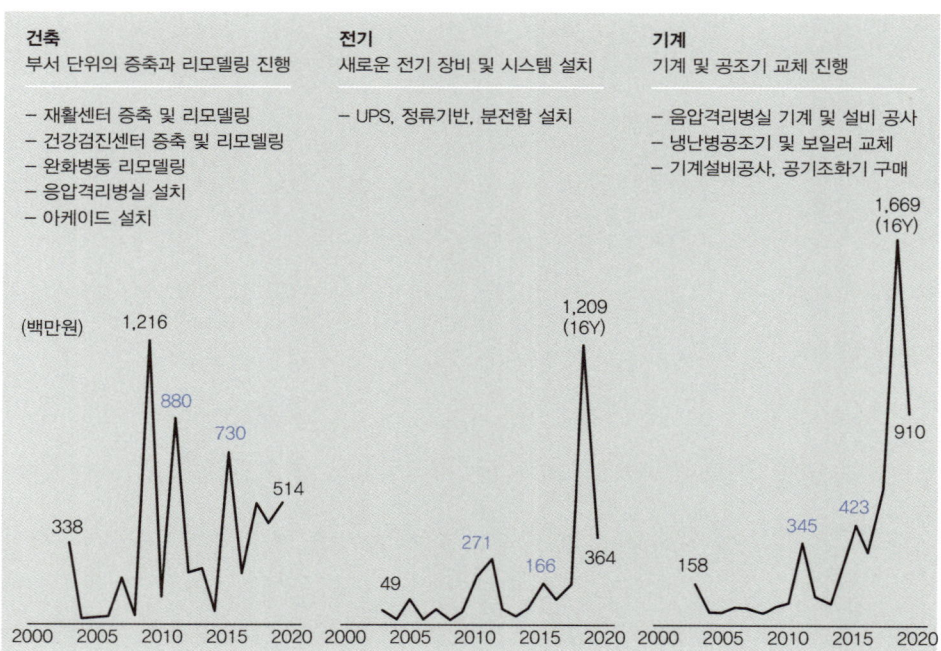

그림 30　K의료원 연도별, 공종별 리모델링 공사비 집행 내역

그림 31   오래된 병원의 설비

기능이 바뀌는 이유는 다양합니다. 건축마감재료나 배관 등 설비가 노후화된 경우, 대형 의료장비의 수명이 다해 교체가 필요한 경우, 새로운 의료기술이 도입되어 필요로하는 장비·장치·시설을 새로 구축해야하는 경우 등이 있습니다. 전반적인 리모델링과 시설 재배치가 이루어지는 시기는 대체로 개원 후 20년 정도가 될 시기입니다. 유지관리의 관점에서 보면, 배관·덕트·전기·소방 등의 설비는 15년에서 20년 정도가 되면 교체해주어야 합니다. 설비는 대부분 천정에 배치되어 있기 때문에 교체를 위해서는 복도와 실의 천정을 모두 철거해야 하는 경우가 많고, 이에 맞춰 전체 건물의 리모델링이 이루어지는 것이 일반적입니다(그림 31).

3) 변하는 공간과 변하지 않는 공간

앞서 살펴본 여러 가지 변화의 사례를 통해 변하는 부분과 변하지 않는 부분이 존재함을 확인할 수 있었습니다. 기획과 설계의 초기 단계부터 건물이 완공되고 운영되는 과정에서 변화는 수시로 찾아옵니다. 지금까지 우리나라에서 병원건축계획은 의료관련 부분에서 필요한 기능의 해설과 적정공간의 규모에 대한 논의를 중심으로 논의되었고, 설계를 위한 기준으로 활용되고 있습니다.

논의 과정이나 내용보다는 결과물로써 반드시 지켜져야 하는 규칙으로 여겨졌습니다. 그러나 기능은 상황에 따라 지속적으로 변경되는 가변적인 요소이기 때문에 절대적인 기준으로 활용할 수는 없습니다.

지난 25년간 국내 종합병원의 프로그램 변화에서 가장 주목할 만한 특징은 의료관련 부분의 면적 비율이 감소하고, 공용공간과 기계전기실의 면적이 증가했다는 점입니다. 의료시설의 건축계획은 의료와 관련된 병동부, 외래부, 중앙진료부, 공급부를 중심으로 이루어지지만 실제 의료환경의 변화는 그 이외 부분들의 성장도 요구하고 있습니다.

의료환경과 사회적 변화에 따라 의료의 개념과 종합병원의 역할이 시기마다 새로운 요구에 대응하기 위한 프로그램들의 면적을 증가하는 방향으로 변화되었습니다. 1990년대부터 부대시설·로비와 같은 공용공간이 증가하였고, 2000년대에는 의료의 질적 개선을 위한 관리·공급 기능의 강화와 실내 공기환경 개선을 위한 공조실의 증가가 나타났습니다. 또한 특수한 설비를 필요로 하는 실들의 비율이 높아지면서 전반적으로 설비의 등급이 상향되었습니다. 그러나 개별 실들의 요구조건에 대해서는 구체적으로 논의되고 있으나 병원 건물 전체적인 관점에서 필요한 설비들에 대한 체계적인 논의는 이루어지지 못하고 있습니다.

병원의 공간은 의료면적(순면적), 공용면적 및 기계전기실면적으로 나눠볼 수 있습니다. 의료면적은 실제 행위가 일어나는 공간으로 흔히 순면적이라고 이야기합니다. 공용면적은 실과 실 또는 부서와 부서, 층과 층을 연결해 주는 공간으로 복도, 엘리베이터, 계단실, 로비 등의 공간을 의미하고 사람·물류·에너지가 연계될 수 있도록 하는 공간입니다. 마지막으로 기계전기실은 병원에 필요한 공기, 물, 전기 등을 공급하고 회수하는 기계장치들이 배치된 공간을 의미합니다.

1980년대부터 최근까지 이 영역들의 면적구성 비율을 비교해 보면, 흥미로

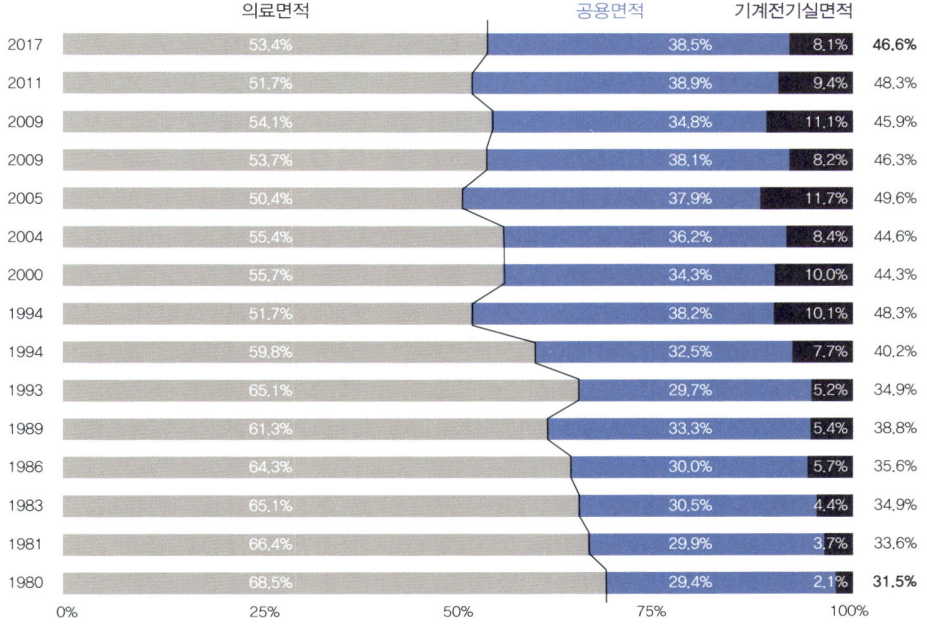

그림 32　우리나라 종합변원의 면적구성 비율 변화

운 변화를 발견할 수 있습니다. [그림 32] 1980년대에는 의료면적이 전체면적의 약 65% 정도를 점유했지만 2000년대를 지나면서 약 50~55% 수준으로 비율이 감소한 것을 볼 수 있습니다. 2000년대 이후 건립된 조사병원을 기준으로 전체 연면적 중 기능을 수용하는 면적이라고 할 수 있는 의료면적은 51.1% ~ 54.2%이고, 공용면적과 기계전기실면적의 합은 45.8% ~ 48.9% 까지 증가했습니다. 의료면적과 공용 및 기계전기실의 면적 비율이 같아지고 있습니다.

　기능이 점유하는 공간은 일종의 가변영역입니다. 가변영역는 그 정의대로 언제든지 변경되는 부분입니다. 반면 수직·수평 동선체계과 기계·전기·공조시설 및 설비관련 공간은 한번 계획되면 쉽게 변경되지 못하는 일종의 고정요소입니다. 지금까지 병원 건축은 가변영역 중심으로 계획되는 경향이 있었고 고정요소에 대한 충분한 논의가 이루어지지 않았습니다. 성장과 변화가 많이 발생하는 종합병원에서 절반을 차지하는 고정요소에 대한 논의가 충분하지 못하다는 것은 결국 변화에 대한 대응이 어렵다는 것을 의미합니다.

가변영역은 변화율을 높일 수 있는 방법으로 계획되어야 하고 고정요소는 이러한 변화를 수용할 수 있는 체계로 만들어져야 합니다. 따라서, **병원 건축계획은 가변영역 중심에서 고정요소 중심으로 전환**되어야 합니다.

병원 건축에서 기능이 중심이 되면 공간이 점점 복잡해질 수 있습니다. 그러나 체계는 단순해야 하며, 고정요소를 중심으로 한 명확한 구조가 필요합니다. 이는 병원의 장기적인 운영과 효율성에 기여할 수 있습니다. 병원 건축은 변화하는 의료 환경에 대응할 수 있어야 하며, 이를 위해 고정요소를 중심으로 한 장기적이고 유연한 설계가 필요합니다. 고정요소를 잘 계획함으로써, 병원은 변화와 성장을 보다 쉽게 수용할 수 있습니다.

2.2 마스터플랜

1) 대지활용계획과 공간 구조조정

필자가 건축계획과 설계를 위해 경험했던 모든 병원의 사용자들은 현재 쓰고 있는 공간이 부족하다고 느끼고 있었습니다. 그 병원이 오래된 병원이든, 최근에 지어진 병원이든 상관없이 사용자들은 공간에 대해 크고 작은 불만들이 있었고, 불만의 원인은 대부분 공간이 부족해서 생기는 불편함 때문이었습니다.

결국, 시간이 지나면 병원들은 증축을 생각할 수밖에 없고 얼마나 증축해야 하는지 결정해야 하는 순간들이 오게 됩니다. 증축 규모에 대한 최종 결정은 병원의 부지 상황을 고려해서 판단해야 합니다. 우선, 주어진 대지 내에서 최대한 확보할 수 있는 공간을 확인해야 합니다. 당장 새로 지어야 하는 건물이 다음 증축에 어떤 영향을 미칠지도 검토해야 합니다. 그리고 단계별로 대지를 어떻게 사용해서 최대 공간을 확보할 수 있는지, 확보된 공간은 어떻게 사용하고 기존 건물과는 어떻게 연계할지에 관한 계획을 세워야 합니다. 새롭게 증축되는 건물에 모든 지원기능을 담을 수 없기 때문에 전체 시설 운영의 균형을 깨트리지 않는 범위에서 기존시설에서 최대한 많은 부분들을 지원받을 수 있도록 해야 합니다.

병원이 확장을 계획할 때, 현재와 미래 사이의 갈등을 해결하기 위해 다양한 자료와 근거들이 논쟁의 중심에 서게 됩니다. 의료 실적, 최근 동향, 그리고 병원의 미래 전략 등을 기반으로 논의가 이루어지며, 이를 통해 최선의 결정을 내리려고 합니다. 그러나 이 과정에서 병원은 현재의 문제 해결보다는 미래의 가치를 더 중시하는 경향이 있습니다. 이는 병원이 새로운 기회를 창출하고 장기적인 경쟁력을 확보하기 위해 미래 의료환경에 대비해야 한다는 인식에서 비롯됩니다.

이러한 갈등은 병원 건축계획에서도 매우 중요한 영향을 미칩니다. 미래의 의료 환경을 예측하고 준비하는 것은 병원의 지속 가능한 발전을 위한 필수 요소이지만, 현재의 문제를 해결하지 않고 미래만을 준비하는 것은 병원의 운영에 장기적으로 어려움을 초래할 수 있습니다. 현재의 문제는 대부분 공급부서, 기계·전기실 등의 지원부서에서 발생하는 경우가 많고 미래 전략은 직접적인 의료행위가 일어나는 부서 중심으로 논의 되는 경우가 많습니다.

확장되는 부분에 새로운 기능을 추가하거나 기존의 특정 의료기능을 강화하는 결정을 내리는 경우에는 병원의 미래 경쟁력을 높이는 데 기여할 수 있지만, 동시에 기존 건물에 위치한 지원부서들에게는 추가적인 부담을 줄 수 있습니다. 기존 건물이 이미 포화상태라면, 새로운 기능을 지원하기 위한 인프라가 충분하지 않을 수 있으며, 이는 병원 전체의 균형이 무너지는 결과를 초래하게 됩니다.

이 과정에서 항상 문제가 되는 시설이 주차장입니다. 우리나라 법에는 면적이 증가하면 사용하는 사람이 늘어나기 때문에 단위면적당 주차대수를 함께

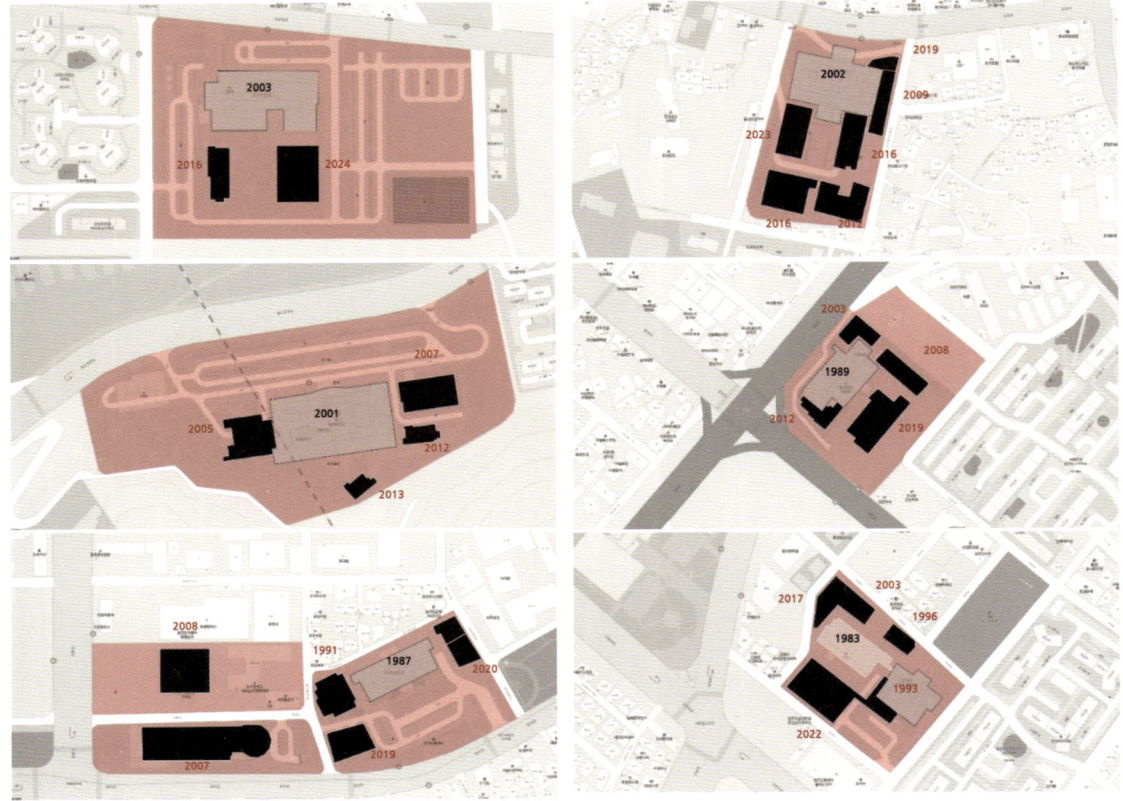

그림 33　공공의료기관의 증축 사례

늘리도록 하고 있습니다. 기존에 충분한 주차대수를 확보하고 있다면 문제가 없지만 대체로 주차시설 역시 이미 부족한 상황입니다.

　공간을 확장해 나가다 어느 순간 대지의 가장 중요한 길목에 주차장이 배치되는 상황이 발생합니다. 시간이 지나 다음 증축을 고민해야할 시점이 되면 주차장 때문에 새로운 건물의 배치가 어려워지고, 동선이 복잡해지고, 대지활용의 효율이 떨어지기도 합니다.

새로운 기능이나 시설이 추가되면서 기존 건물의 상황은 더욱 복잡해집니다. 기존 건물이 이미 포화 상태에 이른 경우, 추가되는 기능들을 지원해야 하는 부담이 더해져 기존 건물의 상황은 오히려 악화될 수 있습니다. 이는 병원의 운영에 중대한 문제를 야기할 수 있으며, 새로운 시설의 도입이 오히려 병원의 전체적인 효율성을 저해하는 결과를 초래할 수 있습니다(그림 33).

이러한 문제를 해결하기 위해서는 병원 공간도 구조조정이 필요합니다. 공간 구조조정은 기존 건물과 새로 확장되는 부분 간의 조화를 이루고, 전체적인 공간 효율성을 극대화하는 것을 목표로 합니다. 이는 단순히 새로운 공간을 추가하는 것이 아니라, 기존 공간의 활용도를 재검토하고, 공간 배치를 최적화하는 것을 의미합니다. 예를 들어, 기존에 분산되어 있던 기능들을 통합하거나, 비효율적으로 사용되던 공간을 재구성하여 새로운 용도로 활용하는 방식이 포함될 수 있습니다.

리모델링은 병원의 공간 구조조정을 통해 동선체계과 부문 및 부서간의 면적 불균형을 조정하는 과정입니다. 또한 리모델링을 통해 기존 공간을 현대화하고, 새로운 기능을 수용할 수 있는 유연성을 확보할 수 있어야 합니다. 리모델링에서는 병원의 운영을 중단하지 않고도 점진적으로 공간을 개선할 수 있는 방법을 제시하는 것이 중요합니다.

마지막으로 모든 대지를 사용한 이후의 준비도 필요합니다. 순차적인 철거와 재건축이 가능하도록 해야 합니다. 오랜 시간에 걸쳐 증축된 건물들은 서로 독립적으로 존재하는 것 같지만 기계·전기·공기조화 등 오랜 시간동안 누적된 설비들은 서로 복잡하게 얽혀 있어 쉽게 손보기 어려운 경우가 많습니다.

대지는 한정적이고 새로운 요구는 계속됩니다. 앞서 살펴본 바와 같이, 처음 건물을 완공하고 약 20년 이후 설비교체와 함께 전면적인 리모델링이 이루어집니다. 이후 이 건물은 이론적으로 20년을 더 사용할 수 있을 것입니다. 한 건물을 최소 40년 정도 사용한다는 전제로 대지를 효율적으로 활용할 수 있는 관리방안을 가지고 있어야 합니다.

병원은 항상 다음 단계를 위한 준비를 하고 있어야 합니다.

IV
병원건축과 마스터플랜

박철균

1. 병원 리모델링의 패러다임 변화

1.1 용(用)도를 위한 증축

병원의 증축은 그동안 진행되어온 방식으로 되어서는 안됩니다. 병원은 병상이 100개 이상 300개 이하인 경우에는 내과·외과·소아청소년과·산부인과 중 3개 진료과목, 영상의학과, 마취통증의학과와 진단검사의학과 또는 병리과를 포함한 7개 이상의 진료과목을 갖추고 각 진료과목마다 전문의가 있어야 하며, 300개 병상을 초과하는 경우에는 내과, 외과, 소아청소년과, 산부인과, 영상의학과, 마취통증의학과, 진단검사의학과 또는 병리과, 정신건강의학과 및 치과를 포함한 9개 이상의 진료과목을 갖추고 각 진료과목마다 전문의가 있어야 합니다. [두산백과]

이 외에 응급부, 수술부, 병동부, 진료·치료·생활을 위한 물품을 공급하는 공급부 등 수많은 부서가 있고, 이러한 모든 부서와 실들이 유기적으로 결합되어있는 것이 병원입니다. 따라서 병원을 계획하기 위해서는 전체적인 병원의 체계를 이해해야 하며, 내부 물품, 환자, 의료진 등의 이동경로(동선)과 각 부서의 변화에 대해 고려가 되어야 합니다.

그동안 새로운 진료과목을 개설하거나 새로운 기기를 도입하거나 특정 부서에 면적을 확보하기 위한 증축을 하였습니다. 병동을 증축하고, 응급실을 증축하고, 재활전문센터와 검진센터를 증축하고, 기존 부서 위치에서 추가적인 면적확보를 위한 증축을 해왔습니다. 즉, 用도를 위한 증축을 했던 것입니다.

[그림 1] SS는 1989년 본관 신축이후 2012년까지 6건의 증축사업을 진행하였습니다. 서산의료원은 본관에 먼저 건물 외부에 덧붙이고, 중정을 메꾸어 필요한 시설확보를 하였고, 이후 장례식장과 노인병원을 별동으로 건립하였습니다. [그림 2] 시간이 지나면서 각 건물별 역할과 경계가 모호해지고, 부서간 연계

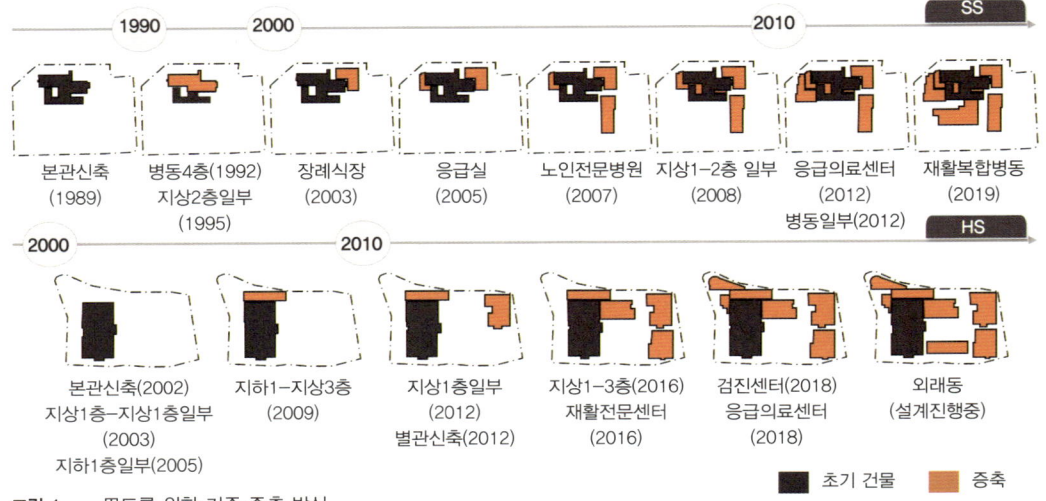

그림 1 用도를 위한 기존 증축 방식

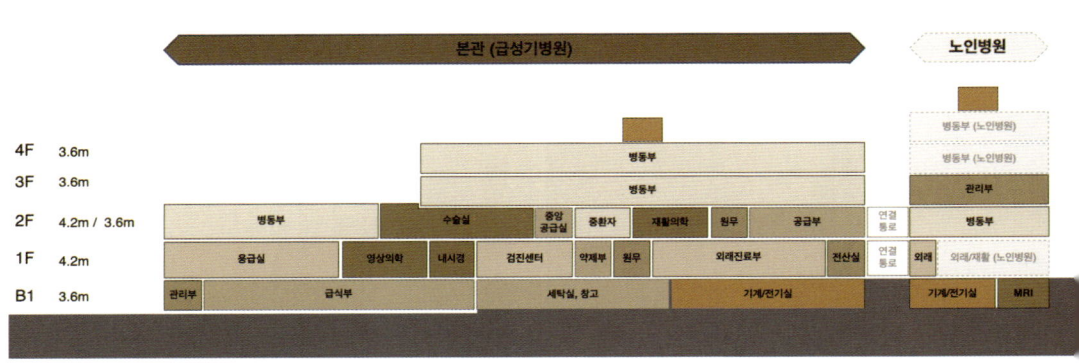

그림 2 경계가 모호해진 건물 사례

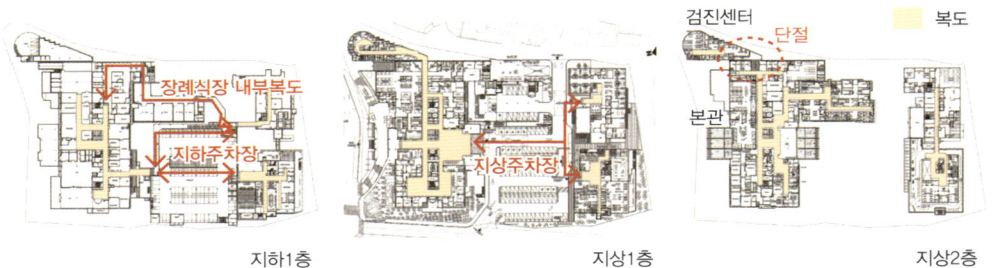

그림 3 부서간, 건물간 단절된 사례(HS)

와 환자 및 의료진의 동선은 비효율적으로 악화되었습니다. 결과적으로 효율적이지 못한 부서 연계, 부서 확장성 저하, 대지활용성 저하 등의 문제가 발생되었습니다.

사례와 같이 현재 필요한 요구를 위해서 덧붙이고, 빈 공간을 메꾸는 방식의 건축계획은 사업을 진행하는 시점에서는 시간·공간·비용을 매우 효율적으로 계획했다고 생각되겠지만, 중장기적인 관점에서는 공간을 되살리기 위해 사용하였던 시간과 비용의 수배를 투자하게 됩니다.

[그림1] HS는 2002년 본관 신축이후 2018년까지 크고 작은 증축을 본관에만 6건 진행하였습니다. 신축 이후 초기(2003년, 2005년)에는 건물 내부에 공간을 찾아서 증축을 하였습니다. 2009년과 2018년에는 대지활용의 극대화를 위한 증축계획이라고 할 수 있습니다. 대지경계선에 맞추고, 대지경계선 형태와 동일하게 증축이 되었습니다.

[그림 3] 기존 증축 방식으로 성장한 병원에서는 장례식장, 지하주차장 등에 의해서 건물 간, 부서 간 연결이 되지 않는 것을 볼 수 있습니다. 더욱이 증축되어 건물은 붙어있지만, 이어지는 부분의 연결통로가 특정 부서의 내부복도이기 때문에 통행을 하지 못하도록 되는 경우도 있습니다. 하지만, 이러한 건축사업의 결과는 부서 연계 저하, 동선의 단절, 성장의 한계로 이어지게 됩니다. 用도를 위한 증축은 이처럼 부서 간, 건물 간 연결성을 떨어뜨리고, 내부 동선체계를 망가뜨리게 되는 것입니다.

과거에는 병원을 설계할 때 각 부서 및 부문의 용도에 따라서 규모, 형태, 위치를 계획하는 용도중심병원설계방식으로 설계되었습니다. 용도중심병원설계방식으로 설계되면 타부서 또는 타부문의 공간과 상호호환이 불가능하기 때문에 내부공간을 재배치함에도 비효율적이고, 확장을 위해서는 덧붙이는 방식으로 증축할 수밖에 없습니다. 이러한 설계방식은 부분적인 문제는 효율적으로 해결이 가능하겠지만, 병원의 성장(확장성)과 변화에는 불리한 설계방식이라 할 수 있습니다.

2000년도에 들어 병원의 성장과 변화를 위한 연구가 시작되어 주요 설계요소들이 정리되고 설계개념이 수립되었습니다. 이러한 설계방식은 체계중심병원설계방식이라 하며, 의료환경의 패러다임과 병원운영계획의 변화, 병원의 성장 등에 따라서 전체적인 구조개편이 가능하고 유연하게 대응할 수 있는 공간구조로 계획됩니다.

1.2 체(體)계를 위한 증축

2012년 C_H는 병원의 규모 확대(250병상에서 400병상 이상)를 위한 증축 기본 설계안이 계획되어있었습니다. 기본 설계안의 건물은 본관과 별관 사이공간을 활용하여 컴팩트하게 계획되었습니다. 이러한 방식의 증축은 주요 의료기능을 수행하는 본관을 확장하는 의미에서 즉각적인 효과는 클 수 있겠지만, 시간이 흐르면서 환자, 의료진, 물류 등의 동선체계가 망가지고, 향후 공간이 더 필요하게 된다면 확장이 불가능하게 될 수 있습니다.

한양대학교 병원건축연구실에서는 2012년 말에 C_H는 마스터플랜을 수립하였습니다. 본관과 별관의 현재 상태를 진단하고 단계적인 증축과 철거에 따른 성장계획입니다. 일시적이고 즉각적인 효과를 위한 계획이 아닌, 미래지향적인 관점에서 운영계획에 따른 건축계획을 수립한 것입니다. [그림 4-1] 각 단계에서의 증축의 주요 목적은 단순히 필요한 부분에 대한 확보 차원에서의 증축이 아니며, 기존 시설에서 일부 부서를 이전하고 그 공간을 활용하여 전반적인 구조개편을 하기 위함입니다. 또한 대지 내 성장축에 따라 전체적인 건물의 연결과 주동선체계를 설정하게 됩니다. 2024년 현재, 마스터플랜의 2단계를 위한 별관 철거까지 진행된 상태입니다.

WJ는 2017년도에 서관(1983년 건립) 대체건물 건립을 위한 증축 기본 설계

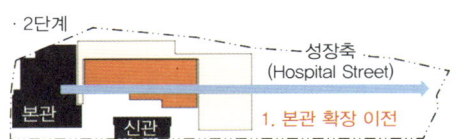

그림 4-1 體계를 위한 단계별 증축 계획 사례-1(C_H)

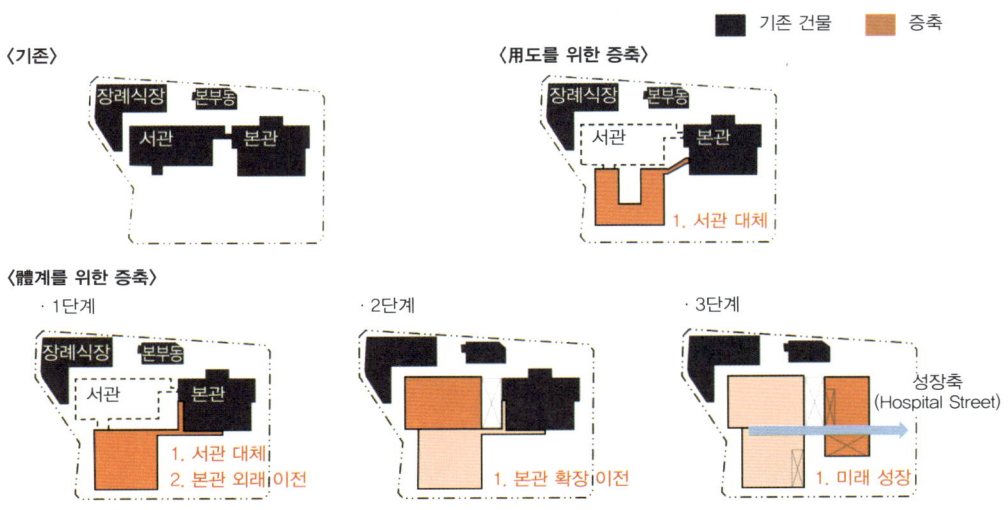

그림 4-2 體계를 위한 단계별 증축 계획 사례-2(WJ)

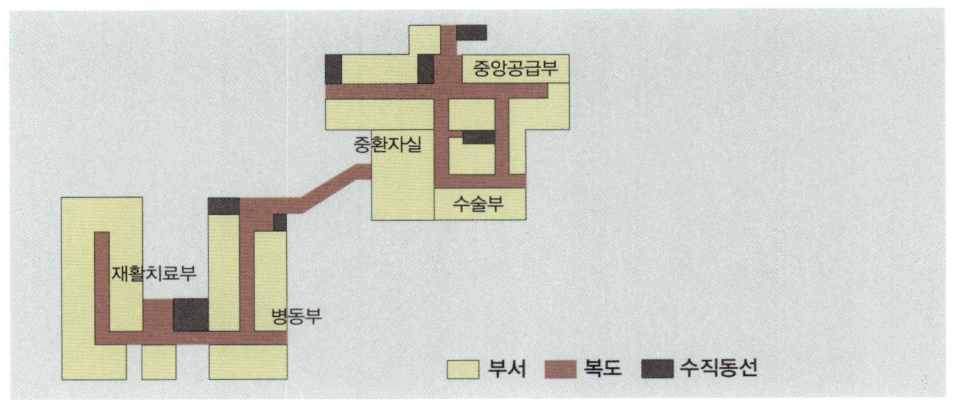

그림 5 다음 단계가 고려되지 않은 증축 계획

안이 계획되어있었으며, 이 설계안은 서관 전면부지에 ㄷ형태로 본관 서측 중간에 통로를 설치하여 연결하는 계획입니다. 내부는 중복도형태로 계획되었으며, 2층 연결통로는 병동부의 병실과 병실사이의 복도를 통해 본관과 연결되었습니다. 다른 층에서도 본관으로 이동을 하려면 2층 병동을 통해서만 접근이 가능한 것입니다. 또한 연결통로 설치 이후 본관은 어떻게 연결을 할 것인지에 대한 계획이 없었습니다(그림 5). 건물 중심에 중정을 두는 ㄷ자 형태로 그럴듯한 계획이었지만, 의료기능의 연계를 위한 사용자와 물류 동선에 대한 고려가 되어있지 않은 계획이라 할 수 있습니다. 한양대학교 병원건축연구실에서 2017년 수립한 마스터플랜에서는 대지 내에서 건물의 성장축(주 동선체계)을 설정하고 단계적인 성장을 위한 증축 및 철거 계획을 수립하였습니다(그림 4-2).

국내 병원의 대지는 한정되고, 대부분 지속적인 성장을 하기는 충분하지 못한 상황입니다. 병원건축 마스터플랜의 주요 핵심은 **대지 내 최대 수용 능력**을 파악하고, **한정된 대지를 어떻게 활용하여 끊임없이 병원이 성장과 변화를 가능하게 할 것인가**에 대한 계획을 수립하는 것과 체계중심병원으로 전환을 위한 단계적인 건축계획을 수립하는 것입니다.

2. 체계중심병원을 위한 마스터플랜

2.1 해외 마스터플랜 사례 – 일본, 네덜란드, 캐나다

해외에서도 병원의 지속적인 성장과 변화를 위한 연구가 진행되고 있습니다. 일본에서는 '시스템 마스터플랜(System Masterplan)'이라 하며, 약 40년 동안의 단계적인 증축과 철거에 따른 성장과 변화를 수립하였습니다. 네덜란드 마티니병원의 마스터플랜도 마찬가지로 약 40년 동안의 단계적인 건물의 증축과 기능의 이동에 대한 계획을 수립하고 있습니다(그림 6). 해외사례의 공통점은 미래지향적인 관점에서 대지를 지속적으로 활용할 수 있는 건물 증축계획을 수립하고 있다는 것입니다.

빠른 효과와 즉각적으로 눈에 보이는 성과도 중요하지만, 진정으로 병원을 위한 관점에서 중장기적인 목표설정과 단계적인 계획을 수립하는 것이 매우 중요합니다.

[그림 7] 캐나다 브루나비병원의 마스터플랜에는 약 30년 동안의 단계적인 증축 및 철거 계획과 이를 수행하기 위한 예산계획까지 수립되어있습니다. 캐나다에서는 이러한 마스터플랜을 정부에서 예산계획을 위한 자료로써 활용하고 있습니다.

국내 마스터플랜과 캐나다 마스터플랜의 차이점은 국가 차원에서 마스터플랜에 대한 신뢰성의 정도차이가 있다고 생각합니다. 또한 예산을 집행하고 계획하는 관점에도 차이가 있습니다. 국내는 국가에서 매년 또는 한정된 기간 동안 한정된 예산을 지원해주는 반면, 캐나다에서는 장기적인 예산확보계획을 수립하여 대규모 공사를 위한 예산을 투입한다는 것이 매우 큰 차이점입니다. 한정된 기간 동안 한정된 예산이 지원되면 대규모 증축이 필요하더라도 주먹구구식의 사업밖에 진행할 수밖에 없기 때문입니다.

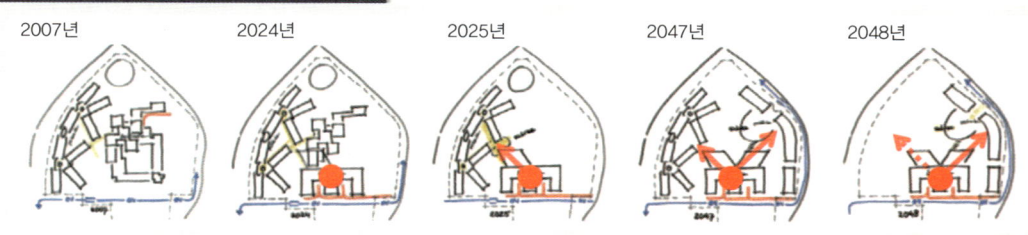

그림 6　해외 마스터플랜 사례(일본, 네덜란드)

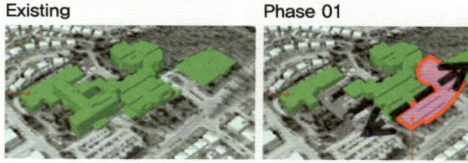

Phase	Beds	Area(Gross Square Meters)				Cost			
		Low	Hight	Range	%	Low	Hight	Range	%
Current/Existing	295	49.514							
Phase 1A (Note 1)		6,756	7,922	1,167	17%	$ 106,416,200	$ 119,951,300	$ 13,535,100	13%
Phase 1B	321(2)	6,359	9,298	2,939	46%	$ 67,226,800	$ 97,104,100	$ 29,877,300	44%
Total Site		47,407	51,512	4,105	09%	$ 173,643,000	$ 217,055,400	$ 43,412,400	25%
Phase 2A (Note 3)	576	36,823	44,797	7,974	22%	$ 245,707,500	$ 307,415,000	$ 61,707,500	25%
Phase 2B (old Nurse Tower)	500					$ 98,035,900	$ 98,035,900	$ –	00%
Total Site		84,230	96,308	12,079	14%	$ 517,386,400	$ 622,506,300	$ 105,119,900	20%

Notes:
(1) Low = 3 levels plus 2 parking, Hight = 4 levels plus two parking
(2) West Wing removed(−50 beds), add 76 beds at new tower. The high degree of variance represents service planning for ambilatory care.
(3) Low = 5 levels, Hight = 7levels. Bed count is prior to renovation of Nursing Tower – this excess capacity enables phased renovations to reconfigured units

그림 7　해외 마스터플랜 사례(캐나다)

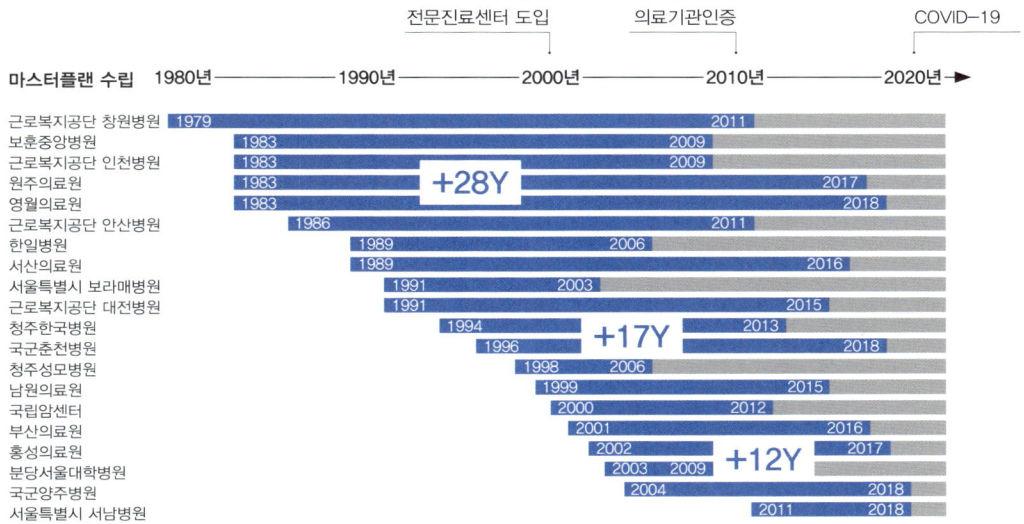

그림 8 국내 병원 마스터플랜 수립의 시작

2.2 국내 마스터플랜의 시작

대한민국은 짧은 시간동안 사회적·경제적으로 매우 급격한 성장을 이루어냈습니다. 이러한 성장에 따라 1970년대부터 양적성장, 전문화 및 센터화, 연구중심병원 등과 같은 병원건축의 패러다임변화는 별동 건물의 형태로 반영되어왔습니다. 급격하게 성장하였고, 급격하게 변화하였기 때문에 미래에 대한 고려보다는 타 병원에 뒤처지지 않기 위함이 우선적인 고려사항이었을 것입니다. 앞 장에서 말했듯이, 한정적인 대지를 가지고 있는 대부분의 병원에서는 대지활용, 건물 간 연계 등의 문제가 발생되었습니다.

[그림 8] 이에 2000년대부터는 중장기발전계획, 종합시설계획, 마스터플랜 등 병원의 성장과 변화, 대지활용에 대한 중장기적인 관점에서의 계획을 수립하기 시작하였습니다. 새로운 의료환경에 대한 요구가 빨라짐에 따라 마스터플랜 필요성의 인식이 증가한 것입니다.

마스터플랜에서 가장 중요한 것은 **미래라는 개념을 염두**한다는 것입니다.

3. 병원건축 마스터플랜의 적용 사례

3.1 C_H병원

C_H병원은 1986년에 내과, 정형외과, 신경외과, 정신과 4개 진료과목, 병상수는 24개 병상, 직원은 30명으로 개원하였습니다. 이후 1991년에 의료법인 인화재단 한국병원으로 개설되었습니다.

병원 시설은 1986년 별관 건립, 1992년 본관 증축으로 병상과 진료과목이 증설되었으며, 이에 종합병원으로 승급되었습니다. 2006년 본관 8층 증축, 2007년 건강진단센터 리모델링 및 증축이 완료되어 2010년까지 277병상을 허가받아 운영했습니다. 2015년에 외래동을 증축하여 현재 425병상으로 허가받았으며 19개 진료과를 운영하고 있습니다. 이러한 과정에서 2012년에 한양대학교 병원건축연구실에서 **중장기 마스터플랜을 수립**했습니다. 마스터플랜은 C_H병원의 상황을 건축적으로 진단하는 것부터 시작하였고, 문제점은 다음과 같습니다.

① 최근 건립된 유사 규모 의료시설 대비 병상당 연면적과 병상당 순면적이 약 55% 수준이었으며, ② 외래부, 중앙진료부, 공급부와 같이 주요 의료기능을 담당하는 부문의 병상당 순면적이 유사 규모 의료시설 대비 절반 수준이었습니다. ③ 또한 중앙진료부가 본관에 집중되었습니다. 이는 전체 대지에서 한쪽으로 치우쳐있는 배치 형태이기 때문에 향후 중앙진료부(수술부, 영상의학부 등)의 접근에 매우 불리한 상황이었습니다. 마스터플랜 수립을 위한 기본 전제 사항은 아래와 같습니다.

1. 최근 건립된 유사 규모 수준의 면적을 확보가 필요
2. 병상수 증가에 따라 중앙진료부와 공급부의 확대가 필요
3. 향후 증축 방향과 면적 확보를 고려, 중앙진료부와 공급부 배치
4. 층고가 낮아 활용 가능성이 낮은 별관은 철거

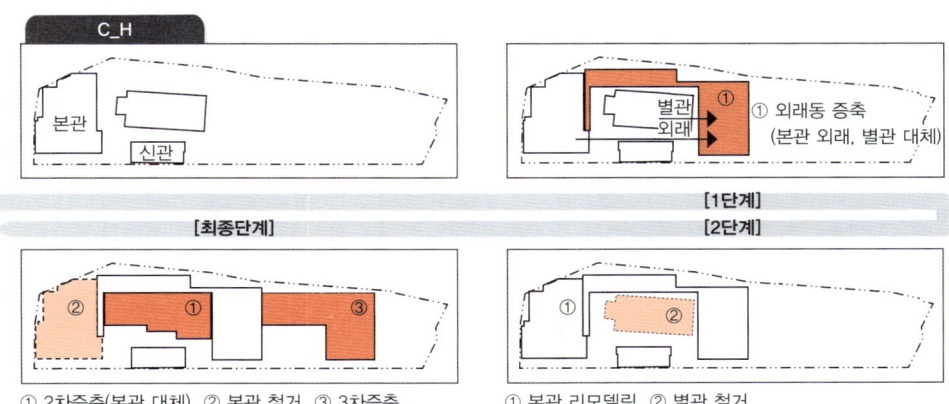

그림 9 C_H병원 마스터플랜 적용 사례

중장기발전 방향 (단계별 계획)

[그림 9] C_H병원의 중장기 마스터플랜에서 가장 중요했던 전제는 중앙진료부와 공급부가 추가적인 면적을 확보하면서 전체 병원의 중심에 배치될 수 있도록 재구성하는 것이었습니다.

1단계로 외래동을 증축하면서 별관 기능을 대체하고 본관의 외래진료부서를 최대한 이전하는 것으로 제안하였습니다. 2단계에서 본관은 기존 외래진료부 공간을 활용하여 전체적인 공간 개편을 위한 리모델링을 진행하고 별관은 층 고가 낮아서 활용 가능성이 낮기때문에 철거하는 것으로 제안하였습니다. 3단계는 별관이 철거된 대지에 본관의 중앙진료부와 공급부가 확장 이전하는 계획입니다. 이러한 C_H병원의 중장기 마스터플랜은 2012년부터 2013년에 수립되었으며, 2015년에 외래동이 증축되었습니다. 이후에 별관은 철거가 아닌, 전체 리모델링을 통해 수년간 활용하고 현재는 철거가 된 상태입니다(2단계).

병원건축 마스터플랜은 병원의 이상적인 미래를 목표로 설정하고, 그 목표를 달성하기 위해 **중장기적인 관점에서 단계적인 건축계획을** 수립하는 것입니다.

3.2 S_B병원

S_B병원은 「서울특별시립병원 설치 및 운영에 관한 조례」에 의해 설치 및 운영, 관리되는 종합병원입니다. 건립당시 **서울특별시립 Y병원**의 명칭으로 시작되었으며, 1987년부터 서울대학교병원이 수탁운영을 하고 있습니다.

    1991년도에 신축이전으로 현재 대지에서 300병상 규모, 19개 과목으로 진료를 시작하였으며 1996년 동관(사랑관)건립으로 530병상이 되었습니다. 이후 2003년에 별관(진리관)이 증축되었고, 같은 해에 신관(행복관) 증축 사업이 결정되어 2008년에 완공되었습니다. 마지막으로 2011년도에 철골주차장이 완공되면서 현재의 건물배치가 되었습니다.

    [그림 10] 이러한 상황에서 한양대학교 병원건축연구실에서 **중장기 공간활용계획 수립**을 진행하였으며, 현황 진단에 따른 문제는 다음과 같았습니다.

    S_B병원은 용도지역이 제2종 일반주거지역으로 법정 건폐율과 용적률이 비교적 큰 대지임에도 불구하고, 대지 내에 대규모 증축과 건물 사이의 빈 공간에 지속적인 증축으로 인해 ① 추가적으로 증축 가능한 면적은 1.41㎡로 현재 대지 조건에서는 어떠한 증축도 더 이상 진행할 수 없는 상황이었습니다. ② 주요 부문별 병상당 순면적이 서울시립병원 평균의 80~90%, 유사 규모 지방의료원 평균의 약 70%, 대학병원 평균의 60% 수준으로 절대 면적이 부족했습니다. ③ 층고는 4.5m 이상인 층이 1층, 2층, 그리고 신관(행복관) 지하와 기단부에 집중되어 있습니다. 이는 최근 의료시설의 트렌드를 적용하기 위해 활용 가능한 공간이 제한적이라는 의미입니다(그림 11).

    [그림 12] S_B병원은 안심호흡기전문센터 건립을 시작으로 미래의학센터, 커뮤니티 병원, 바이오 헬스 허브를 단계적으로 계획하여 서울대학교 보라매 캠퍼스를 완성하는 중장기 목표를 설정하였으며, 마스터플랜 수립을 위한 기본 전제사항은 다음과 같았습니다.

1. 용적률에 산정되지 않는 공간을 활용하는 대안 필요

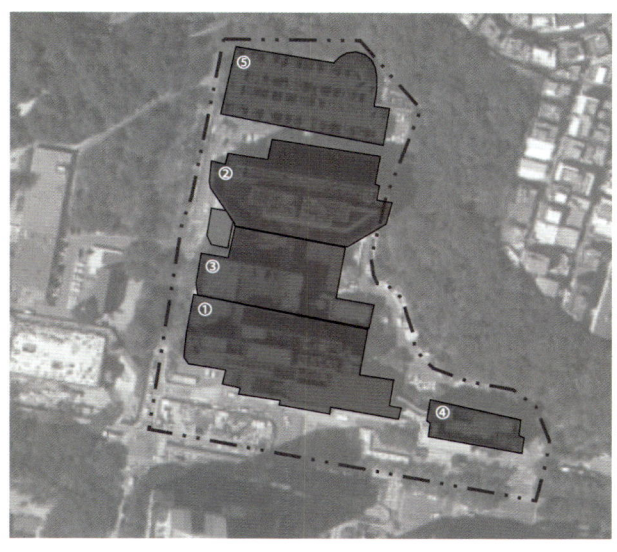

- 대지면적 : 24,573㎡
- 연면적 : 78,968.90㎡
- 건축면적 : 1,034.84㎡
- 용적률산정용 연면적 : 49,144.59㎡
  (건폐율 44.91%, 용적률 : 199.99%)
- 용도지역 : 제2종 일반주거지역
  (법정 건폐율 60%, 용적률 200%)

추가 증축	건축면적	3,708.96㎡
	연면적	1.41㎡

연번	건물명	층수
①	희망관	지하2층-지상8층
②	행복관	지하2층-지상11층
③	진리관	지하3층-지상7층
④	사랑관	지하2층-지상5층
⑤	철골주차장	지하1층-지상3층

그림 10   S_B병원 시설 현황

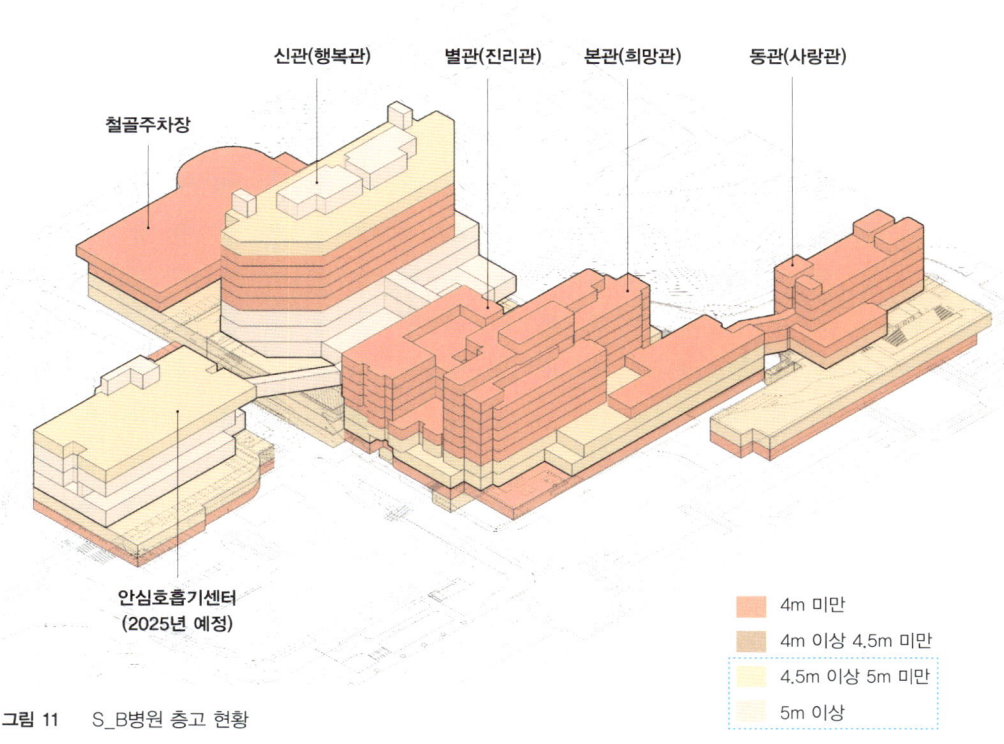

그림 11   S_B병원 층고 현황

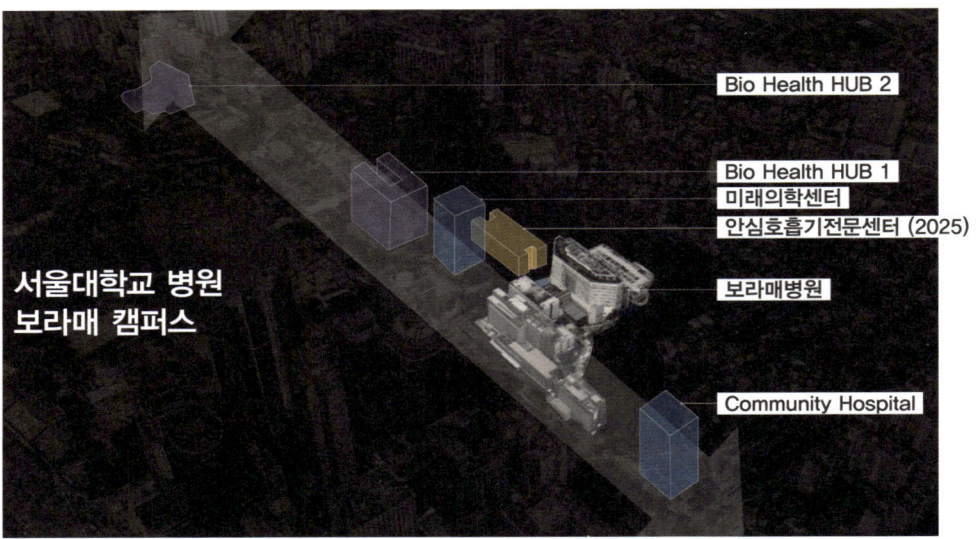

그림 12　S_B병원의 중장기 목표

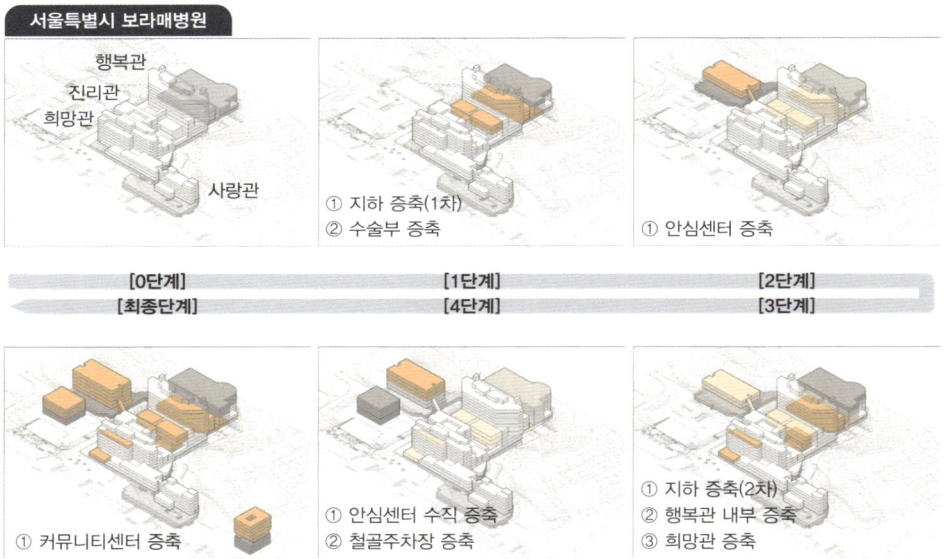

그림 13　S_B병원 마스터플랜 적용 사례

2. 중앙진료부, 중앙공급부의 면적 확보 및 공간재구성 필요

3. 중앙진료부의 면적확보와 공간 재배치를 위한 층고 확보

4. 최근 건립된 대학병원 수준의 연면적 확보(단계적인 면적 확보)

중장기발전 방향 (단계별 계획)

[그림 13] 공간구조개편을 위해 선행되어야하는 작업은 기존 건물을 비워내는 것입니다. 이를 위해 한양대학교 병원건축연구실에서는 1단계로 용적률에 산정되지 않으며, 층 고를 확보할 수 있는 신관(행복관) 지하주차장을 활용하는 대안을 제시하였습니다. 해당 지하주차장은 2003년 신관을 계획할 당시에 향후 부서 확장을 위해 건물과 동일한 층고로 설계되었습니다. 일반적으로 지하주차장은 공사비 감축을 위해 층고를 낮게 계획합니다. 2단계부터는 안심호흡기센터가 건립되는 토지와의 합필에 따라 추가적인 증축이 가능하게 되었습니다.

S_B병원 마스터플랜에서의 쟁점은 2003년 신관 증축 당시, 부서확장을 염두하고 계획하였던 지하주차장이 불가능할 것만 같던 예비공간 확보를 가능하게 해주었다는 점입니다.

3.3 J_B병원

J_B병원의 정의는 「국가유공자 및 그 유가족에 대한 진료와 재활 및 복지 증진을 위해 설립된 병원」으로 되어있습니다. 2022년에 시설 재배치 용역을 진행하면서 중장기적인 마스터플랜을 수립하였습니다. 급성기 1,005병상, 요양병원 396병상을 운영하는 종합병원입니다.

[그림 14] 1983년에 구로구 오류동에서 강동구 둔촌동으로 병원을 이전하여 병원 규모 확장, 전문센터 신설 등의 의료환경 변화에 맞춰 건축사업이 진행되었습니다. 2022년 시설재배치 연구를 진행할 당시에는 법정 건폐율과 용

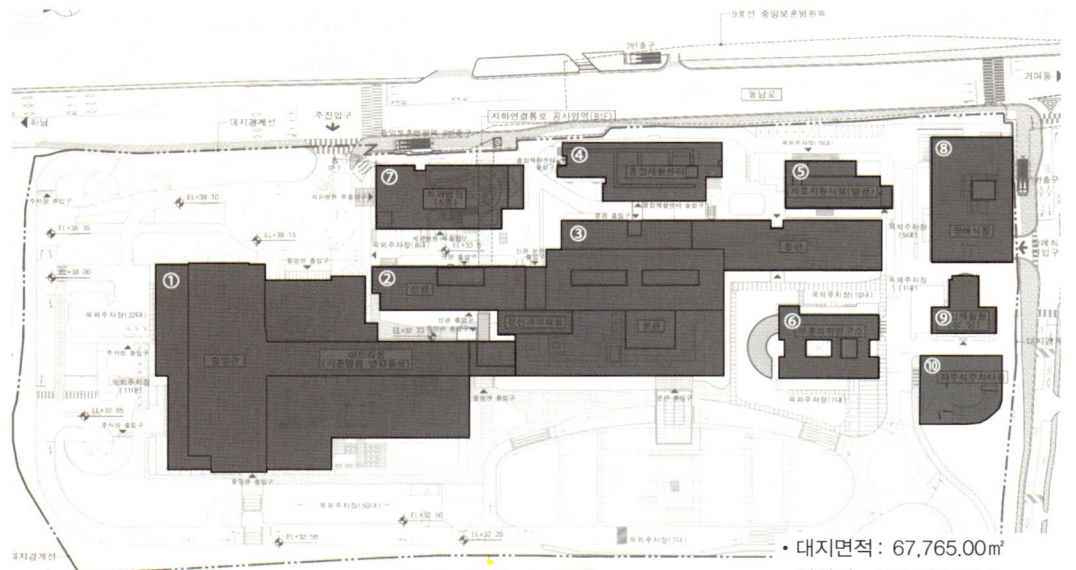

연번	건물명	층수
①	중앙관	지하3층–지상13층
②	신관	지하1층–지상7층
③	본관	지하3층–지상7층
④	재활관	지하1층–지상5층
⑤	별관	지하1층–지상7층

연번	건물명	층수
⑥	연구소	지하2층–지상5층
⑦	치과병원	지하4층–지상5층
⑧	장례식장	지하2층–지상3층
⑨	성당	–
⑩	철골주차장	지하1층–지상3층

- 대지면적: 67,765.00㎡
- 연면적: 151,917.92㎡
- 건축면적: 26,457.99㎡
- 용적률산정용 연면적: 94,895.71㎡ (**건폐율 40.23%, 용적률 : 144.30%**)
- 용도지역 : 자연녹지지역(개발제한구역 지정) (**법정 건폐율 60%, 용적률 300%, 5층 이하**)

추가 증축	건축면적	13,397.14㎡
	연면적	43,522.80㎡

그림 14   J_B병원 시설 현황

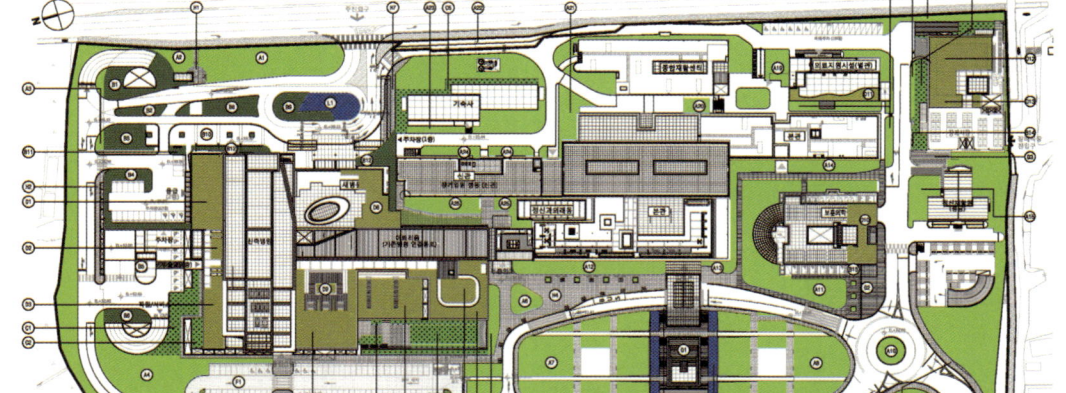

그림 15   J_B병원의 조경기준에 따른 조경현황

적률에 따라 추가적으로 증축 가능한 면적은 건축면적 13,397.14㎡, 연면적 43,522.80㎡으로 충분할 것으로 분석되었습니다.

그러나 개발제한구역이라는 대지조건에 의해 시설계획에 제한이 있었습니다. 첫번째로 5층 이하의 신·증축만 가능했습니다(그림 15). 그리고 현재의 조경면적도 개발제한구역임에 따라 더이상 축소할 수 없는 상황이었습니다. 따라서 증축하는 건물 상부에 기존의 조경면적을 계획해야 했습니다. 또한 1,000㎡ 이상 증축시, 「신·재생에너지 설치의무화제도」에 따라 지열, 태양열 등 신·재생에너지 공급을 위한 계획이 요구되기 때문에 1,000㎡ 미만으로 증축범위를 제안해야 했습니다.

[그림 16]에서 기단부 주동선체계에서 볼 수 있듯, 전체건물이 연결되는 층은 1층이 아닌 2층입니다. 하지만, 건물과 건물 연결이 외부를 통과함에 따라 휠체어 환자 및 고령환자들의 이동에 매우 불리한 조건입니다. 마스터플랜 수립을 위한 기본 전제는 아래와 같습니다.

1. 리모델링(기존 시설 전반의 구조조정)을 위한 예비지 확보
2. 입원환자와 외래환자의 동선 분리
3. 유사 규모의 최근 의료시설 수준으로 단계적인 면적 확보
4. 향후 지하철연결(지하1층)에 따른 공간 재구성 및 주동선체계 설정

중장기발전 방향 (단계별 계획)

[그림 17] J_B병원의 주목적은 국가유공자 및 그 유가족에 대한 진료와 재활 및 복지 증진입니다. 그러나 현재는 국가유공자 및 그 유가족 환자수에 비해 일반환자가 많아지고 있습니다. 이에 병원 운영진은 미래에 중앙보훈병원의 역할도 달라질 것으로 생각하였으며, 그 역할에 맞도록 급성기 건물, 감염병과 공공의료를 위한 건물, 두 건물을 지원할 수 있는 의료지원센터 세 개 동으로 방향성을 설정하여 단계적인 증축 및 철거 계획을 수립하였습니다.

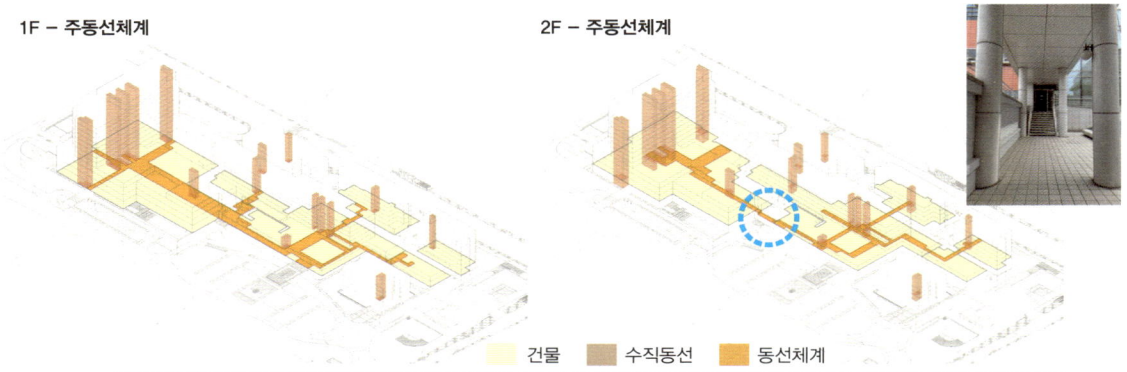

- 중앙보훈병원 1, 2층 주동선체계를 분석한 결과 1, 2층에서 각 건물과 연결되는 복도체계가 다름을 알 수 있음
- 환자 및 방문객들의 길 찾기에 매우 불리한 구조
- 또한, 중앙보훈병원 주동선체계를 분석한 결과 모든 건물이 연결되는 층은 1층이 아닌 지상 2층이지만, 지상 2층 또한 본관, 중앙관 이동 시 외부를 통과해야 함으로 휠체어 환자 및 고령환자들 이동에 매우 불리한 조건

그림 16 J_B병원의 길찾기에 불리한 동선체계

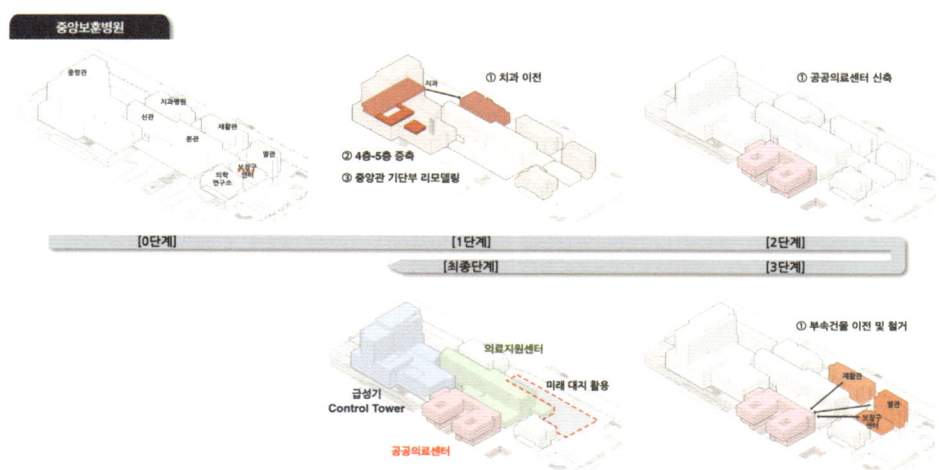

그림 17 J_B병원 마스터플랜 적용 사례

4. 맺음말

요즘은 20대, 30대에 회사에 취직하면서 노후를 준비합니다. 40대에 무엇을 할 것인지, 50대에 무엇을 할 것인지, 60대, 70대, 그 이후에 무엇을 어떻게 할 것인지에 대한 계획을 세웁니다. 오늘날의 병원도 사람과 마찬가지로 성장하고 변화하게 될 것입니다. 따라서 10년, 20년, 30년 뒤에 어떤 목표를 가지고 성장을 할 것이고, 중간에 사회변화에 따라 대응할 수 있도록 큰 방향성을 수립해 놓는 것이 필요합니다.

병원건축 마스터플랜은 당장 빠른 효과를 위한 계획이 아닙니다. 물론 현재 상황에서 발생 된 문제점에 대한 해결 방안을 제시하지만, 좀 더 중요하게 고려하는 것은 ① 병원의 성장 방향성, ② 의료 트렌드 변화에 대응 가능성, ③ 지속가능성, 이렇게 세 가지라고 할 수 있습니다. 이를 통해 수립된 병원건축 마스터플랜에서 제시 되어야하는 요소는 아래와 같습니다.

1. 기존 시설의 구조 개편을 위한 예비지 확보,
2. 지속적인 성장과 변화를 위한 대지 활용 계획,
3. 최종 목표 달성을 위한 단계별 건축계획과 예산계획

병원건축 마스터플랜은 병원 건축의 20~30년 후, 더 먼 미래를 위한 방향성을 제시하는 것입니다. 캐나다와 같이 정부에서 마스터플랜의 최종 목표와 단계별 계획으로 병원의 미래를 위해 예산을 확보하고, 투자하고, 계획할 수 있는 날이 오기를 바랍니다.

V 체계중심병원 건축계획

김은석

1. 병원건축의 필수불가결, 변화

1.1 끊임없는 변화

병원건축에서 환자의 생명과 직결한 의료기능을 중요시하는 것은 당연합니다. 병원은 다른 용도의 건축물에 비해 고도화된 다양한 기능들이 존재하며 건축가들은 이런 기능들이 복합적이며 유기적으로 연관되어 작동되도록 설계합니다.

또한 병원은 의료 환경 및 정책, 사회구조 등 다양한 변화에 민감하게 반응하며 이는 곧 공간의 변화로 이어집니다. 최근 우리는 코로나로 인한 사회 환경 변화들을 몸소 겪었고, 심지어 지금도 일상생활에 직·간접적으로 지배받고 있습니다. 재택근무, 온라인 수업은 비대면화, 개인화, 디지털화를 가속 시켰고 이는 곧 학교 및 직장, 집의 공간 구조의 변화와 연결되었습니다. 병원도 물론 예외는 아니었습니다. 눈에 보이는 것부터 눈에 보이지 않는 시스템까지 대부분의 것들이 변화를 겪었다고 해도 과언이 아닐 것입니다.

물론 누구도 앞으로의 의료 환경을 정확하게 예측할 수 없습니다. 그러나 변화에 언제든 쉽고 빠르게 대응할 수 있는 여건을 준비하는 것이 필요합니다. 이를 위해 변화가 쉽게 일어날 수 있는 **유연한 방식의 설계**(flexibility)가 매우 중요합니다. 즉 1장에서 언급한 기능을 중심으로 설계한 1세대 병원 건축에서 그릇의 역할과 같은 체계를 중요시하는 2세대 병원 건축으로의 전환이 일어나게 된 배경과 같은 맥락이라고 할 수 있습니다.

1.2 Hospital Geography, 최대한 단순하고 자세하게

우리는 어떠한 현상이 변화할 때 그 대상을 붙여 **지형 변화**라는 말을 종종 사용합니다. 일상에서 많이 접할 수 있는 정치지형, 노동지형, 산업지형, 유통지형의 변화라는 용어가 모두 비슷한 맥락일 것입니다. 병원 역시 시장 변화, 환경 및 정책 변화 등과 같은 대내·외적인 환경에 의해 많은 지형 변화를 겪고 있습

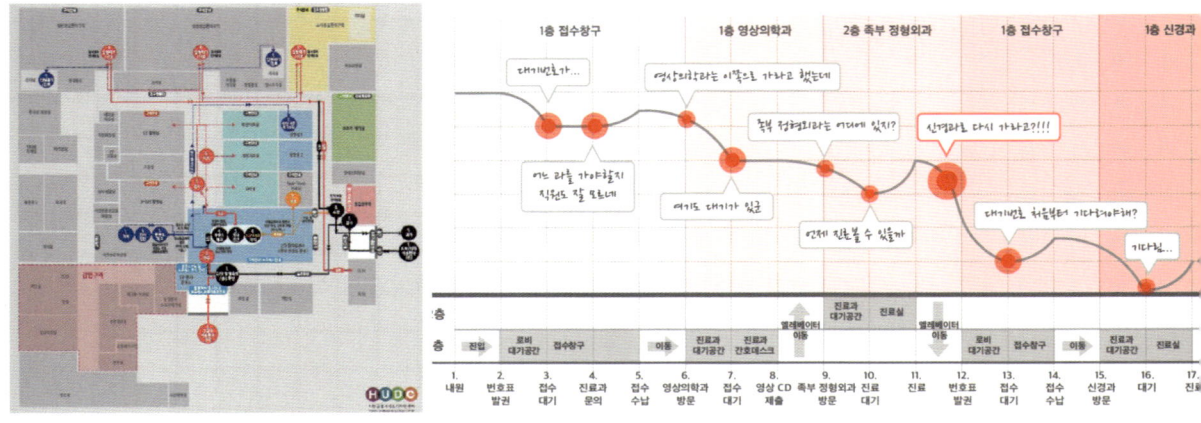

그림 1   Hospital Geography 사례 (출처: 서울의료원 시민공감서비스 디자인센터)

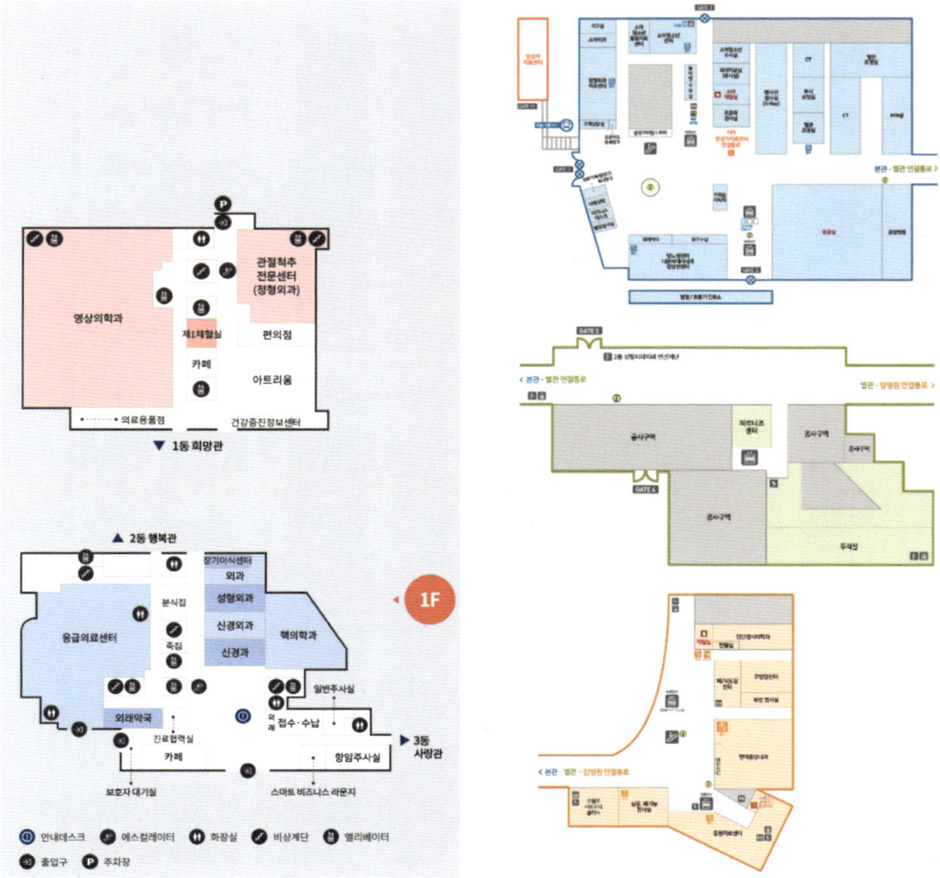

그림 2   원내 배치도 사례

니다.

　이러한 지형을 분석하고 표현하는 방법들 중 하나인 지리학은 인간의 생활공간인 지표상에서 일어나는 자연 및 인문 현상을 연구하는 학문으로 크게 자연지리학(physical geography)과 인문지리학(human geography)으로 분류됩니다. 이 중 인문지리학은 공간 조직, 인간, 환경 간의 연관성을 탐구하는 분야로서 인간이 공간을 만들어가는 과정과 공간의 형태 등을 연구합니다. 이를 종합하면 병원을 구성하는 다양한 조건 및 환경, 환자, 공간 등의 연관성을 탐구하는 것을 **병원지리학**(hospital geography)이라고 할 수 있습니다.

지도는 지형을 시각적으로 표현함과 동시에 전달하고자 하는 정보를 담고 있고 사용하는 용도가 분명한 그림의 일종입니다. 특히 우리가 흔히 알고 있는 길과 지형을 표현한 지도에 매핑이라는 작업을 통해 특별한 정보를 담고 싶어 합니다. 이렇게 만들어지는 지도는 지도를 만든 사람의 생각과 가치관이 담겨있기 마련입니다.

　이러한 맥락에서 건축가는 지도를 그리는 일에 매우 익숙할 것입니다. 평면도는 전달하고자 하는 정확한 정보를 담고 있는 동시에 건축가의 가치관이 담겨있는 지도의 일종입니다. 특히 병원과 같이 각각의 기능을 가지고 있는 수많은 실들이 복잡하게 그려진 평면을 매핑을 통해 이해하기 쉬운 지도로 전환하는 과정이 곧 Hospital Geography라고 생각합니다. Hospital Geography는 알고 싶은 부분, 또는 정확히 전달하고 하는 부분을 어떻게 표현하고 강조하는가에 따라 매우 다양하게 표현될 수 있습니다(그림1). 우리가 병원을 방문했을 때 가장 흔하게 접하게 되는 원내 배치도는 대표적인 Hospital Geography입니다. 원내 배치도는 환자의 길찾기를 위한 정확한 정보를 주는 것을 목적으로 한 지도로 병원의 복잡하게 보이는 기능은 최대한 단순하게 표현을 하며 길찾기에 직접적으로 관련 있는 복도 체계 및 수직 코어 등을 자세하게 표현하고

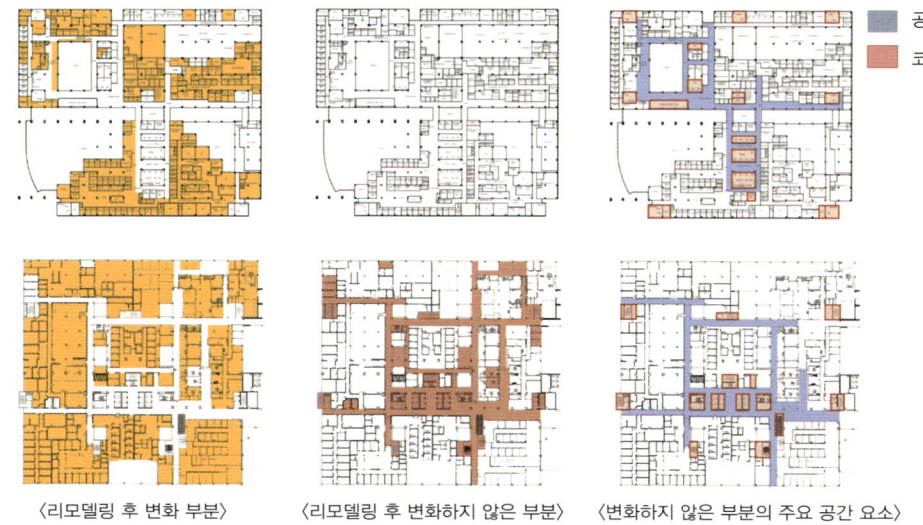

- 변하지 않는 부분은 일부 기능 공간, 기둥 간격(구조 그리드), 수직 코어 및 샤프트, 공용복도에 해당된다. 이러한 요소들은 일부 기능 공간을 제외하면 모두 병원 건축의 고정요소임을 확인할 수 있다. 즉, 병원의 체계 구성 요소는 시간이 지나도 변화하지 않는 요소로 바로 이러한 고정 요소라 할 수 있다.

그림 3 리모델링 전·후 내부 공간 비교

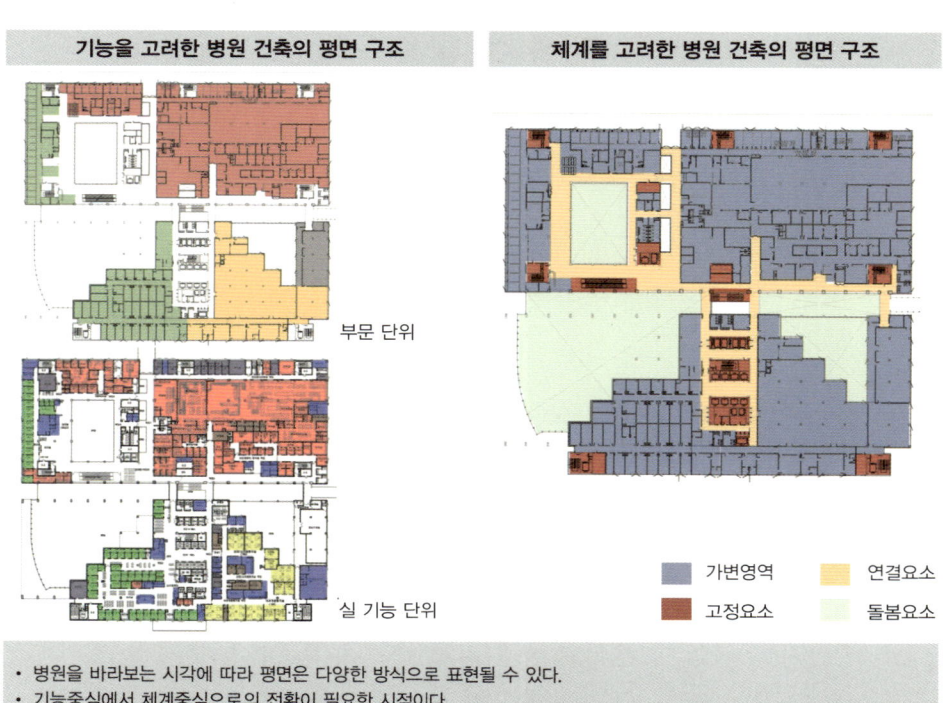

- 병원을 바라보는 시각에 따라 평면은 다양한 방식으로 표현될 수 있다.
- 기능중심에서 체계중심으로의 전환이 필요한 시점이다.

그림 4 체계중심병원건축의 평면 구조

있습니다(그림 2).

즉 Hospital Geography는 어려운 학문이 아닌 우리 일상에서 이미 쉽게 접하고 있는 매우 친근한 지도의 개념이며 용도중심병원에서 체계중심병원으로 인식의 전환으로 활용하기 좋은 도구이자 방법이라고 생각합니다.

1.3 체계중심병원 건축계획

많은 병원들의 내부변화 사례를 살펴보면 대부분의 기능 변화는 병원의 정해진 형태와 구조(structure)로 만들어진 가변 영역 안에서 일어납니다(그림 3). 병원의 체(體)계 구성 요소들로 이루어지는 이러한 영역은 유연성이 가능한 영역으로 이 영역을 어떻게 설계하느냐에 따라서 기능의 변화를 수용하고 대응할 수 있는 정도가 달라질 수 있습니다. 즉 **병원 기능에 가장 알맞게 하는것**뿐만 아니라 적어도 **기능의 변화를 방해하지 않는 설계**를 하는 것이 매우 중요합니다.

앞서 병원의 주요 설계방식 중 용도중심병원설계는 부서나 부문의 특성에 따라 평면구조가 구성되기 때문에 병원의 기능 변화에 상대적으로 제한을 줄 수 있지만 체계중심병원설계는 평면 구조가 특정 기능이나 용도를 전제로 하여 결정되지 않아 기능 변화에 유리한 장점을 가지고 있다고 정의하였습니다.

이러한 체계중심병원의 평면 구성요소는 가변영역, 고정요소, 연결요소, 돌봄요소로 구분할 수 있으며 각각의 개념을 다시 정리해보면 다음과 같습니다(그림 4).

1. 가변영역: 부서공간, 부서 내부 복도 등으로 구성되며 쉽게 용도 변경이 가능한 공간
2. 고정요소: 엘리베이터, 계단, 설비공간, shaft 등 주로 수직적으로 여러 층에 연결되어 있어 기능 변경이 어려운 부분
3. 연결요소: 가변영역과 고정요소를 연결하는 주 동선 체계를 의미함

(단, 부서 내부에 위치한 변화 가능한 내부 복도는 포함하지 않음)
4. 돌봄요소 : 자연채광, 정원, Atrium, 예술전시 등 환자의 질병 치유나 돌봄을 위해 제공된 요소로 외부 정원 등을 포함

이러한 요소들이 체계중심병원설계에 어떠한 영향을 미치고 서로 어떻게 작용하며 계획되는지 국내 종합병원들의 다양한 사례를 통해 살펴보도록 하겠습니다.

2. 가변 영역의 설정, 공간 깊이

가변 영역의 크기 및 규모를 결정하는 것은 바로 공간 깊이입니다. 공간 깊이는 병원의 형태와 연결요소인 공용복도에 의해 형성 되는 **유니블록**(Uni-Block) 형태의 보편적 공간이라고 할 수 있습니다(그림 5).

기능 변화의 용이성 관점에서 기능이 서로 다른 부문 또는 부서의 요구 사항을 모두 충족시킬 수 있는 적절한 공간 깊이를 확보하는 것이 핵심입니다. 특히 병원이 가지고 있는 공간 깊이의 차이를 줄여 비교적 균일한 공간 깊이를 확보하는 것이 중요한데 이와 같은 체계중심병원설계를 위한 공간 깊이 전략은 다음과 같습니다.

1. 병원 내 공간 깊이 개수를 최소화하고 **비교적 균일한 공간 깊이**를 확보 (최소 공간 깊이와 최대 공간 깊이의 차이 최소화)
2. 최소 및 최대 **공간 깊이의 차이를 극복**하는데 유리한 병원 유형
3. 내부변화율이 높은 **적정 공간 깊이 계획**

2.1 공간 깊이 개수

연대별 사례조사대상 병원들의 공간 깊이 개수는 1980년대 병원부터 최근 병원들까지 전체적으로 감소하고 있습니다(그림 6). 공간 깊이의 개수가 적다는 것은 체계중심병원설계의 핵심인 균일한 공간 깊이를 가진 uni-block 형태의 공간에 더 가깝다는 것을 의미합니다. 따라서 연대별 공간 깊이의 개수가 적어지는 현상은 병원의 설계방식이 용도중심병원설계에서 체계중심병원설계로 전환된다는 의미를 갖고 있습니다.

2.2 최소 및 최대 공간 깊이 변화 및 특징

체계중심병원설계는 서로 다른 기능, 특히 병원의 주요 기능을 담당하는 외래

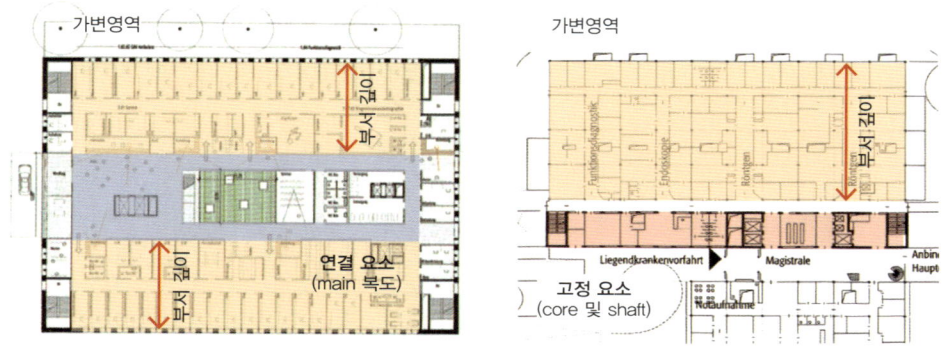

- 가변영역은 병원의 형태와 연결요소, 고정요소에 의해 형성되며 가변영역을 결정하는 것은 바로 공간(부서)깊이다.

그림 5 　가변영역의 설정

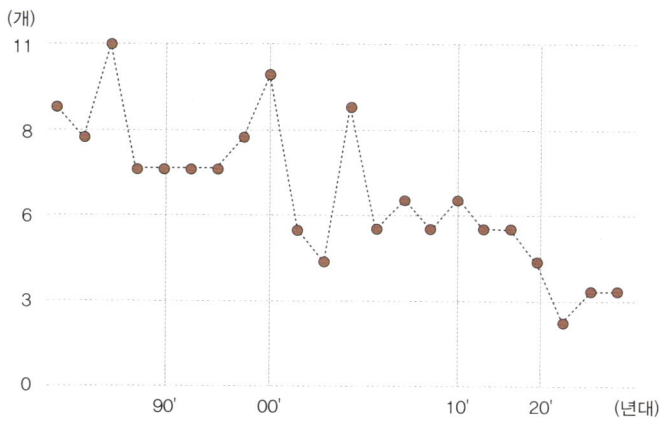

- 1980년대부터 2020년대(최근)까지 주요 병원들의 공간 깊이 개수는 줄어드는 경향을 보이고 있다

그림 6 　연대별 공간 깊이 개수 변화

부와 중앙진료부간의 상호 교환에 유리한 구조를 가져야 합니다. 외래부와 중앙진료부는 주로 병원이 가지고 있는 공간 깊이 중 최소와 최대 공간 깊이에 해당되며, 이에 해당하는 부서는 외래진료부(센터), 영상의학과, 수술부입니다.

이 부서들은 병원의 외래 및 입원환자들이 주로 이용하는 부서로 방문에 있어 유리한 지상층 기단부에 배치됩니다. 따라서 병원의 구조를 결정짓는 기

그림 7   사례병원들의 외래진료부, 영상의학부, 수술부 배치 개념도

단부에 위치한 외래진료부, 영상의학과, 수술부를 포함하고 있는 블록의 공간 깊이는 매우 중요한 의미를 갖습니다.

외래진료부는 대부분 병원의 최소 공간 깊이에 배치되는 경향을 보입니다. 외래진료부의 연대별 공간 깊이는 크게 1980년대 6~8m, 1990년대 중반 12~15m, 2000년대 20m 내외, 2000년대 중반 이후 24~27m로 분석됩니다.

1980년대에는 의료 기능을 중심으로 병원을 계획했던 시기로 진료실과 내부 복도로만 구성된 진료 중심의 공간으로 운영되었습니다. 1990년대부터 진료실 외 치료 검사실들이 부서 내부에 배치하기 시작했고 대기 공간도 영역화

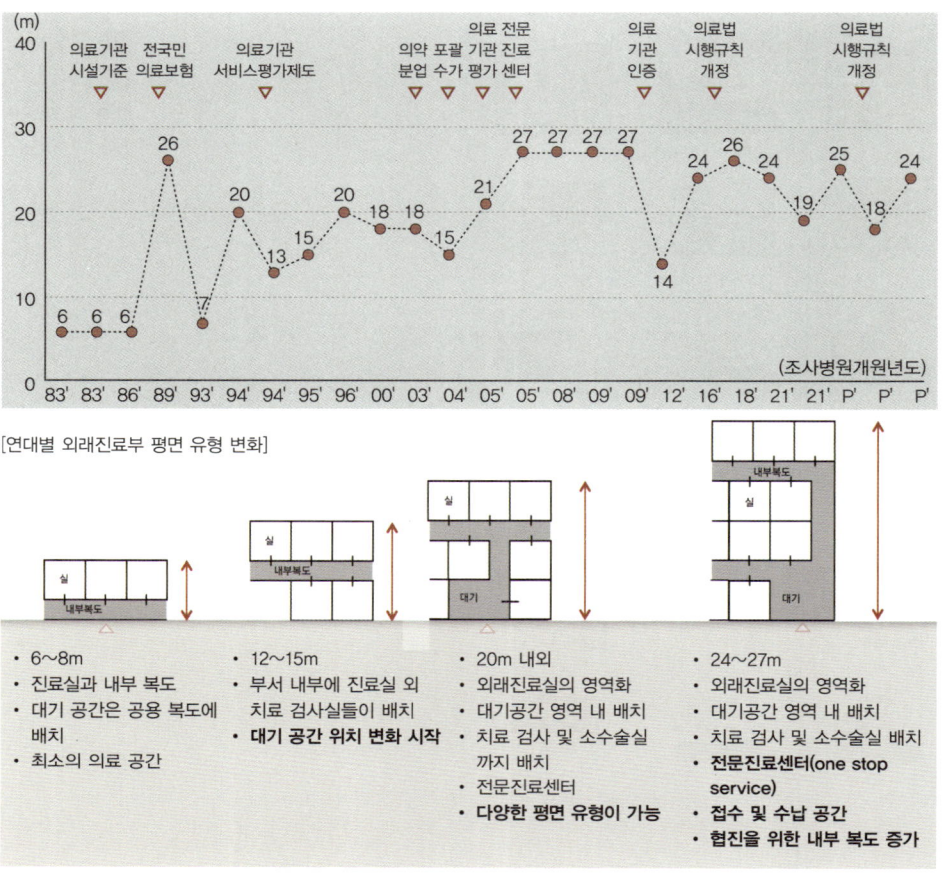

그림 8   연대별 외래진료부 공간 깊이 변화 및 의료 환경 요인

됨에 따라 공간 깊이가 깊어지게 됩니다. 2000년대 외래진료부 공간은 진료과의 영역화, 진료과 내 대기 공간, 소수술실과 같은 고도화된 처치실 등으로 구성되었으며 이는 전문진료센터의 초기 모델로 현재의 외래진료부 공간 구성의 기본 유형이라고 할 수 있습니다. 특히 최근으로 오면서 접수 및 수납공간, 협진 등을 위한 의료진 내부복도가 설치됨에 따라 24~27m 깊이로 계획되고 있습니다(그림 8).

중앙진료부에 해당하는 영상의학부는 의료장비가 규모를 결정짓는 중요한 요

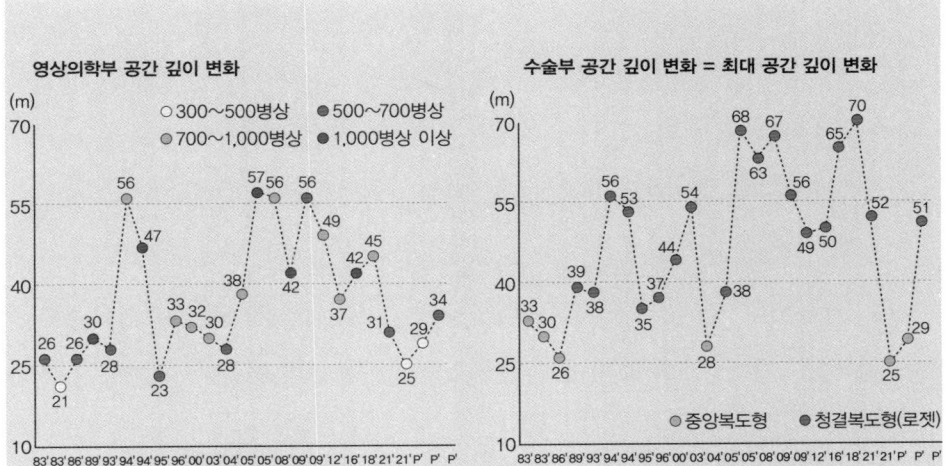

- 영상의학부와 수술부의 공간 깊이는 시간의 흐름, 즉 의료 환경 변화와 관계없이 병원 규모에 따른 의료 장비, 공간 유형과 더 밀접한 관계를 보인다. 또한 동일 규모 병원의 영상의학부와 수술부의 공간 깊이는 다소 차이가 나는 경향을 보이고 있다.

그림 9 연대별 영상의학부, 수술부 공간 깊이 변화

소로 작용하고 있습니다. 종합병원에서 필수적으로 사용되는 기초 및 정밀진단 장비수는 병상수가 증가할수록 운영하는 장비의 수가 증가하지만, 300병상, 500병상, 700병상, 1000병상을 기점으로 증가 폭이 커지며, 각 구간 내에서의 장비수는 유사한 경향을 보입니다. [제3장 병원건축과 시간, 그림 7 병상규모별 인력, 시설, 장비 비교 참조]

연대별 영상의학부의 공간 깊이는 500~700병상의 경우 외래진료부 깊이와 다소 유사한 26m~28m 범위에서 계획되고 있으며, 700~1000병상 규모는 최소 30m에서 32m 범위에서 계획되고 있습니다. 1000병상 내외 병원의 영상의학부 공간 깊이는 크게 차이가 나지 않는 반면, 1000병상 이상 규모의 종합병원의 영상의학부 공간 깊이는 최소 42m 내외 범위에서 계획되고 있습니다.

이러한 현상은 위에서 설명 드린 병상 규모에 따라 특징을 보이는 의료 장비수 변화가 주요한 원인이라고 생각합니다.

수술부 공간 깊이는 일반적으로 병원이 가지고 있는 최대 공간 깊이와 일치합니다. 수술부는 수술실이라는 가장 큰 모듈을 가진 단위공간과 수술실 운영을 위한 여러 부속 단위공간, 그리고 성격이 다른 복도들이 요구되는 부서입니다. 이에 따라 병원의 많은 부서들 중 가장 큰 규모를 차지하게 되며 이로 인해 병원에서 최대 공간 깊이를 가진 블록에 배치하게 됩니다.

연대별 수술부 공간 깊이 변화는 수술부의 규모, 공간 구성에 따른 평면 유형과 가장 밀접한 관련이 있습니다. 다양한 수술부의 평면 유형 중에서도 크게 중앙복도(홀)형, 청결복도(홀)형(로젯타입)의 2가지로 구분됩니다.

이 중 중앙복도(홀)형은 28~30m의 공간 깊이로 계획되며 주로 1990년대 이전에 계획된 수술부가 이에 해당됩니다. 반면 수술부 내 감염, 오염 관리 등에 유리한 청결복도(홀)형(로젯타입)은 최근까지 대부분 종합병원에 계획되는 유형으로 수술부 부속실 – 오염복도 – 수술실 – 청결복도(홀) – 수술실과 같은 기본적인 구성을 가지고 있습니다. 이 유형의 공간 깊이는 종/횡, 단일/다중과 같은 공간 구성에 따라 차이가 날 수 있지만 36~38m로 계획 가능하며 수술부 부속 공간에 따라 50~52m까지 계획될 수 있습니다(그림 9).

2.3 공간 깊이에 유리한 병원 건축 유형

앞의 내용을 통해 주요 블록을 결정짓는 외래진료부, 영상의학과, 수술부는 동일한 공간 깊이로 계획하기에는 다소 어려움이 있어 보입니다. 특히 외래진료부와 영상의학과의 공간 깊이의 차이는 작을 수 있지만 수술부는 이들과 다소 큰 차이를 보입니다. 따라서 체계중심병원설계에서 수술부가 포함된 최대 공간 깊이와 최소 공간 깊이의 차이를 극복하는 것은 큰 숙제가 될 수 있습니다.

최근 계획되고 있는 병원들은 이러한 차이를 극복하기 위해 동선 체계에 따른 병원 유형의 관점에서 접근하는 경향을 보입니다. 동선 체계는 공간 깊이를 결정하는 연결 요소(공용 복도)에 해당하므로 공간 깊이와 깊은 연관성

[동선 체계에 따른 분류]

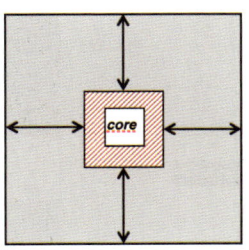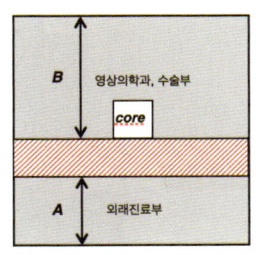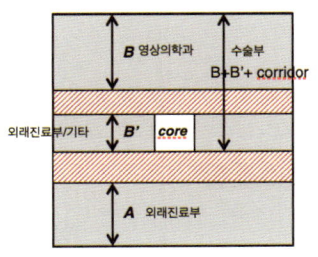

집중형 시스템
- 수직 코어를 중심으로 각 부서들을 방사형으로 배치시키는 방식
- 1980년대부터 1990년대까지 주로 나타나는 유형

선형 시스템
- 각 부서들을 공용 복도(hospital street)등의 선형으로 연결하는 방식
- 1990년대 중반 계획되기 시작하여 최근까지 주로 계획되는 유형

이중선형 시스템
- 수직 코어를 중심으로 각 부서들을 방사형으로 배치시키는 방식
- 1980년대부터 1990년대까지 주로 나타나는 유형

그림 10 동선체계에 따른 병원 건축 유형

이 있습니다.

병원의 동선 체계는 크게 중심형 시스템과 선형 시스템, 이중 선형 시스템으로 분류됩니다(그림 10). **중심형 시스템**은 대지가 협소하거나 규모가 작은 병원들에서 활용되는 유형으로 1980년대부터 1990년대까지 주로 나타납니다. 이 유형의 핵심은 수직 코어를 중심으로 하여 각 부서들을 방사형으로 배치시키는 것입니다. 건물 가운데 코어를 중심으로 배치되는 공용 복도에 의해 블록을 나눌 수 있는 평면 구조이기 때문에 **비교적 균일한 공간 깊이를 갖는데 유리**합니다. 서울아산병원, 건국대학교병원이 중심형 시스템의 대표적인 사례입니다.

선형 시스템은 우리나라에서 1990년대 중반 처음 계획되기 시작하여 최근까지 주로 나타나는 유형으로 각각의 부서들을 호스피탈 스트리트(hospital street) 등의 선형으로 연결하는 방식의 유형입니다. 선형 시스템은 일반적으로 공용 복도에 따라 크게 2개의 블록으로 나누어지기 때문에 나누어진 블록 중 한쪽(A)은 주로 외래진료부, 다른 한 블록(B)은 영상의학과 및 수술부가 배치됩니다. 따라서 집중형 시스템과 달리 **비교적 균일한 공간 깊이를 확보하기가 다소**

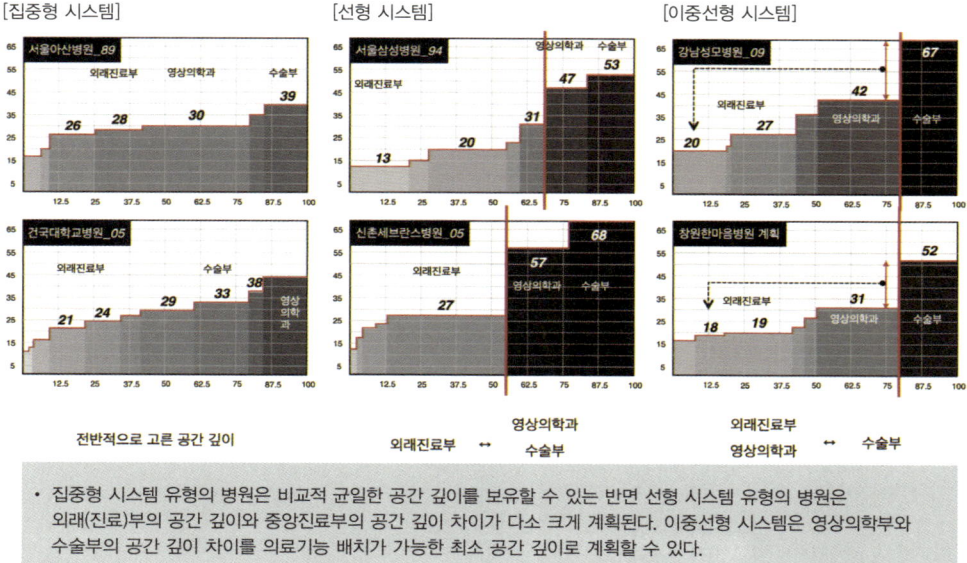

그림 11   유형 별 공간 깊이 차이 사례

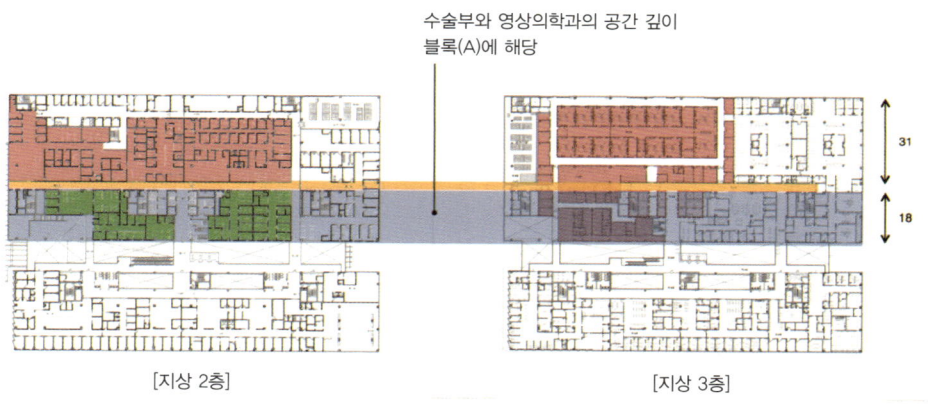

그림 12   이중 선형 시스템 병원 유형의 평면 사례

불리한 유형입니다. 삼성서울병원, 세브란스 병원이 선형 시스템의 대표적인 사례라고 할 수 있습니다.

　마지막으로 **이중 선형 시스템**은 선형 시스템에서 파생된 유형으로 호스피탈 스트리트를 이중으로 배치하는 방식의 유형입니다. 이중 선형은 주 street를 2개로 나누고 복도 사이에는 건물의 운영을 지원하는 코어(E/V, 계단), shaft(설비 공간), 화장실 등을 배치하는 선형시스템의 service 유형에서 파생되었다고 볼 수 있습니다.

최근에는 이러한 두 복도 사이의 공간들이 점점 개선되고 발전하며 단순히 병원 건물의 서비스를 제공하는 블록이 아닌 **의료 기능을 가진 부서가 배치될 정도의 공간 깊이를 가지고 있는 형태**로 변화하고 있습니다.

이중선형 시스템은 2개의 주 동선 체계에 의해 블록이 크게 3개로 나누어집니다. 나누어진 한 블록(A)은 선형시스템과 마찬가지로 외래진료부가 주로 배치되며 다른 한 블록(B)은 영상의학부의 공간 깊이를 기준으로 영상의학부 및 다른 부서들이 배치되게 됩니다. 마지막으로 남은 블록(B')은 주로 병원의 운영을 지원하는 코어(E/V, 계단), shaft(설비 공간), 화장실과 같은 서비스 존 및 다소 규모가 작은 외래진료부 및 기타 부서들이 배치됩니다.

수술부와 같은 최대 공간 깊이를 요구하는 부서들은 영상의학부가 배치되는 블록(B)과 서비스부분 및 다소 규모가 작은 외래진료부, 기타부서가 배치되는 블록(B')이 결합되는 블록에 배치됩니다. 이중선형시스템은 최근 계획되고 유형으로 대표적인 병원으로는 강남성모병원, 창원한마음병원, 서울이대병원 등이 있습니다(그림 11).

체계중심 병원설계에 유리한 동선 체계에 따른 병원 건축 형태 유형은 이중 선형 시스템이라고 생각됩니다. 이중 선형 시스템 유형은 외래진료부와 영상의학과가 속하게 되는 블록의 공간 깊이의 차이를 작게하여 이 두 블록의 기능들이 상호 교환이 가능하도록 계획할 수 있으며, 두 개의 선형 시스템 사이에 배치되는 블록을 통해 효율적으로 최대 공간 깊이를 계획할 수 있기 때문입니다(그림 12).

3. 공간 깊이와 변화율

3.1 변화율이 높은 적정 공간 깊이 범위

리모델링을 겪은 병원들은 낙후된 기존 병원을 최근 병원의 수준으로 변화시킨다는 같은 목적을 가지고 있음에도 불구하고 병원마다 변화율은 모두 다릅니다. 이는 각 병원마다 각기 다른 비용, 시간, 개선의 정도 등 여러 가지 이유가 있을 수 있지만, 병원이 가지고 있는 공간 깊이의 특징 또한 많은 영향을 미칠 수 있다고 생각합니다.

리모델링을 겪은 병원들의 공간 깊이에 따른 변화율을 종합적으로 분석한 결과, 그룹 1, 그룹 2를 제외하고 보면 공간 깊이가 증가할수록 변화율이 점점 높아지다가 **18m~23m에서 가장 높은 변화율**을 보이며, 이 범위를 지나면서 변화율은 점점 낮아지고 있습니다(그림 13).

일반적으로 공간 깊이가 작을수록 기능을 수용할 수 있는 가능성이 낮기 때문에 기능간의 상호 교환이 어렵다는 것은 매우 공감하는 사실입니다. 또한 공간 깊이가 깊을수록 모든 부서를 수용할 수 있기 때문에 어떠한 기능이라도 자유롭게 상호 교환이 이루어질 수 있는 것처럼 보입니다. 하지만 일정범위를 지나 공간 깊이가 깊어질수록 기능간의 교환, 즉 병원 건축 공간의 내부 변화는 매우 불리하다는 확인할수 있습니다.

3.2 공간 깊이 차이에 따른 변화율

개원 후 최소 10년에서 최대 20년 후 내부 변화가 발생한 병원 9개의 기단부 지상층 변화율을 살펴보면 크게는 93%, 작게는 57%의 변화율을 보이고 있고 전체 변화율 평균은 72%를 보이고 있습니다(그림 14).

이중 가장 높은 변화율을 보이는 아산병원의 경우, 39m에서의 공간 깊이 변화율 65%를 제외하고 모든 공간 깊이에서 변화율 100%를 보이고 있습니다.

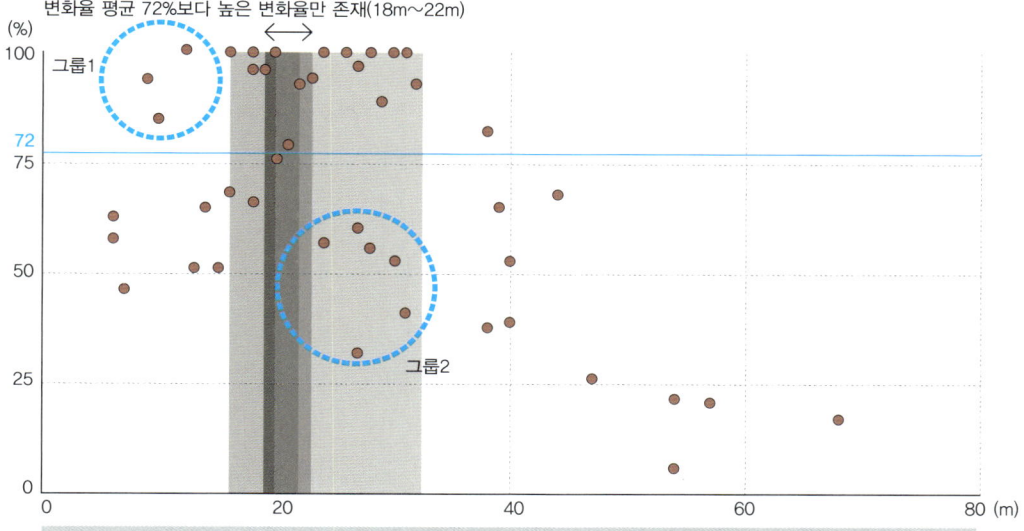

- 공간 깊이가 깊을수록 내부 변화율이 높은 것은 아니며 내부 변화율이 높은 일정 범위(18~23m)가 존재한다. 10m 내외, 25~30m에서는 높은 변화율과 낮은 변화율이 동시에 존재하는데(그룹1과 그룹2) 이는 리모델링을 통한 공간 깊이 확보 사례, 공간 깊이 차이에 의한 현상이라고 할 수 있다.

그림 13 사례병원들의 공간 깊이 별 내부 변화율

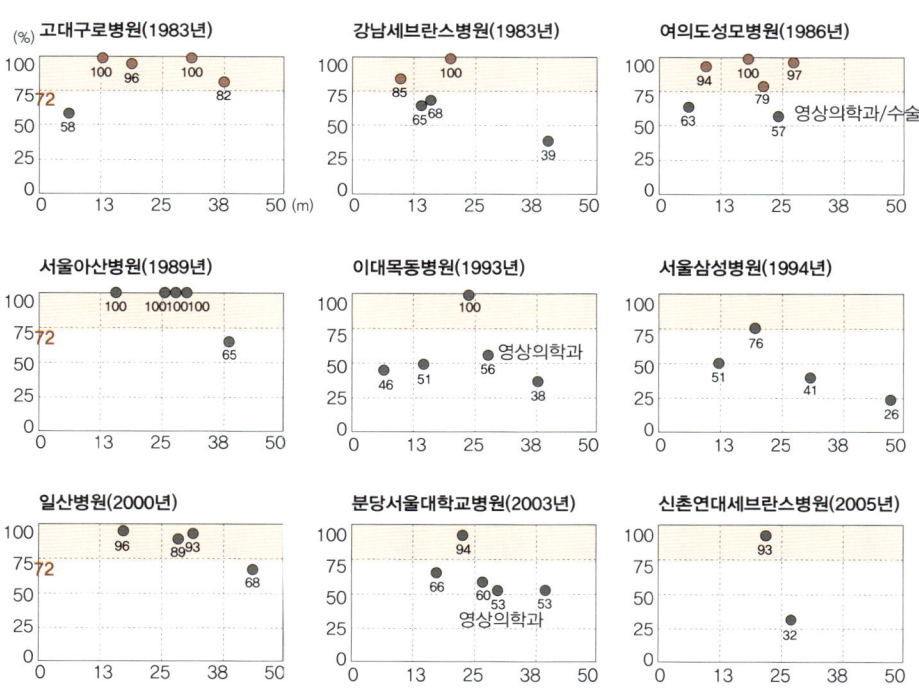

그림 14 내부 리모델링을 겪은 사례병원들의 공간 깊이 별 내부 변화율

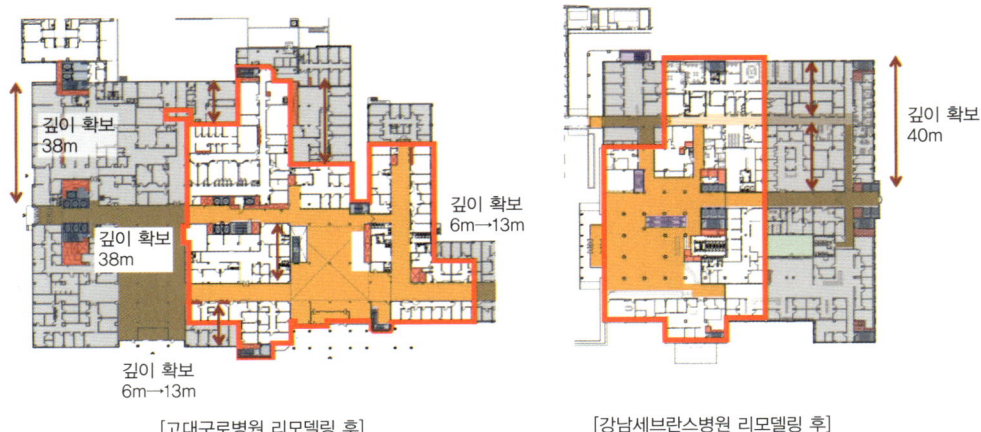

- 1980년대 건립된 병원들의 외래진료부는 6m 내외의 낮은 공간 깊이로 계획되었지만 리모델링을 통해 좀 더 깊은 공간 깊이를 확보함으로써 내부 변화율을 높였다. 특히 새로운 공용 복도를 계획하여 변화율이 높은 20m 내·외의 블록들을 계획하였고, 이러한 20m 내·외의 두 블록들을 결합하여 최대 40m 공간 깊이를 확보하는 사례를 확인할 수 있다.

그림 15 리모델링 전·후 공간 깊이 변화

이러한 변화율 양상은 공간 깊이가 다소 균등한 중심형 시스템의 특징에 따른 것으로 예상됩니다.

반면 삼성의료원, 분당서울대병원 등의 공간 깊이 별 변화율은 평균인 72%보다 낮은 변화율을 보이고 있습니다(그림 13의 그룹 2에 해당). 특히 삼성서울병원은 20m 공간 깊이에서의 76%의 변화율을 제외하고 모든 공간 깊이에서 평균인 72%보다 작은 51%, 41%등의 변화율을 보이고 있는데 이는 선형 시스템의 특징으로 [그림 11]에서와 같이 공간 깊이의 차이가 크기 때문에 나타나는 현상으로 보입니다.

이를 통해 병원건축 계획 시 변화율이 높은 일정 범위의 공간 깊이를 중심으로 계획하는 것도 중요하지만 동시에 각 공간 깊이들을 최대한 균일하게 계획하는 것이 매우 중요하다고 할 수 있습니다.

3.3 리모델링을 통한 공간 깊이 확보 사례

[그림 15]의 병원들은 1980년대 건립된 병원들로 리모델링을 통해 낮은 공간 깊이를 가지고 있는 블록들을 증축하거나 새로운 공용 복도를 설정하여 기능의 내부 변화가 가능한 공간 깊이를 확보한 사례입니다.

고대구로병원의 리모델링(대증축) 후 가장 큰 변화는 6m 공간 깊이가 증축으로 인해 13m로, 30m 공간 깊이가 38m로 깊어진 것이고, 새롭게 형성된 공용 복도로 인해 18.5m 정도의 공간 깊이를 확보한 것이라고 할 수 있습니다. 기존의 낮은 공간 깊이를 좀 더 깊은 공간 깊이로 확보함으로써 최근 의료 환경에 적합한 외래진료부를 배치하였고, 증축을 통해 규모 변화에 적합한 영상의학과 및 수술부의 내부 변화가 가능할 수 있었습니다.

강남세브란스병원 역시 고대구로병원과 같은 형식으로 각 기능에 맞는 공간 깊이를 확보함으로써 내부 변화를 동반한 리모델링을 진행하였습니다. 특히 새로운 공용 복도 설정으로 인해 두 개의 20m 공간 깊이의 블록을 확보함으로써 마치 이중선형 시스템 유형과 같은 형태로 변화하여 기능간 상호 교환이 가능한 영역을 최대한 확보하였습니다.

4. 변화에 적응하는 병원설비

4.1 변화에 유리한 설비공간의 배치

병원 건축에서 설비의 기능과 역할은 원내 감염으로부터의 안전, 에너지 낭비를 최소화하기 위한 적절한 조닝 및 배관 계획 등이라고 할 수 있습니다. 이러한 건축 설비는 대부분 설계 및 시공단계에서 건축 레이아웃 변경, 시스템 요구사항 변경, 의료 및 기술환경 변화, 설계 오류 등이 빈번하게 발생하기 때문에 **평면계획과 계속해서 유기적으로 상호작용**하게 됩니다.

건축 도면에서 직접적으로 보여지는 설비 관련 공간들은 병원 건축의 체계(system)를 결정하는 과정에서 고정 요소로 작용합니다. 이 중 수직 방향으로 전개되는 샤프트는 획일적인 위치에 배치해야 하며, 가변영역 내부를 피해 천정 공간이 충분한 위치인 공용 복도를 따라 계획해야 하므로 내부변화에 있어서 매우 중요한 역할을 합니다.

체계중심병원설계 관점에 있어서 연대별 샤프트 위치의 변화를 살펴보면 기단부와 연계된 샤프트는 2000년대 초반까지 가변 영역 내 배치되는 경향을 보였지만 최근 들어서는 공용복도 주변 또는 건물의 외곽에 주로 배치됩니다(그림 16). 그러나 최근 일부 사례에서 샤프트가 공용 복도를 따라 계획되지 않고 블록 내, 즉 가변 영역 내에 배치되는 경향을 보입니다. 샤프트는 병동부와 연계된 고정요소, 기단부와 연계된 고정요소로 구분할 수 있는데 가변 영역 내 배치되는 샤프트는 주로 병동부와 연계된 고정요소에 해당합니다.

가변 영역 내 고정 요소가 배치 될 경우, 기능의 내부 변화에 불리한 요소로 작용하게 되는 단점을 가지게 됩니다. 따라서 샤프트 배치계획에 있어서 병동부와 연계된 샤프트가 가변영역 내 배치되지 않도록 병동부와 기단부, 기계전기실 및 공조실의 위치 관계를 종합적으로 파악하여 병동부의 구조, 형태

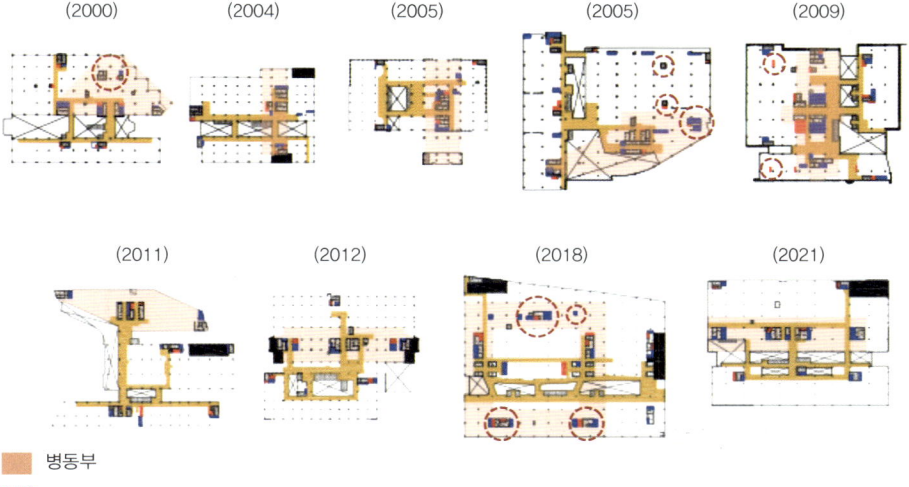

| 병동부
|⌐ ¬| 가변영역 내 고정요소

• 샤프트는 병동부, 기단부 연결 샤프트로 크게 구분할 수 있다. 두 종류의 샤프트 모두 가변 영역 내 배치를 최소화해야 하지만 가변 영역 내 배치되는 병동부 연결 샤프트를 최근 계획되는 병원 사례를 통해 확인할 수 있다.

그림 16   리모델링 전·후 공간 깊이 변화

등을 계획해야 합니다. 또한 기단부와 연계된 **샤프트를 최대한 공용복도 또는 외곽으로 배치**하여 가변 영역을 완전한 flexible 영역으로 계획하는 것이 체계중심병원설계에서 설비공간 배치계획의 핵심이라고 할 수 있습니다.

리모델링 전·후 샤프트들의 변화 또한 체계중심병원설계를 위한 고정요소 계획에 중요한 시사점을 제공합니다(그림 17). 앞의 주요 내용과 같이 샤프트들은 리모델링에서 흔히 일어나는 실 변화와 달리 지속적인 운영을 위하여 처음 계획되면 병원을 철거하기 전까지 고정 요소로써 작용하게 됩니다. 개원시 가변 영역 외 배치되었던 샤프트는 새로운 가변영역 설정을 위한 리모델링을 통해 가변 영역 내 샤프트로 전환될 수 있습니다. 이는 주로 1990년대 이전에 건립된 병원들의 샤프트 계획시 병원 건축의 변화에 대응할 수 있는 고정 요소로써 위치 계획을 신중히 고려해야함을 확인할수 있습니다.

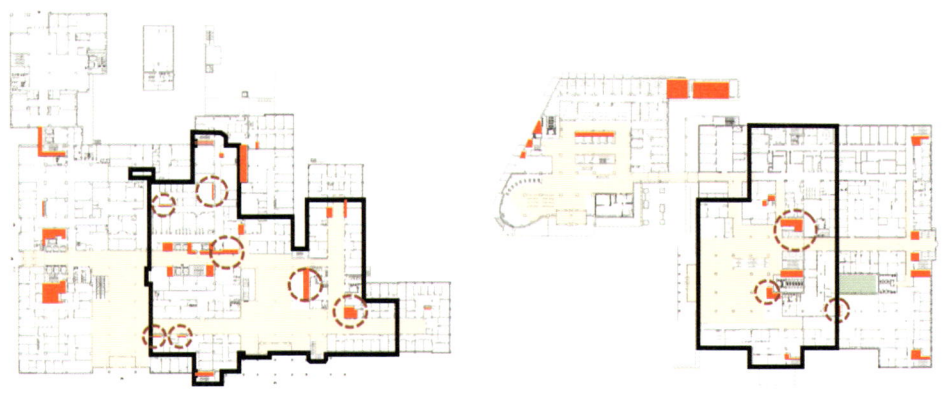

- 병원의 증축 및 리모델링은 반드시 설비 관련 공간의 증가를 동반한다. 초기 계획시 이를 고려하지 못할 경우 추가되는 샤프트들은 가변 영역 내 배치될 가능성이 크기 때문에 이를 대비한 계획이 필요하다.

그림 17 리모델링 전·후 샤프트 추가 배치 사례

리모델링 후 샤프트들은 병원의 면적 증가, 설비의 용량 증가, 의료기능의 고도화 등 다양한 요인들에 의해 추가로 계획되게 됩니다. 따라서 병원의 성장에 대응할 수 있는 샤프트들의 예비 공간 계획을 설계 초기 단계부터 고려해야 하며, 향후 리모델링시 예비 공간 계획에 따라 샤프트들의 추가 배치가 수행되어야 한다고 생각됩니다. 이를 미리 반영하지 못할 경우 불필요한 리모델링 범위가 추가될 수 있으며 추가 계획되는 샤프트가 향후 리모델링에 방해요소로 작용하게 되는 악순환이 일어날 수 있습니다.

4.2 설비 공간 면적 계획

각종 기계/전기실, 공조실 뿐만 아니라 병원 곳곳에 걸쳐 전개되는 기본적인 루트인 배관·배선·덕트 계통은 설계 초기 단계에서 건축 설계 측과 조정해 조화를 이룬 계획이 수립되어야 합니다.

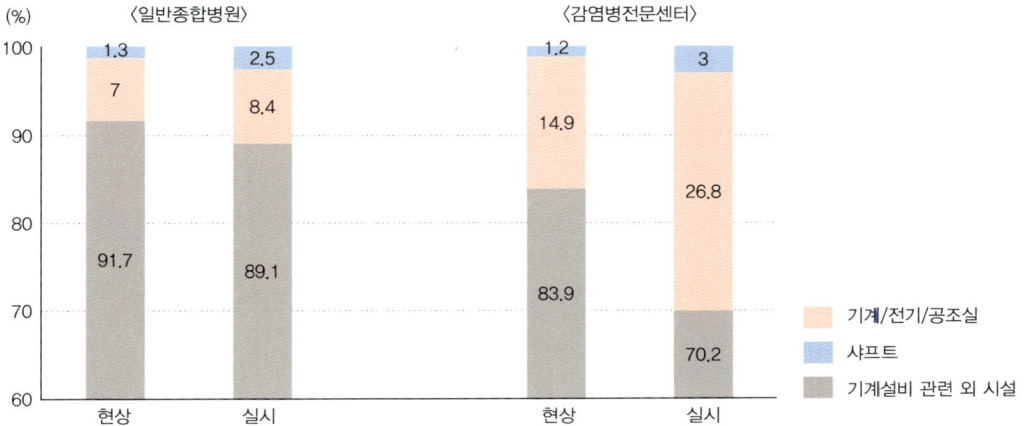

그림 18   최근 건립 사례병원들의 설비 공간 관련 면적 비율 변화

그러나 설비공간 면적은 병원의 본질적인 역할인 의료 기능 중심의 공간 배치로 인해 설비 공간의 중요도가 낮아 병원의 체계를 결정하는 고정요소임에도 불구하고 종종 적시에 계획되지 않는 경향을 보이고 있습니다. 새로 건립되는 병원의 현상설계(안)과 최종 실시설계(안)의 기계전기실, 공조실, 샤프트들의 면적변화를 비교해보면 모두 증가하는 현상을 보이고 있습니다(그림 18). 특히 일반 종합병원뿐만 아니라 설비가 매우 중요하게 작용하는 감염병 전문센터에서조차 면적 비율이 약 2배 정도 증가된 현상을 보입니다. 이는 현재 우리가 가지고 있는 병원건축에서의 설비에 대한 인식을 대변할 수 있는 주목할 만한 사례로 볼 수 있습니다.

체계중심병원 설계를 위한 설비공간 면적은 건축 기본 계획 단계에서부터 충분한 검토 후 건축 계획과 더불어 관련 내용이 지침서 등에 반영되어야 하며, 이를 바탕으로 설계단계에서는 **설비 시스템의 책정을 계획설계 단계에 진행**시켜 필요한 기계·전기실, 공조실, 샤프트의 배치나 면적이 평면 계획에 지속적으로 반영되어야 합니다.

5. 보이지 않은 영역, 공조 조닝

병원의 기계설비 중 공조는 실내 온·습도를 조절하여 쾌적한 환경을 제공할 뿐만 아니라 공기의 급·배기 및 환기를 조절하여 원내 감염 방지에도 많은 공헌을 하고 있습니다. 이러한 기능 및 역할로 인해 공조 설비는 병원의 기능을 운영하고 유지하기 위해 병원 내의 기계설비 중 많은 부분을 차지하고 있습니다. 이에 따라 체계중심병원 건축계획 관점에서 공조 설비에 대한 전반적인 현황과 특징들을 살펴볼 필요가 있습니다.

공조 설비 계획은 평면 계획과 같이 유연성 있게 계획하는 것은 어려울 수 있지만 용도에 맞는 공조 설비 계획을 한다면 내부 변화에 대응하기 어려울 뿐만 아니라 유연성 있는 공간 계획을 방해하는 요인이 될 수 있습니다. 따라서 항상 변화하는 의료 기능에 쉽게 대응할 수 있는 유연성은 공조 설비 계획에도 필수적으로 적용 고려되어야 합니다.

5.1 공조실 배치 유형 및 공조 설비 공간 면적 비교

공조실(공조기)의 위치에 따른 공조 공급 방식은 크게 집중공급방식과 각층공급 방식으로 구분·정의할 수 있습니다.

집중공급방식에 해당하는 기단부 최상층 공급 방식은 주로 1980년대에 나타난 유형으로 기단부 일부 부서들에 한해서만 공조기를 운영하는 방식입니다. 1990년대에 들어서 병원의 공조 영역 및 범위가 확대됨에 따라 기단부 전층을 공조하기 위해 지하층과 기단부 최상층에 공조실이 배치되기 시작합니다. 이러한 방식은 현재에도 병원의 기능 및 역할과 상관없이 대부분 병원에서 주로 계획되고 있습니다.

각층공급방식은 집중공급방식에 기반하여 각 층에서 추가로 공조하거나 각층에 배치된 공조실에서 그 층, 또는 인접 층의 부서에 공조하는 방식으로

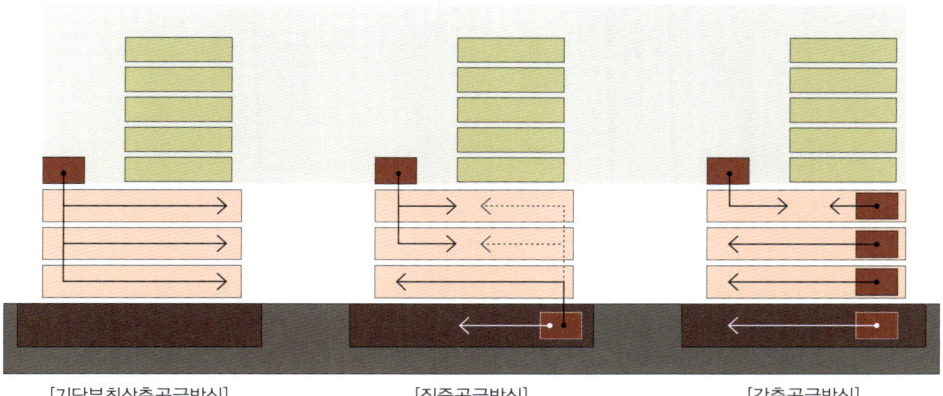

- 공조 방식에 따른 공조실 배치 유형은 크게 집중공급방식과 각층공급방식으로 구분되며 대부분의 병원은 집중공급방식으로 계획된다. 각층공급방식은 의료기능 활용도가 높은 지상층에 계획되는 단점을 가지고 있지만 각 부서로 전달되는 덕트길이 및 층고 절약에 유리한 장점 또한 가지고 있다.

그림 19 공조실 배치 유형 개념도

2010년대 전·후로 계획되기 시작합니다. 이 경우 공조실에서 근접 위치한 부서들에게 전달되는 소음 및 진동 문제, 의료 기능의 활용도가 높은 지상층 일부를 공조실로 계획해야 한다는 단점이 있지만, 각 부서로 전달되는 덕트 길이를 최소화하여 에너지 효율을 높이고, 층고 절약에 긍정적 효과를 가져올 수 있는 장점이 있습니다(그림 19).

공조실 배치 유형에 따른 면적계획은 공조기당 기단부 운영면적과 병원 전체 면적에서 공조실 및 샤프트 면적이 차지하는 비율로 구분하여 살펴보았습니다. 우선 공조기당 기단부 면적(병동부 제외)은 집중공급방식이 약 1,100㎡/대, 각층공급방식은 약 1,200㎡/대로 각층 공급방식의 공조기 한 대당 공조 범위가 집중공급방식에 비해 높게 계획되고 있습니다. 즉 각 유형이 같은 면적을 운영할 경우, 각층공급방식이 집중공급방식보다 공조기 대수를 절약할수 있는 것으로 해석됩니다.

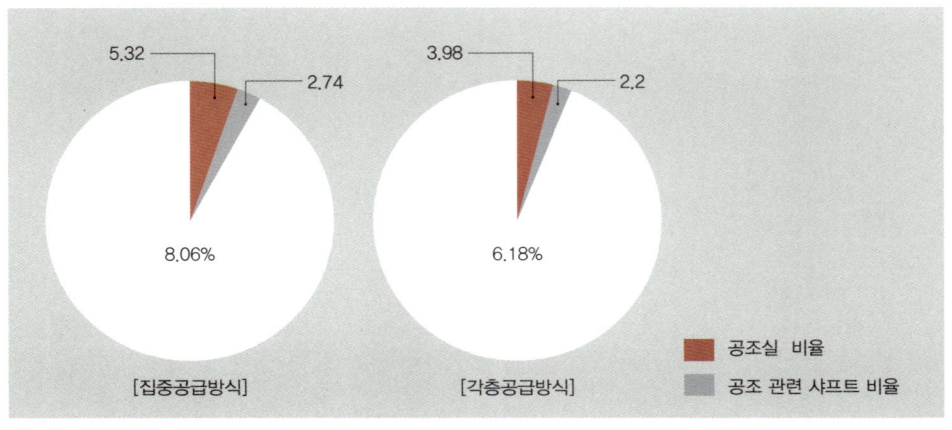

- 사례병원들의 공조 관련 면적 비율을 조사한 결과 공조실, 공조 관련 샤프트 모두 각층공급방식이 집중공급방식보다 낮게 계획되며 전체적으로는 평균 약 1.9% 정도의 차이를 보이고 있다.

그림 20   공조 방식에 따른 공조 관련 면적 비율 차이

　병원 전체 면적에서 공조 관련 면적이 차지하고 있는 비율을 공조실 면적과 공조 관련 샤프트 면적으로 구분하여 각 유형 별 사례 병원들을 분석한 결과, 공조실 면적 비율은 집중공급방식 병원들의 평균은 5.32%, 각층공급방식 병원들의 평균은 3.98%로 각층공급방식이 집중공급방식보다 약 1.3% 정도 낮았습니다. 공조 관련 샤프트 면적 비율 또한 집중공급방식 병원들은 2.74%, 각층공급방식은 2.2%로 각층공급방식이 약 0.5% 정도 낮게 나타나 최종 합계의 경우 각층공급방식이 약 1.9% 정도 낮게 계획되는 것을 확인할 수 있습니다(그림 20).

　일반적으로 문헌 조사나 실무자들의 인터뷰 결과, 각층공급방식이 집중공급방식보다 공조실이 층마다 배치되는 이유로 인해 공조 관련 면적 비율이 더 높게 계획될 것이라고 예상하지만 사례 조사대상 병원들의 면적 분석 결과에서는 오히려 집중공급방식의 전체 공조 관련 면적 비율이 더 높았습니다.

　종합적으로 보면 공조 관련 설비 계획에 있어서 각층공급방식이 공조기 한 대 당 공조 범위를 높게 계획할 수 있어 공조기 댓수를 절약하고, 전체 면적 대

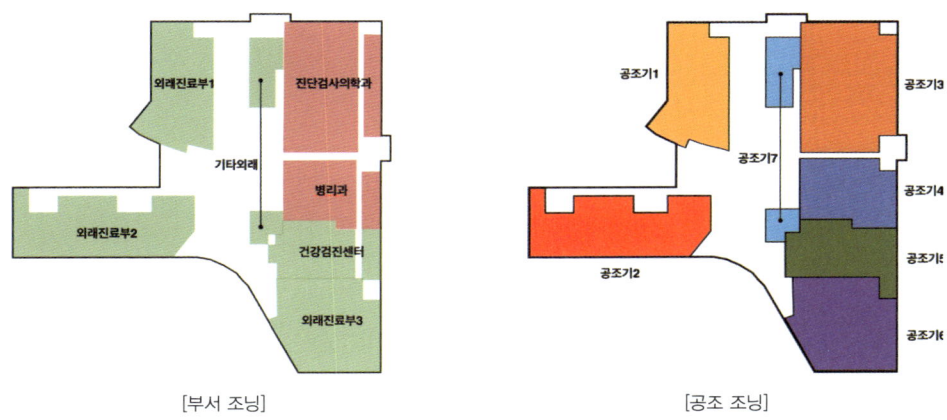

[부서 조닝]　　　　　　　　[공조 조닝]

• 공조영역과 부서영역이 일치하는 공조조닝 방식을 용도중심 공조조닝이라 할 수 있으며 대부분 병원들에서 이와 같은 방식으로 공조조닝을 계획하고 있다.

그림 21 용도중심 공조조닝 개념도

비 설비 공간들의 면적을 줄일 수 있기 때문에 고정 요소를 최소화할 수 있습니다. 특히 평면 곳곳에 배치하게 되어 내부 변화에 불리한 요소로 작용할 수 있는 샤프트 면적 비율이 낮다는 것은 큰 장점입니다. 따라서 집중공급방식보다 **각층공급방식이 체계중심병원설계에 더 유리한 공조실 배치 계획**이라고 생각합니다.

5.2 공조 조닝 방식(용도중심 vs 체계중심)

우리나라 대부분 병원들의 공조조닝 방식은 공조 영역과 부서(기능 중심)의 영역이 일치하는 용도중심 공조조닝이라고 할 수 있습니다(그림 21). 이 방식은 각 공조기가 담당하고 있는 면적이 부서 면적과 일치하며 이에 따라 공조기의 성능은 자연스레 부서의 성격에 의해 결정되게 됩니다.

이러한 용도중심의 공조조닝은 공조 설비 계획 초기에 설계 기준들이 부서/실 단위로 세분화되어 사용 인원, 운영 조건, 의료장비 현황 등의 조건들이 적용되는 공조 계획 방식에 의한 당연한 결과입니다. 따라서 용도중심의 공조 조

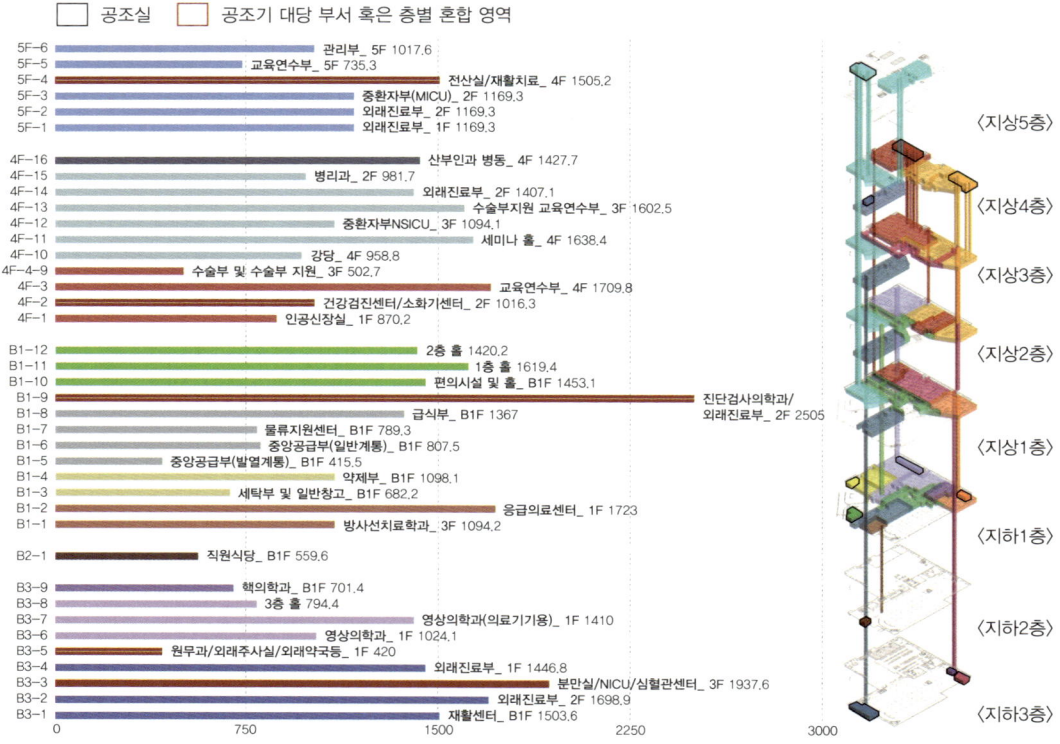

- 기단부 지상층 일부와 지하에 집중적으로 배치된 공조실의 각 공조기들은 5F-4_전산실/재활치료, B1-9_진단검사의학과/외래진료부, B3-3_분만실/NICU/심혈관센터를 제외하고 모두 하나의 부서를 담당하고 있다. 이를 용도중심 공조조닝이라고 할 수 있으며 이렇게 계획할 경우 기능 변화에 제약이 있을 수 있다.

그림 22   용도중심 공조조닝 사례

닝 계획은 각 부서 별로 최적의 공조 환경을 제공할 수 있는 장점을 가지고 있지만, 향후 내부 기능의 변화시 이미 하나의 기능에 최적화 되어 있기 때문에 변화 대응에 매우 불리할 것입니다(그림 22). 반면 용도중심 공조조닝은 한 개의 공조기가 한 개의 부서를 담당하여 공조하는 개념을 뜻한다면 **한 개의 공조기가 여러 개의 부서를 영역화하여 공조하는 개념을 체계중심 공조조닝**이라고 할 수 있습니다.

최근 병원 건축의 공조조닝 계획의 주류는 용도중심의 공조조닝 계획이지만 다

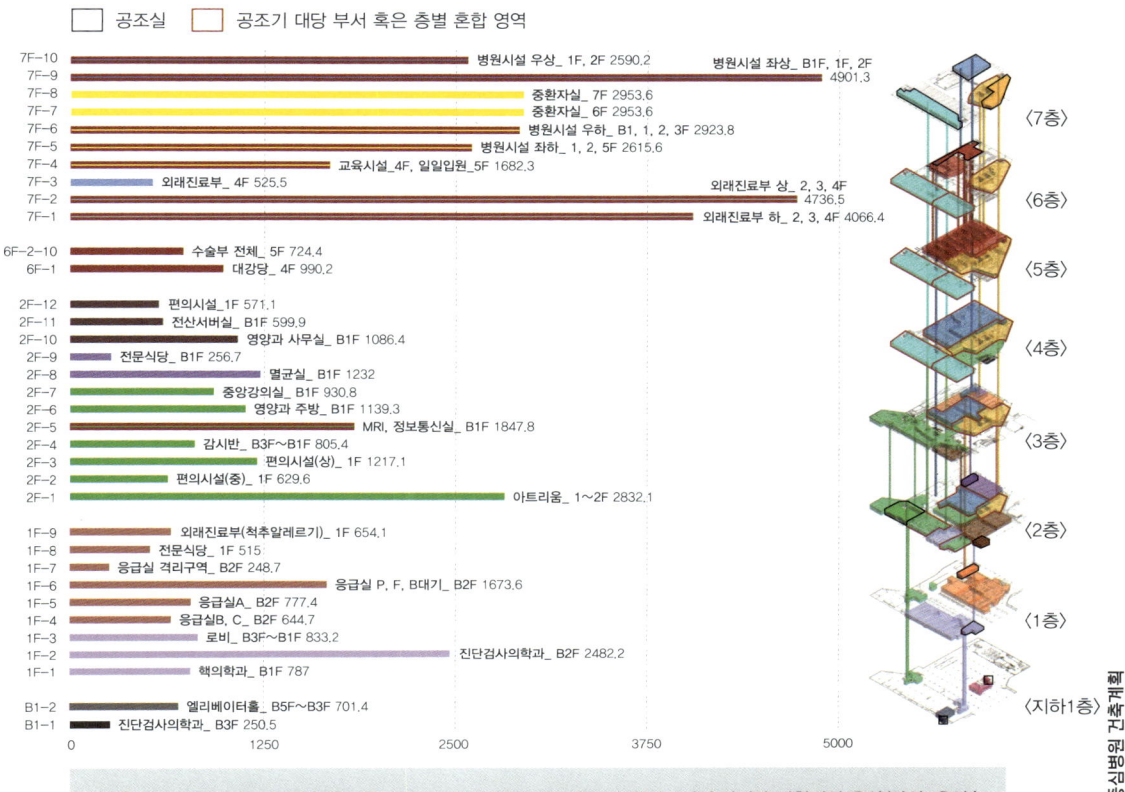

· 다음 사례의 일부 공조기들은 용도중심 공조조닝처럼 특정 부서를 담당하는 것이 아니라 병원시설 우상/좌상, 우하/좌하와 같이 일정 영역을 담당하고 있다. 이러한 공고조닝 방식은 내부 기능 변화 대응에 유리할 수 있으므로 체계중심 공조조닝에 가깝다고 할 수 있다.

그림 23 체계중심 공조조닝 사례

음의 사례를 통해 체계중심 공조조닝의 가능성을 제시할 수 있습니다(그림 23). 사례병원의 기단부를 중심으로 공조기별 공조 담당 영역과 면적, 공조 조닝을 조사했습니다. 이 병원의 가장 큰 특징은 공조기 영역과 부서가 일치하는 용도중심 공조조닝과 달리 그림에서처럼 각 공조기가 담당하는 영역이 1F, 2F 병원시설 우상, B1F, 1F, 2F 병원시설 좌상, B1F, 1, 2, 3F 병원시설 우하, 1, 2, 5F 병원시설 좌하, 2, 3, 4F와 같이 용도중심 공조조닝처럼 하나의 공조기가 하나의 부서를 담당하는 것이 아닌 **부서와 관계없이 일정 영역을 담당**하고 있습니다. 이렇게 부서에 관계없이 다양한 부서를 포함할 수 있도록 일정 영역으로

- 서로 다른 부서로 기능 변화가 일어났음에도 불구하고 공조기 교체나 추가 설치 없이 덕트 라인만 변경하는 최소한의 공사를 통해 기능 변화에 대응한 사례로 볼 수 있다.

그림 24 체계중심 공조조닝 사례 병원의 부서 내부 변화에 따른 공조 변화

공조 조닝이 계획하는 방식을 체계중심 공조조닝 계획에 가까운 사례입니다(그림 23). 세부적으로 살펴보면 한 공조기에서 각기 다른 성격 및 특징의 2개 부서(영상의학과, 외래진료과)와 4개부서(영상의학과, 주사실/외래진료과, 약제부, 중앙창고)를 담당하고 있습니다. 이렇게 여러 개의 부서를 동시에 영역화하여 공조를 하는 체계중심 공조조닝 계획의 가장 큰 이점은 내부 변화 대응에 유리하다는 것입니다.

다음의 사례는 개원 당시 3층에는 수술부와 외과계 중환자실이 위치해 있었지만 일정 기간 후 수술부 증설 공사로 인해 기존 수술부의 회복실, 갱의실, 대기실이 수술실로 변경되었고, 외과계 중환자실은 대기실 및 갱의실로 변경되었습니다(그림 24).

용도중심의 공조 조닝에서는 수술실, 회복실 및 갱의실, 중환자실이 모두 각각의 공조기로 설정되기 때문에 이렇게 기능이 변화될 경우 공조기 자체가 그 용도에 맞게 또 되어야 하지만 기존 중환자부(3층)를 담당하고 있는 공조기는 중환자부 만을 공조하는 것이 아닌 다른 1층, 2층 좌하를 동시에 담당하고 있었습니다. [그림 23의 7F-5에 해당] 즉 체계중심 공조 조닝에 가깝게 계획되었기 때문에 기능이 변경되어도 공조기 교체 없이 덕트 라인만 변경하는 최소한의 공사를 통해 기능의 변화에 공조가 대응한 중요한 사례입니다.

5.3 내부 변화를 고려한 공조실 계획

공조실은 병원의 내부 공간 변화에 민감하게 반응하는 의료 지원 영역이며, 고정요소 중의 하나인 설비 공간으로 병원건축의 수많은 부서 중 유연성을 필수적으로 고려해야 하는 대표적인 부서입니다. 수시로 변화하는 의료 기능이 가변 요소라고 한다면 이러한 변화를 수용해야 하는 공조실은 고정요소임에도 불구하고 체계중심병원설계의 개념이 필수적으로 적용되어야 하기 때문입니다.

따라서 공조실은 단순히 공조기 등의 장비 등을 적절하게 배치하는 개념을 넘어서 향후 장비 교체 및 확장과 같은 변화에도 대응할 수 있도록 초기에 계획되어야 합니다. 특히 공조실의 배치가 특정 층에 한정되어 배치되는 것과 달리 최근에는 병원 전층으로 확산됨에 따라 공조실의 초기 면적계획은 더 중요한 역할을 할 것입니다.

하지만 의료기능과 관련한 대부분의 부서들에 대한 논의는 활발히 통용되고 있는 반면, 공조실은 공조시스템과 같은 기술적인 요소들 위주로 논의되는 경향을 보이고 있습니다. 물론 구체적인 설계 단계에서는 공조실의 배치 및 면적 등이 세부적으로 계획될 수도 있겠지만, 이미 정해진 의료 기능들의 틀에 맞춰지기 때문에 많은 제약이 따를 수밖에 없습니다.

공조실 면적 산정을 결정하는 요소들은 병원건축에서 일반적으로 사용되어

[공조실 순면적&공용면적]

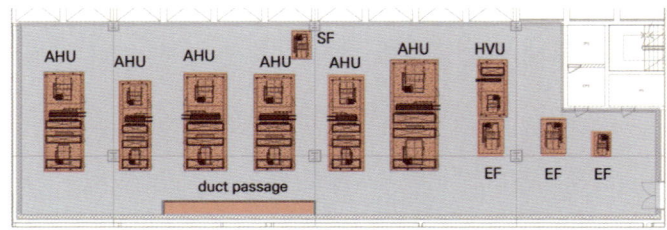

그림 25   공조실 면적 구성

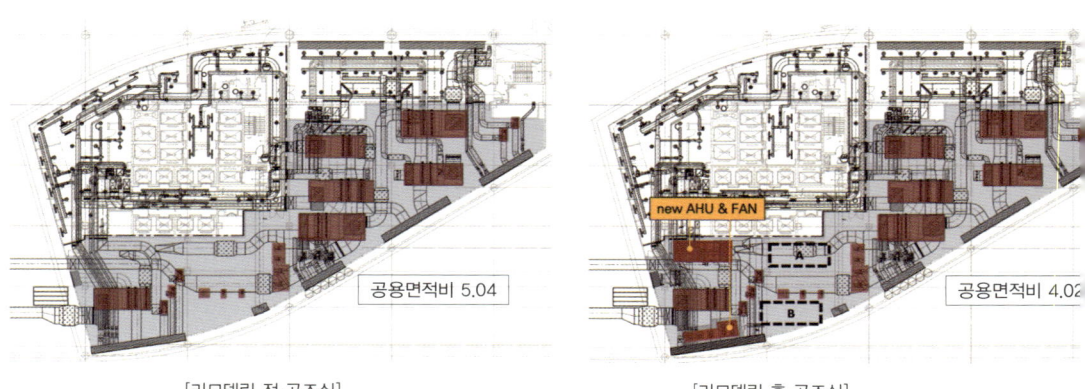

[리모델링 전 공조실]   [리모델링 후 공조실]

그림 26   공조기 및 관련 장비 추가 설치를 통한 리모델링 전·후 공조실 공용면적비 변화

지는 **순면적**(공조기, 배기 및 송풍기 등이 해당), **공용면적**(장비 및 관리자 통로, 유지관리 행위 공간 등이 해당)에 비유할 수 있으며 이를 통해 공용면적비율로 수치화 할 수 있습니다(그림 25).

공조실 면적 산정 계획의 핵심은 바로 공용공간의 면적입니다. 공조 영역 및 범위, 즉 스펙에 의해 결정되는 기계장비보다는 공용면적을 수치화 한 공용면적비를 어떻게 설정하는가에 따라 공조실의 면적이 최종적으로 결정됩니다. 특히 공용면적비는 병원을 계획하는 건축가가 현재의 다양한 의료 환경과 향후 병원의 성장과 변화까지 고려하여 주관적으로 판단할 수 있는 요소이기 때문입니다.

공조실 공용면적비가 높을수록 여유 있는 공용공간에 의해 공조기 및 관련 장비를 큰 제약 없이 추가 배치할 수 있지만 현실적으로 한정된 면적, 비용 등과 같은 다양한 조건들로 인해 불가능합니다. 따라서 **변화에 대응할 수 있는 공용면적비의 적정범위 도출**은 큰 의미를 가집니다.

공조기의 변화에 대응하기 위한 공조실의 정확한 공용면적비를 제안하는 것은 어렵지만 공조기의 추가 및 교체 사례들을 통해 공조기의 변화에 대응하기 위한 공조실의 적정 공용면적비를 제안하고자 합니다.

첫번째 사례는 상급종합병원의 공조실 공간 계획 사례로 이 공조실은 개원 당시 수술부 관련 총 6대의 공조기와 8대의 급기 및 환기 팬으로 구성되어 있었습니다. 이 공조실의 면적은 869.9m², 공조기 관련한 장비의 순면적은 172.5m²으로 장비의 추가 배치가 가능한 정도를 예상할 수 있는 공조실의 공용면적비는 5.04입니다. 이 공조실은 리모델링을 통해 1대의 공조기와 덕트 배기(EA) 장비 7대가 추가되었으며, 이들에 의해 추가된 순면적은 43.8m²으로 리모델링 후 공조실의 공용면적비는 4.02로 감소하였습니다(그림 26).

4.02의 공용면적비 상태의 공조실 현황에서 만약 같은 크기의 공조기가 더 추가되는 과정을 반복적으로 유추할 경우 결국 공조기가 추가로 배치되지 못하는 한계에 도달할 것이며, 그때의 공조실 공용면적비는 최종적으로 공조실을 추가하지 못한다는 의미를 가집니다. 이를 구체화해보면 리모델링 후 공조기가 추가로 배치될 수 있는 영역은 A와 B의 위치라고 예상되며, 공조기 A가 추가로 배치될 경우 공조실의 G/N비는 3.68로 감소하게 됩니다. 다시 같은 방법으로 공조기 B를 추가할 경우 배치가 불가능할 것으로 보이며, 특히 「공기조화기 유지관리 지침서」에 의하면 공조기 간의 설치 간격은 유지관리 등 적절한 기기 설치를 위해 최소 공조기 폭 만큼의 간격을 유지하는 것을 권장하기 때문에 이러한 여러 조건들에 의해 불가능할 것으로 예상됩니다.

[Case_1]

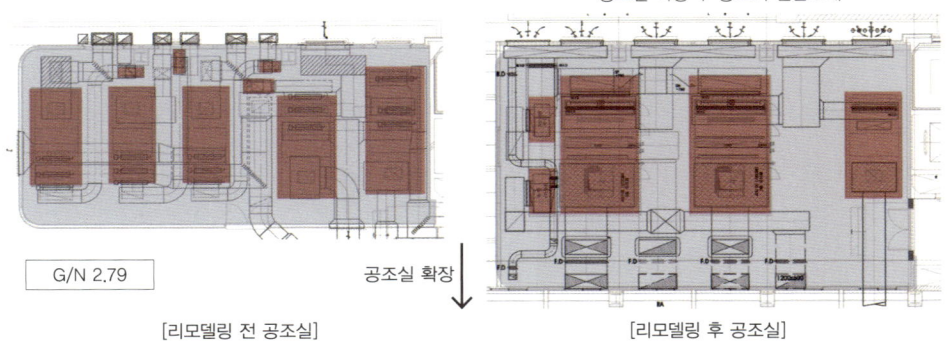

[리모델링 전 공조실]　　　　　　　　　[리모델링 후 공조실]

[Case_2]

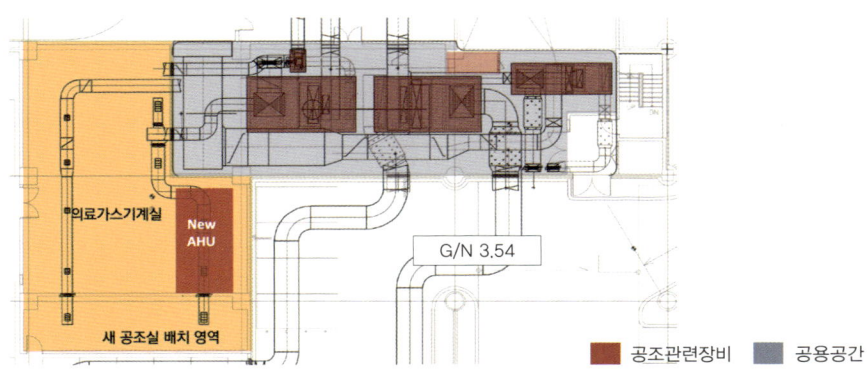

그림 27　공조기 및 관련 장비 추가 설치를 통한 리모델링 전·후 공조실 공용면적비 변화

두 번째 사례는 공조기 변화에 대응할 수 없었던 공조실 사례입니다. 일반적으로 기존 공조실에서 공조기의 변화에 대응하기 어려울 경우 공조기를 교체하여 재배치하거나 다른 공간을 공조실로 변경하거나 확장하여 공조기를 배치하게 됩니다. 전자의 경우 주로 병원의 대규모 리모델링 과정 중에 나타나는 현상이며 후자는 부분적인 공조기 추가가 필요할 경우 일어나는 현상이라고 볼 수 있습니다.

[그림 27]의 Case_1은 공조실 내 공조기가 재배치 및 교체가 진행된 사례로 기존 공조실은 공조기 5대를 포함하여 공용면적비 2.79였으나 공조실 확장을 동반한 리모델링을 통해 공조기를 교체한 후 공용면적비는 3.56으로 공용

면적비가 다소 증가하였습니다.

　Case_2는 부분적으로 공조기가 추가된 사례로 당시 메르스 사태 이후 응급실 전체의 리모델링이 이루어졌고 감염 예방 강화, 격리 병실 등의 추가로 인해 공조기의 추가배치가 이뤄졌는데 기존 공조실 공용면적비 3.54에서는 공조기를 추가로 배치할 수 없어 바로 옆의 추가 가능한 공간을 활용했습니다.

사례들을 종합했을때, 내부 공간 변화, 기능의 변화로 인해 공조기 추가 발생시 공조실 공용면적비 4.02에서 공조기를 추가할 수 있었지만, 공용면적비 3.68에서는 추가가 불가능할 것으로 예측되었습니다. 또한 공용면적비 2.79, 3.54의 공조실에서는 공조기를 변경 또는 추가하지 못하고 공조실을 확장하거나 공조실 외 다른 공간에 공조기를 배치하게 되어 병원 전체의 면적 및 공간 사용에 영향이 있었습니다.

　따라서 공조기의 변화에 대응하기 위한 공조실의 정확한 공용면적비를 제안하는 것은 어렵지만 공조기의 추가 및 교체의 사례를 통해 공조기의 변화에 대응하기 위한 **공조실의 최소 공용면적비는 3.7~4.0범위 정도로 예측, 제안**할 수 있습니다.

참고문헌

김은석(2019), 내부 변화 대응을 위한 병원건축의 체계구성에 관한 연구, 한양대학교, 박사
UIA/PHG International Seminar on Public Healthcare Facilities(2020), HOSPITAL 21
박찬필, 후시미켄(2021), 그림으로 보는 건축설비, 기문당
조영선(2021), Why? 지리와 지도, 예림당
정은혜(2023), 지리를 알면 보이는 것들, 보누스
제러미 크램턴(2023), 지도 패러독스, 푸른길
(사)한국의료복지건축학회(2023), 한국의 병원건축Ⅱ, 도서출판 우리북
유현준(2024), 공간의 미래, 을유문화사

VI
체계중심병원 건축설계

김상복

들어가며

병원 건축계획은 병원 전체에서부터 세부 부서 및 부서 내 실단위까지 운영에 맞게 각 기능을 충족시켜야 하며, 병원의 여러 공간 내에는 환자 치료와 치유에 도움이 될 수 있는 환경이 포함되도록 세심한 계획이 필요합니다. 일반적으로 이러한 병원 건축계획을 수행하는 건축가를 매디컬 플래너(Medical Planner)라 지칭하고 있습니다. 많은 매디컬 플래너들은 실무 업무과정에서 부서와 개별 공간(실)단위의 다양한 변화 요구를 받으며, 이로 인해 기존 건축계획은 자주 수정되어 초기 계획과 다른 방향으로 변화되는 경우가 빈번하게 발생합니다.

신축병원과 달리, 기존 병원들은 시간이 지나면서 병원의 기능과 운영방식에 많은 변화가 발생합니다. 이러한 변화에 대응하기 위해서는 공간의 재배치와 확장과 같은 공간변화를 수용해야 하며, 이를 수용하지 못할 경우는 변화하는 의료환경을 수용하지 못하므로 인한 새로운 미래를 준비할 수 없는 상황에 직면합니다.

체계중심병원은 이러한 변화에 대비한 공간적 체계를 갖추고 있어, 변화가 빈번한 초기 건축계획 시뿐만 아니라 기존 운영되는 병원들에서 발생하는 다양한 변화에도 이를 수용할 수 있는 공간의 유연성을 제공합니다. 이를 확인하기 위해 본장에서는 체계중심병원을 구성하는 기본 요소의 설계단계 중 적용되는 시기와 특징들을 살펴보고 있습니다. 이후 이를 반영한 신축 건축계획 사례와 리모델링 건축계획 사례를 통해 건축계획 내 적용된 기본 요소를 확인해 볼 수 있습니다. 체계중심병원의 수용성은 초기 설계에서 시공 도서 제출, 시공 과정에서 발생한 공간의 구성변화로 알 수 있습니다. 마지막으로 환자와 의료진 모두에게 필요한 치유환경인 돌봄공간의 다양한 적용 사례를 통해 돌봄공간의 가치와 의미를 확인해 보고자 했습니다.

1. 병원건축 실무와 공간변화

건축실무란 건축주의 요구를 건축계획 내 반영하고, 건축허가를 위해 법적 규정 및 절차를 준수하며, 건설에 적합한 재료와 공법을 선정하는 일련의 과정입니다.

병원건축의 실무는 건축계획 과정에서 일반 건축물과는 달리 공간 내 부서단위 및 부서 내 실단위까지 각기 다른 요구조건을 수용해야 하는 전문성을 필요로 합니다. 이 실무과정에서의 공간변화는 부서의 의견을 반영한 후에도 병원의 진료 수요와 경제적 운영성과 같은 운영 전략, 의료진간의 의견 차이 및 의료진 변경, 건설비용의 제한 등 다양한 이유에서 지속적으로 발생합니다. 결과적으로 병원건축계획은 이러한 요구에 따른 공간변화를 고려한 건축계획을 수용할 준비를 해야 합니다.

이 장에서는 이러한 변화의 원인을 설명하기보다는, 변화가 얼마나 자주 그리고 쉽게 발생하는지, 그리고 그 변화의 흐름을 수용하는 건축계획의 방향에 대해 말하고자 합니다.

1.1 국내 병원건축의 공간체계

과거 1970~80년대 우리나라 병원들은 전문성과 효율성에 중점을 둔 의료환경을 제공했으며, 이로 인해 환자의 프라이버시나 편의성이 충분히 고려되지 못했습니다. 그러나 이러한 효율성 중심의 의료환경은 1994년 '철저한 서비스 정신으로 진정한 환자 중심 병원을 만든다'는 이념을 표방한 S병원을 기점으로 변화하기 시작했습니다. S병원은 개원 당시 환자의 편의성과 프라이버시를 중시하는 새로운 의료환경을 도입하며, 아뜨리움을 통해 높은 개방감을 제공하는 공적복도와 음악공연이 가능한 로비 공간, 카페를 통한 사회적 교류 등을 고려한 건축계획을 제안했습니다. 이는 기존 1980년대 계획된 국내 병원건축에서 볼 수 없었던 새로운 공간개념으로, 환자중심 공간, 쾌적한 환경, 고급병원, 첨단 병원 등의 다양한 이미지를 구현하기 위한 상상력을 불러일으켰습니다(그림 1).

이후 국내 병원들은 기술적인 전문성을 강조하면서도 환자 편의성을 높이기 위한 쾌적한 내부환경을 조성하는 데 중점을 두고 있습니다. 이러한 변화는 대형병원뿐만 아니라, 경제적 여건이 허락하는 중소규모 병원들에서도 구현하려는 방향이라 생각됩니다.

그럼에도 불구하고, 300병상 이상 혹은 도심지 내 병원들의 기단형 형태의 병원 이미지는 과거 병원들과 크게 달라지지 않았습니다. 이러한 기단형 병원의 외형과는 달리, 내부 공간은 병원마다 공간체계의 차이가 나타납니다. 차이점은 대지형태 및 규모, 도시구조, 운영적 측면에서 오는 부서 및 전체 병원규모, 사업비 등에 따라 발생한다고 생각합니다. 그럼에도 많은 병원들은 변화를 고려하지 않은 완결적 성격인 용도중심병원의 공간체계를 유지해 왔습니다. 이는 변화의 수용과정에서 반복적 증축으로 공간이 점점 길찾기 어려운 폐쇄적 공간으로 변모하고 있다는 점에서 확인할 수 있습니다(그림 2).

앞서 시대적인 변화를 주도했던 S병원의 경우도 이런 병원들과 크게 다르지 않습니다. 병동, 외래진료동, 중앙진료동 등 3개의 기능매스로 구성된 S병원은 정형적인 용도중심병원의 공간구조이며, 변화의 수용과정에서 큰 규모의 별동 수평증축이 발생했다는 점에서 다른 병원들과 같은 변화의 한계를 확인할 수 있습니다.

결과적으로 병원 내부공간의 질적 변화에도 불구하고, 지속적인 증축과 같은 공간체계의 변화는 부서 기능간 이동거리를 늘리고, 길찾기에 혼선을 주는 등의 병원 운영제약 및 이용자의 편의성을 떨어뜨리는 다양한 문제를 야기한다는 점에서 공간체계 변화의 필요성을 생각해 볼 수 있게 합니다.

그림 1　S병원의 내부공간

그림 2　반복중심적인 국내 종합병원 사례

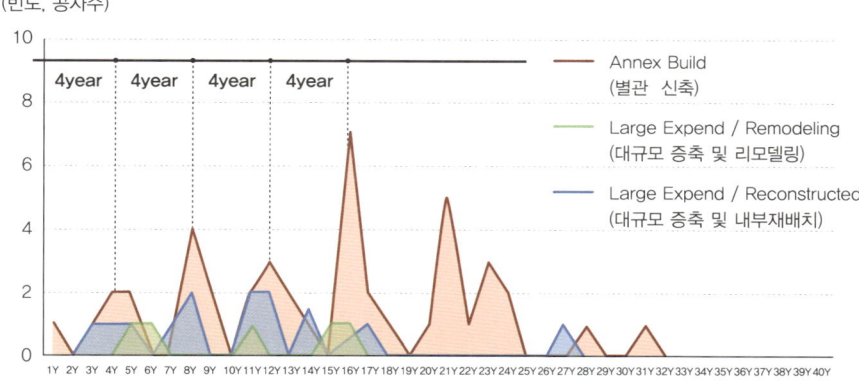

*대규모 증축 기준은 기존면적 대비 30%이상의 증축면적이 발생한 경우임

그림 3　수도권 병원의 공사빈도

1.2 병원 건축계획의 난제, 공간변화

운영 관점에서 병원은 시간이 지남에 따라 사회적 변화와 내부 수요의 변화로 인해 공간변화를 요구받게 되며, 기존 공간은 반복되는 변화과정 중 이를 수용하기 어려운 시점이 도래합니다. 이 시기를 기점으로 병원은 변화에 대응하기 위한 전략을 수립하게 됩니다. 이러한 전략은 결국 신축, 대규모 증축, 일부 증축 및 기존공간의 재구성 등 다양한 방식으로 나타나며, 병원이 지속적으로 운영되고 발전할 수 있도록 돕습니다.

건축계획 관점에서 병원은 건축계획이 수립되는 전반적인 과정에서 변화의 요구를 받습니다. 초기 건축계획은 계획 시점에서의 이상적인 공간계획과 현실적인 사업기준인 공사비에 맞는 건축계획의 요구를 받습니다. 건축실시 단계에서는 부서 운영방향에 따른 다양한 변화의 요구를 받고, 완성된 건축계획 및 시공도서는 공사과정에서 다시 병원 경영진 및 부서 운영진으로부터 다양한 변화요구를 받게 됩니다.

준공 이후의 과정도 크게 다르지 않다는 것을 국내 수도권을 중심으로 500병상 이상의 대규모 병원을 중심으로 분석된 사례조사를 통해 알 수 있습니다. 건립된 대부분의 병원은 건립 후 짧게는 3년, 길게는 10년 내 별관증축, 대규모 증축 및 리모델링, 대규모 증축 및 내부재배치 등의 변화를 겪고 있다는 것을 알 수 있습니다. **결과적으로 병원건축의 공간 변화는 일상적 현상이라고 보는 것이 타당할 것입니다**(그림 3).

1.3 실무과정에서 건축계획의 변화요구

1) 기획 및 계획설계

기획설계 단계에서는 주로 운영 전략과 규모 등 경제적 측면을 고려한 건축계획의 큰 그림이 제안됩니다. 이 단계에서는 대지 내 법적 조건을 반영한 규모 수용 여부가 주요 고려사항이 되며, 이에 따라 배치계획을 중심으로 제안 됩니다. 일반적으로 마스터플랜 기획 용역의 단계가 이에 해당됩니다.

반면, 계획설계 단계에서는 기획설계 단계에서 설정된 목표를 바탕으로, 부서 운영계획이 포함된 병원 전체 운영성이 고려된 건축계획이 수립됩니다. 이때 건축계획 단계에서 요구되는 변화는 기획 단계에서 수립된 운영전략의 깊이에 따라 달라집니다. 운영 전략이 합리적이고 명확할수록, 계획 단계에서의 변화는 최소화됩니다. 또한 기본적인 운영 방향의 결정과 함께 다양한 대규모 의료장비(MRI, CT, ANGIO, X-Ray 등) 및 부서 내 운영되는 소규모 운영장비의 조건도 이 단계에서 수용되어야 합니다. 장비 선정과정에서 불확실성이 존재할 경우, 건축계획 전반의 과정에서 많은 변화의 요구가 발생될 수 있습니다. 따라서, 이 단계에서 장비 관련 요구사항을 명확하게 설정하는 것이 향후 건축계획 과정의 변화를 최소화하는데 중요한 요소가 됩니다.

초기 기획설계 단계는 단순히 단계별 배치 방향을 설정하는 과정으로 오해할 수 있습니다. 그러나 병원 건축계획에서 기획설계 단계의 배치계획은 훨씬 더 복합적입니다. 이 단계에서는 전체 부서의 위치에 따른 기본적인 운영 방향과 세부 기능간 연계, 그리고 부서 규모에 따른 배치 및 운영 가능성까지 포함됩니다. 따라서, 기획설계 단계는 병원의 전반적인 운영 효율성과 기능적 요구를 고려한 중요한 기초 작업이라 할 수 있습니다.

일반적으로 건축계획 과정에서의 변화의 요구는 기획 및 계획설계 단계에서 큰 틀이 결정될 것이라고 생각될 수 있습니다. 그러나 현실은, 준공에 이르는 건축계획 업무 전 과정에서 변화에 대한 요구가 지속적으로 발생합니다.

2) 중간설계

중간설계 단계는 부서운영 계획이 반영된 건축계획 내 건축구조, 토목, 기계, 전기, 소방, 조경 등 다양한 전문팀의 초기 설계가 반영되며, 이 시기의 건축계획에서부터 초기 공사비를 확인할 수 있습니다. 이 단계는 두 가지 주요 방향성을 중심으로 진행됩니다. 첫째, 건축허가를 위한 건축도서 내 다양한 법적 조건을 수용하고 이에 대한 심의를 거치는 과정입니다. 둘째, 초기 공사비 수준을 확인하는 단계입니다. 확인된 초기 공사비는 예산 범위 내에서 공사가 진행될 수 있는지를 검토하는 중요한 지표자료입니다.

국가 사업의 경우, 대부분 중간설계 단계에서 공사비 문제로 인해 사업이 지연되는 상황을 자주 맞이하게 됩니다. 반면, 민간 사업은 주로 건축허가를 위한 절차에 집중하며, 공사비 확인을 뒤로 미루는 경향이 있습니다. 그러나 이 단계는 부서단위 이상의 큰 변화를 수용할 수 있는 마지막 단계라는 점에서, 공사비 확인은 매우 중요하다고 생각됩니다. 이후 단계인 실시설계 중 대규모 설계변경의 많은 부분이 공사비로 인해 발생되고 있다는 점은 간과할 수 없습니다.

3) 실시설계

마지막 실시설계 단계는 확정된 건축계획 도안을 바탕으로 건축 시공을 위한 도서를 작성하는 과정입니다. 이 단계에서 설계가 더욱 구체화되며, 세부적인 기술 도면이 작성됩니다. 주요 설계분야는 건축분야(구조, 토목, 조경 등)와 설비 분야(기계, 전기, 소방 등)로 구분됩니다. 이러한 다양한 전문 분야들이 협업하여 최종적인 시공 도서를 완성하는 단계입니다.

실시설계 과정은 병원 부서단위, 실단위의 운영성이 반영된 건축계획이 완료된 단계로 작은 변화조차 쉽게 이루어지지 않는 특징이 있습니다. 이로 인해 대부분의 도서간 오류는 바로 이 실시설계 과정에서 발생하는 변화로부터 기인하는 경우가 많습니다. 이 시점에서 발생하는 작은 변화는 전체 계획에 큰 영향을 줄 수 있기 때문에, 변화가 필요할 경우 병원 전체의 운영성 및 부서 간 연계 등을 신중하게 고려해야 합니다. 병원의 효율적 운영과 기능에 문제가 발생할 수 있으므로, 모든 수정 사항은 운영 측면과 공간적 연계성에 미치는 영향을 철저히 검토한 후 진행되어야 합니다.

    이 단계에서 가장 수용하기 어려운 변화의 요소는 운영 전략의 변화, 공사비의 변화입니다. 운영 전략의 변화는 진료과 및 부서의 규모 변화 등을 예로 들 수 있으며, 이 경우는 기 작성된 건축도서 전반에 영향을 미치기 때문에 상황이 허락된다면 전체 공간 배치 및 기능 연계를 재검토 해야 합니다. 공사비의 변화는 규모의 변화를 초래하여 결국, 건축계획의 방향을 재수립해야 합니다. 이 두 가지 변화는 모두 초기 계획단계까지 다시 검토해야 하며, 이로 인해 전반적인 사업 일정을 재조정해야 하는 상황이 발생됩니다.

    4) 공사단계

공사 단계에서의 변화는 예상보다 크게 발생하지 않을 것이라고 생각되기 쉽지만, 부서를 운영할 실제 부서 운영진은 대부분 이 단계에서 결정되는 경우가 많습니다. 이로 인해 병원 공사 현장에서는 운영진의 요구에 따라 크고 작은 변화가 빈번하게 발생하게 됩니다. 이러한 변화는 설계의 수정이나 시공 과정의 조정으로 이어져, 예상보다 큰 문제를 가져올 수 있습니다.

    이 단계에서 가장 큰 문제는 운영계획이나 장비계획 등과 같은 대규모 운영 방향이 조정되는 경우입니다. 특히 공사 진행 중에 발생하는 변화는 설계 수정과 시공 방법 변경을 요구하며, 이는 공사비 증가 요인으로 작용합니다. 이러한 변화는 일정 지연뿐만 아니라 사업비의 증가로 이어질 수 있어, 공사 단계에서 변동은 매우 신중하게 다루어져야 합니다. 하지만 대부분의 변화는 병원 전체보다는 부서나 실을 이용하는 이용자의 요구로 인해 발생하며, 이러한 변화는 주로 부서 내 실의 배치나 크기 수준에서 이루어집니다.

1.4   왜, 공간체계 인가?

병원은 시간의 흐름에 따라 지속적인 변화가 발생하고, 특정 시점에서 변화의

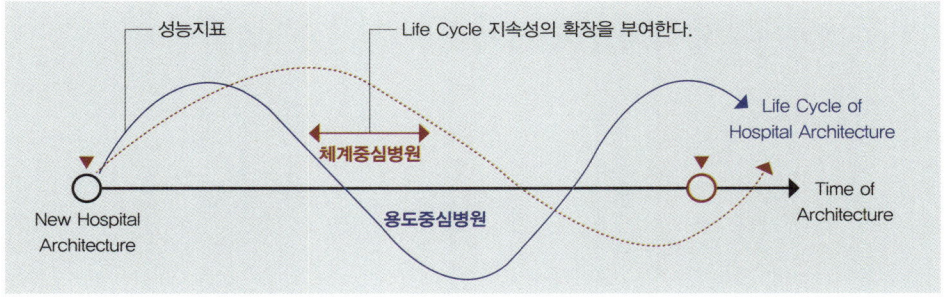

그림 4   마스터플랜과 병원의 운영 지속성

요구를 수행해야 하는 완결이 없는 공간계획이라면 **'병원 건축가는 건축계획 내에서 변화를 어떻게 대응해야 할 것인가'**는 병원을 완성하는데 가장 중요한 기준이 될 수 있습니다. 하지만 대부분의 병원들이 현재 자기 완결적인 용도중심 건축계획을 채택함으로 인해 변화의 한계를 겪고 있습니다. 때문에 변화의 흐름을 지속적으로 수용할 수 있는 공간체계를 도입한다면, 병원의 대지 부족이나 지속적인 성장의 공간적 한계와 같은 문제들을 극복하는 데 도움이 될 것입니다.

앞 '체계중심병원 건축계획' 내용에서 체계중심병원은 병원의 변화를 수용할 수 있다는 내용을 제시하였습니다. 만약 체계중심 공간체계가 시간의 흐름에 따른 변화의 요구를 효과적으로 수용할 수 있다면, 변화의 수용이 병원 건축계획에서 중요한 기준이라는 가정 아래 이 개념은 병원 건축계획에 큰 변화를 가져올 수 있는 중요한 접근법이 될 수 있습니다.

우리는 기존 병원의 다양한 변화가 공간체계와 연계될 때 어떠한 가능성이 있는지 확인할 필요가 있다고 생각됩니다. 이는 체계중심 병원의 운영 지속성을 가져올 수 있는 중요한 사안이기 때문입니다(그림 4).

2. 체계중심병원의 건축설계

일반적으로 건축설계 과정은 부서의견이 반영된 운영계획이 수립된 후 진행될 것이라 생각될 수 있습니다. 그러나 대부분의 민간 혹은 공공사업은 초기 건축계획 이전 충분한 부서의견이 반영된 운영계획을 가지고 있지 않습니다. 이로인해 초기 건축계획은 실제 부서 요구와 계획안 간의 불일치로 인해 변화가 빈번하게 발생됩니다. 따라서 부서 의견의 충분한 반영이 초기 계획단계에서 선행되지 않는다면, 이후 과정에서 변화는 불가피한 상황이라 생각됩니다.

다음으로는 배치계획, 동선계획 등과 같은 세부 설계 프로세스 내 병원 건축계획의 특징과 체계중심병원 기본요소와 관계를 살펴보고 있습니다. 이후 구체적인 설계사례를 통해 적용된 병원 건축계획의 특징과 체계중심병원의 기본요소 적용 방식을 확인해 보도록 하겠습니다.

2.1 계획설계 단계에서의 체계중심

일반적인 계획설계 절차는 운영 프로그램 분석 후 규모를 고려한 배치계획, 매스계획, 평면계획, 입면계획 등의 순으로 진행됩니다. 모든 설계과정이 통합되어 완성되는 것을 목적으로 하지만, 규모와 기능적 성격이 복잡한 병원의 경우 이러한 단계를 한 번에 통합된 관점에서 계획하는 것은 불가능합니다. 각 단계에서의 체계중심병원 건축계획의 특징을 세분화하여 살펴보겠습니다.

1) 배치계획

일반적인 병원 배치계획에서는 **대지 내 주동의 위치 결정, 동선 계획, 그리고 외부 조경계획 등이 중요한 요소로 고려**됩니다. 대부분 국내 병원은 대지 규모의 한계로 주로 기단형 구조의 병원 배치 유형으로 제안됩니다. 일반적으로 배치계획은 기단부 매스 규모를 기준으로 제안 방향이 수립되며, 병동부 매스 결정과 함께 배치계획이 마무리 됩니다.

동선계획은 크게 차량 동선과 보행자 동선으로 나눌 수 있습니다. 차량 동선은 대지와 병원의 주출입구, 응급센터 주출입구를 고려하고, 일반차량 동선 및 공급물품 차량 동선을 분리하여 주차장 및 하차영역과 유기적으로 연결되도록 계획됩니다. 보행자 동선은 공공교통과의 접근성을 기준으로 계획되어, 보행자의 안전한 병원 이동을 도울 수 있도록 제안됩니다. 일반적으로 초기 계획설계 단계에서 조경계획이 큰 변화를 주지 않습니다. 따라서 배치계획과 동선계획이 효율적으로 계획된 후, 조경계획이 진행되는 것이 일반적입니다.

배치계획 내의 체계중심병원 구성요소는 향후 리모델링을 통한 병원의 성장을 대비해 여유 부지를 확보하고, 성장의 연속성을 계획 내 수용하는데 있습니다. 계획단계에서 전체 대지를 활용하는 방식으로 배치계획을 제안할 경우, 병원의 성장에 제약이 발생할 수 있습니다. 따라서 계획단계의 배치계획에서는 병원 성장을 고려한 여유 대지의 확보가 반드시 고려되어야 합니다.

근로복지공단 울산병원은 계획설계 단계에서 병원의 성장방향을 고려해 여유대지 확보와 디자인 방향성을 동시에 적용하고 있습니다. 이를 통해 병원의 미래 확장 가능성을 보장하면서도 현재의 기능성과 디자인을 유지하는 전략을 취하고 있습니다(그림 5).

2) 매스계획, 체계중심 요소의 적용

매스계획에서 가장 중요한 요소는 **병원 전체 부서기능의 수용과 디자인 방향**에 있습니다. 계획의 수행 과정은 기단부 및 병동부 규모를 예측하기 위해 모든 부서 프로그램이 수용되는 표준계획안을 마련한 후 디자인 방향에 따라 별도의 대안들을 수립하는 과정으로 진행됩니다. 결과적으로 매스계획의 완성은 병원의 주 기능과 디자인을 통합하는 과정이라 할 수 있습니다. 이러한 통합과정에서는 디자인이나 기능적 요구에 맞춰 매스계획이 여러 차례 반복적으

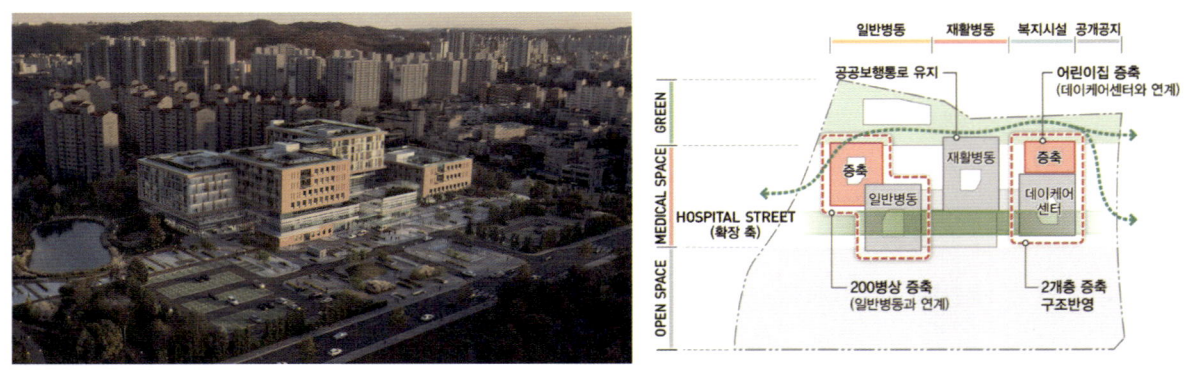

그림 5   배치단계에서의 성장요소의 적용 (근로복지공단 울산병원)

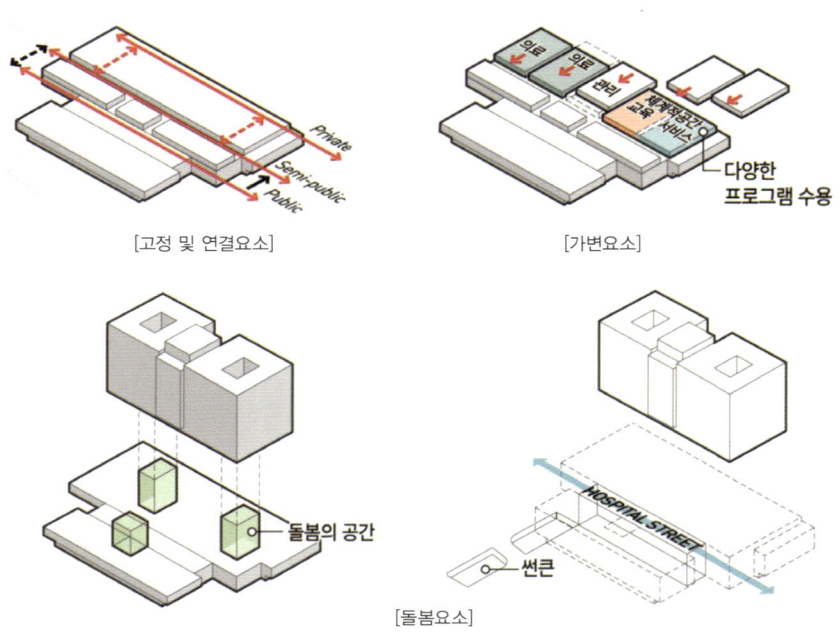

그림 6   매스계획 단계에서의 체계중심병원 기본요소의 적용 (NMC 계획(안))

로 수정되고 조정됩니다.

　체계중심병원의 기본 요소는 병원 매스계획 단계에서 큰 방향이 적용됩니다. 적용 시점은 기단부의 규모가 결정되는 과정에서 부서 공간 깊이의 결정과 관련이 있습니다. 추가적인 요소들은 병원의 기능적 요구와 디자인적 일관성을 유지하면서, 병원의 효율적 운영과 미래 성장을 지원하기 위해 증축 방향이 제안되고 있습니다.

기단부의 규모와 연관된 부서 공간 깊이는 이후 과정인 평면계획과 직접 연계되기 때문에 응급부, 영상의학부, 수술부와 같은 대규모 부서를 수용하는 데 중점을 둡니다. 이후, 더 작은 부서는 공간 깊이와 기단영역을 중심으로 부서간 연계성을 고려하여 계획됩니다. [그림 6]은 NMC(국립중앙의료원) 계획(안)입니다. NMC 계획(안)은 이 과정에서 다음과 같은 4개의 구성요소가 도입되었습니다.

3) 평면계획, 체계중심 요소의 수용

평면계획은 **부서의 위치와 부서별 세부 기능을 배치하는 과정으로 진행**됩니다. 일반적인 부서 위치 결정은 응급부와 영상의학부의 직접 연계와 수술부, 중환자실의 직접 연계를 예로 들 수 있습니다. 그 밖의 다양한 중앙진료부의 부서들은 병동부, 외래진료 및 검사, 진단 등의 의료기능과 효율적으로 연계되도록 제안되고 있습니다.

평면계획 과정에서 체계중심병원의 기본요소는 평면 기능이 수용되는 부서 공간 깊이 및 고정요소의 규모 및 위치와 관련이 있습니다. 부서 공간 깊이는 부서의 층별 위치와 세부 기능 수용과정에서 최종 확정됩니다. 앞서 얘기한 응급부와 영상의학부, 수술부와 중환자실 등이 기단부 내 대규모 부서영역에 해당하므로 부서 공간 깊이에 가장 큰 영향을 주는 것을 쉽게 볼 수 있습니다. 부가적으로 지원기능인 관리부, 교육연구시설 등의 기능은 향후 병원 운영과정 중 소규모 변화에서 활용될 수 있다는 점에서 기단부 영역 내 의도적인 배치를 권고하고 싶습니다.

고정요소는 기계/전기/소방 등의 주요 설비계획과 연계되기 때문에 평면계획단계에서 확정되고 있습니다. 대표적인 고정요소는 수직코어와 설비공간

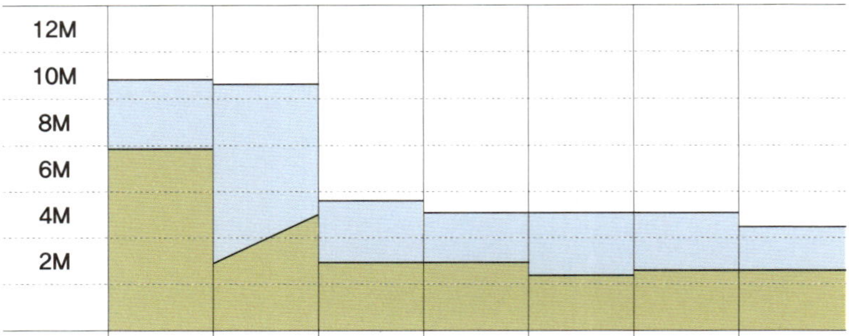

높이	로비	대강당	수술실	CT/X-Ray	고도격리	진료실	병실
층고	10,900	10,700	5,700	5,200	5,200	5,200	4,500
전창고	7,900	3,000~5,000	3,000	3,000	2,400	2,700	2,700

그림 7 고정요소, 층고계획 (NMC 계획(안))

입니다. 그 밖의 고정요소로 건물의 뼈대를 가지는 구조체가 이에 해당됩니다. 주요 고정요소인 수직코어와 설비공간은 초기 계획단계에서부터 연계해서 제안하는 것이 일반적입니다. 최근 공조설비의 역할이 커지므로 인해 설비공간의 규모가 커지고 있는 추세이나 폐쇄적인 조성되는 공간으로 인해 계획 시 충분하게 반영하지 못하는 경우가 많습니다. 이는 계획과정에서 원하지 않는 내부공간 내 설비공간 분산과 병원 운영 중 공간재배치 과정에서 제약을 줄 수 있기 때문에 초기 계획 시 충분한 규모의 설비영역을 확보할 필요가 있습니다.

고정요소 중 병원 층고는 공조설비의 의존도가 높은 의료시설의 특징을 반영해 기단부의 경우 최소 4.8m 이상, 병동부의 경우 4.2m 이상으로 계획되는 추세입니다. 다만 디자인 과정에서 장스펜으로 인해 보의 크기가 커질 경우 기단부 층고는 5.2m 이상을 권고합니다. 이 5.2m 이상의 층고는 최근 감염공간에서 설비계획를 수립하기 위한 최소 기준으로도 적용되고 있습니다.

계획설계 단계에서 연결요소는 동선계획 내에서 의료진, 입원환자, 외래환자, 보호자 및 방문객 등이 적절하게 통합 또는 분리되어 운영될 수 있도록 계획하는 것이 필요합니다. 최근에는 감염 관리를 위한 요구가 증가하면서, 동선의 명확한 분리가 중요해졌습니다.

　동선의 위계는 의료진 및 물류, 환자, 보호자 및 방문객 등으로 나눌 수 있으며, 그 중 의료진 및 청결물품 동선이 가장 상위에 위치합니다. 각 동선계획을 위한 기준을 살펴보면, 의료진 동선은 의국과 의사실을 거쳐 각 의료진 공간으로 원활하게 이동할 수 있어야 하고, 물류동선은 급식부, 약제부, 린넨창고, 의료 및 일반 물품창고에서 필요한 공간으로 쉽게 연계될 수 있어야 합니다.

　환자 동선은 크게 입원환자와 외래환자로 구분됩니다. 입원환자는 병실을 중심으로 각 진료 및 치료 영역으로 이동하고, 외래환자는 접수/수납 공간을 시작으로 진료 및 치료 공간으로 이동합니다. 보호자 및 방문객 동선은 공용 복도를 통해 통제 및 관리되는 것이 적절합니다.

　코로나 펜데믹과 같은 감염상황 이후 동선계획은 각 위계 상의 동선 교차가 발생되지 않도록 제안하고 있습니다. 이에 따라 동선은 프라이빗 동선(의료진 동선), 세미 프라이빗 동선(환자 동선), 퍼블릭 동선(방문객 동선)으로 구분하여 계획하고 있는 것을 쉽게 볼 수 있습니다.

4) 건축계획의 완성, 돌봄 요소

병원 내 환자들은 진료 및 치료과정에서 여러 불편한 감정들을 느낍니다. 이러한 감정은 질병에 대한 불안과 두려움, 좌절감 그리고 진료 및 검사 대기 중의 피로감 등 입니다. 환자의 불편한 감정은 병원에 진입하여 자신이 어디로 가야 할지 몰라 혼란스러움을 느끼는 것에서부터 시작됩니다. 이 혼란은 점차 스트레스로 이어지며, 병원 내의 혼란스러운 환경은 이러한 감정을 더욱 악화시키는 요인이 됩니다.

　1970~80년대 병원의 대표적인 돌봄 요소는 대지 내 공원과 병동부 내 환자 휴게공간인 데이룸 정도로, 돌봄공간 개념이 많이 도입되지는 않았습니다. 그러나 1990년대 호스피탈 스트리트라는 공용복도 개념이 도입되면서, 대기 공

간을 중심으로 휴게, 치유, 그리고 사회적 공간개념이 점차 확산되기 시작했습니다. 2000년대 이후에는 편의기능이 수익시설화되면서, 다양한 편의공간과 연계된 공용공간으로 발전되었습니다. 현재는 공용공간 내에 더 의미 있는 돌봄 요소들이 도입되고 있는 상황입니다.

건축계획 관점에서 돌봄 요소는 다양한 공간으로 표현됩니다. 자연과 연계된 대지 내 정원, 중정, 옥상정원 등의 외부공간과 접수/수납이 포함된 공공공간 내 편의공간(카페 등), 공용공간 내 사회적 교류를 지원하는 휴게공간, 외래진료부서의 대기공간, 동적·정적 기능으로 세분화된 병동부 데이룸, 직원 휴게공간 등 다양한 모습으로 돌봄 요소가 계획됩니다.

매디컬 플래너 관점에서 **'병원공간의 완성은 어디에 있습니까?'** 라는 질문을 받는다면 아마도 돌봄 요소의 개념이 도입된 심리적 안정감을 주는 공간이라고 할 수 있을 것입니다. 이러한 공간들은 환자와 방문객, 의료진 모두에게 편안함과 치유를 제공하는 공간으로서 병원의 기능 및 환경을 완성하는 핵심요소로 작용합니다.

2.2 적용 사례를 통한 체계중심 공간계획

1) 국립소방병원

국립소방병원은 재난현장에서 신체적, 정신적인 위험에 노출된 소방공무원의 치유와 전문적인 연구를 수행하는 병원으로 제안되었습니다. 이는 소방공무원들이 잦은 근무 교대와 과도한 육체적인 활동으로 인해 재활치료가 필요할 뿐만 아니라, 타인의 죽음 등 충격적인 사건 등을 자주 경험하며 우울증, 불안장애, 외상 후 스트레스 장애(PTSD) 등의 정신 질환 발생 빈도가 높다는 배경에서 비롯되었습니다.

국립소방병원은 충북 진천·음성 혁신도시 내에 300병상 규모, 연면적 33,681.02㎡로 계획되었습니다. 병원 부지는 함박산과 가까워 자연경관이 우수한 조건을 갖추고 있습니다. 이 계획의 가장 큰 제약 조건은, 함박산 경관을 유지하기 위해 지구단위계획 내 규정된 25m의 높이 제한입니다. 기능적 특징은 소방공무원을 위한 재활 및 정신 치료와 소방공무원 치료를 위한 연구 중심의 전문병원으로 계획됨과 동시에 지역의 공공의료를 수행해야 한다는 점입니다. 이는 기능적으로 혼용되기 어려운 한계성을 가지고 있습니다.

소방공무원 환자는 재활환자가 많아 거주성 중심의 공간계획이 필요하지만, 지역 환자는 급성기 중심의 단기입원을 필요로 하므로 급성기 공간으로 계획되어야 하기 때문입니다. 특히 소방공무원 환자 중 정신 재활의 경우, 심리적 폐쇄성을 고려해 지역환자와 분리되도록 하고 있습니다. 소방병원의 매스계획은 북측에 접수/수납공간을 중심으로 중앙진료부의 가변영역을 설정하고, 남측에는 병동부, 외래 및 건강검진, 상부 병동부를 수평 배치했습니다. 이러한 계획은 25m 높이제한을 준수하고, 장기입원이 많은 소방공무원 환자의 안정과 거주성을 고려한 병동부 계획을 수립하기 위해 제안되었습니다(그림 8).

고정요소는 호스피탈 스트리트를 중심으로 선형 구조의 동선 체계를 수립하고, 3개로 분산된 중앙코어를 호스피탈 스트리트와 연계하여 배치했습니다. 3개 중앙코어는 일반환자와 소방공무원 환자, 외래환자 및 방문객으로 구분하여, 코로나 시기의 동선 통제를 목적으로 제안되었습니다. 이러한 배치를 통해, 국립 소방병원은 수직동선을 통해 공간적으로 이용자 분리를 시도한 사례라고 볼 수 있습니다.

가변요소는 북측 영역에서 호스피탈 스트리트와 연계된 공적복도를 중심으로 응급부, 영상의학부, 수술부, 중환자부 등 다양한 부서가 공용복도를 따라 배치했습니다. 남측 영역에서는 1층 외래진료부가 병동 사이의 중정형 외부공원을 중심으로 공적공간을 수직적으로 계획한 후, 그에 맞춰 세부 부서공간을 계획했습니다. 공간의 깊이는 북측영역이 약 31m이고, 외래부서인 남측 영역이 약 22m를 기준으로 제안되었습니다. 이러한 초기 계획에서는 각 부서 공

그림 8　국립소방병원 배치계획 및 조감도(나우동인건축사사무소)

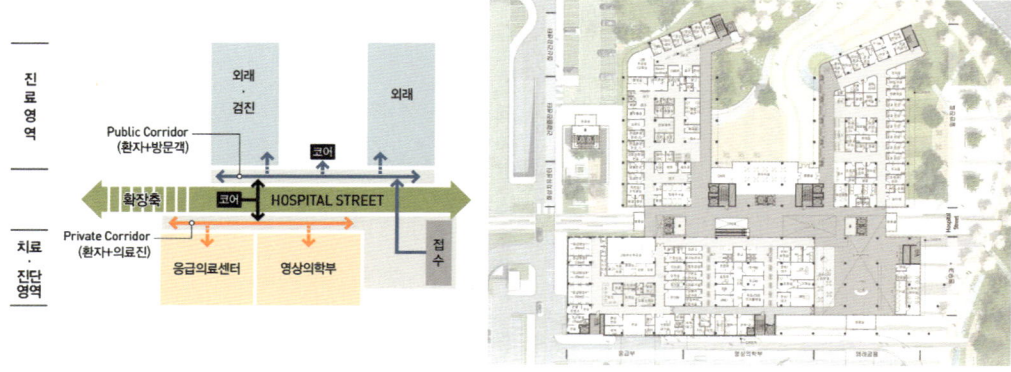

그림 9　국립소방병원의 체계중심 공간구성 개념 및 1층 평면도

그림 10　국립소방병원 대지 내 돌봄공간

간이 선형구조의 공적복도를 중심으로 부서별로 각각 계획되고 있음을 통해, 체계중심 공간계획이 수립되어 있음을 알 수 있습니다(그림 9).

　돌봄공간은 외부 정원공간, 사회적 교류공간, 환자 치유공간 등으로 분산 계획되었습니다. 이러한 공간들은 돌봄 요소가 도입된 치유적 공간으로, 환자와 방문객, 의료진 모두에게 심리적 안정과 치유를 제공합니다.

국립소방병원은 지역민을 위한 급성기 환자, 소방공무원을 대상으로 하는 만성기 환자, 그리고 심리적 안정이 필요한 정신 치료환자 등을 위한 돌봄 요소가 필요했습니다. 이러한 돌봄 요소는 사회적 교류를 지원하는 공간과 개인적 휴식을 제공하는 공간으로 나뉘어, 환자들에게 심리적 안정을 줄 수 있도록 분리되거나 통합된 방식으로 계획했습니다. 이는 각 환자의 치료 특성과 요구에 맞춘 공간계획의 필요성을 반영한 것입니다.

　자연 정원공간은 대지 주변의 자연환경인 함박산 전경 및 근경을 활용하여, 주변 도시 및 자연으로 열린 녹지공원으로 계획했습니다. 이는 만성기 환자가 많을 것으로 예상되어, 외부 공원과 연계된 다양한 체험 및 휴식이 가능하도록 계획했습니다. 또한, 병원 내 옥상정원은 환자와 직원들이 독립된 영역에서 휴식을 취할 수 있도록 여러 개의 옥상정원이 분산 제안되었습니다(그림 10).

　사회적 교류공간은 호스피탈 스트리트와 연계되며, 로비 공간과 연결된 커뮤니티 라운지, 병동 사이의 외부 중정형 공원과 연결된 휴 플라자가 이에 해당됩니다. 커뮤니티 라운지는 공연 등 문화행사를 할 수 있도록 넓은 로비공간과 함께 구성했습니다. 휴 플라자는 외래환자, 입원환자가 보호자, 방문객과 다양한 관계를 형성할 수 있도록 카페와 연계했습니다. 이러한 공간들은 사회적 교류를 촉진하고 심리적 안정을 제공하도록 제안했습니다(그림 11).

　환자 치유공간은 환자의 재활활동, 휴식, 소규모 교류 및 상담 등을 할 수

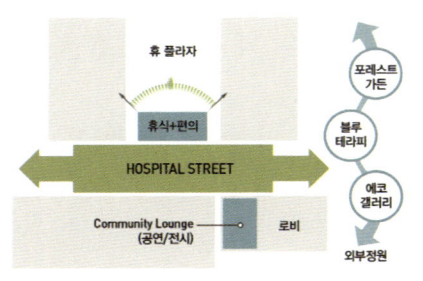 

그림 11   국립소방병원의 사회적 돌봄공간 휴 프라자

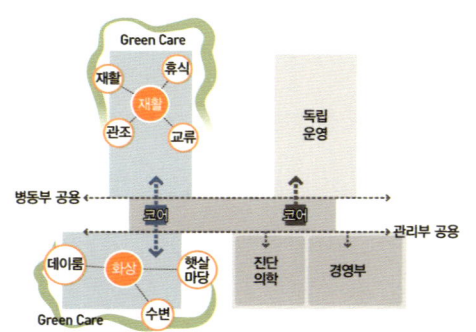 

그림 12   국립소방병원의 기단부 및 병동부 내 돌봄요소

있도록 병동부 내 분산되어 있습니다. 각 공간은 환자가 병실 밖에서 다양한 활동을 통해 신체 및 심리적 안정을 취할 수 있도록 배려되어 있습니다. 이를 위해 병동부 내에는 사회적 치유환경을 위한 프로그램 및 재활치료 공간이 마련되었고, 이를 지원하는 중정공간도 포함되었습니다. 또한, 개인의 심리적 안정을 위한 2개 데이룸과 힐링테라스가 반영되어 있습니다. 특히 저층 수평형 병원의 장점을 살려, 엘레베이터를 통해 외부 공원과 바로 연계될 수 있도록 했습니다(그림 12).

국립소방병원은 중간설계과정에서 병원운영 측면과 기능 구성 측면에서 큰 변화가 있었습니다.

병원운영 측면에서는, 초기에는 소방공무원 중심의 만성기 병원이 주된 주제였으나, 운영자가 결정된 후 지역민과 연계된 공공의료의 급성기 기능이 더 강조되었습니다. 그 결과, 병원 기능은 만성기보다는 급성기 병원으로 변화했습니다. 가장 큰 공간적 변화는 1층 내 계획되었던 영상의학부가 지하 1층으로 확장 이동한 것입니다. 또한, 외래진료부 구성도 변경되어, 건강검진센터가 1층에서 지하1층으로 이동되었으며, 인공신장실의 규모가 크게 늘어나 1층으로 넓게 배치되었습니다. 주차계획도 변경되어, 기존에 외부 주차장 중심에서 지하 주차장 중심으로 변경되었습니다.

평면계획을 보면, 호스피탈 스트리트를 중심으로 한 고정요소는 유지되어, 외래환자와 입원환자 동선이 분리된 기본 구성은 그대로 유지되고 있습니다. 가변요소의 경우, 외래진료부와 일부 부서의 이동을 제외하면, 기단부 내 가변공간에서 큰 변화는 일어나지 않았습니다. 따라서, 체계중심 병원의 특성상 고정요소, 가변요소, 연결요소의 큰 틀이 유지된다면, 내부 변화가 병원 전체의 구조에 큰 영향을 미치지 않는다는 것을 설계변경 과정에서 확인할 수 있었습니다.

2) 근로복지공단 울산병원

근로복지공단 병원은 전국에 총 10개 병원이 운영 중이며, 울산병원은 11번째 병원입니다. 근로복지공단 병원의 건립목적은 산업재해를 입은 근로자들에게 다양한 재활 및 의료 서비스를 제공하여 사회 복귀를 촉진하는 것입니다. 또한 울산병원은 지역 내 공공의료의 부족을 해소하기 위해 공공의료 기능 강화를 목적으로 증축을 고려하여 제안하도록 했습니다.

근로복지공단 울산병원은 울산광역시 울주군 울산태화강변지구 내에 300병상 규모, 연면적 49,356.90㎡로 계획되었습니다. 병원 부지는 울산 태화강과 근접하여 위치해 있으며, 주변의 입화산, 무학산 등의 전경을 갖춘 우수한 자

 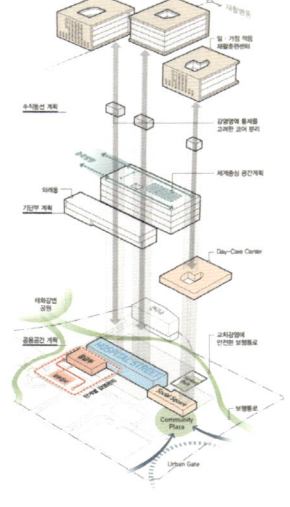

그림 13   근로복지공단 울산병원 조감도(나우동인건축사사무소)   그림 14   근로복지공단 울산병원 매스계획

연경관을 가지고 있습니다.

    울산병원의 기능적 특징은 재활 및 의료서비스를 통해 근로자의 사회복귀를 지원하는 기능 구성이 처음으로 도입되었다는 점입니다. 울산병원은 다른 근로복지공단 병원들과 달리 개념적 성격의 사회복귀가 아닌, 구체적인 공간으로 구분 운영될 수 있도록 프로그램이 제시되었습니다. 따라서 울산병원은 근로자의 초기 사고단계에서의 급성기 치료, 이후 만성기 재활치료, 그리고 퇴원 후 사회복귀를 지원하는 공간으로 각각 구분되어 운영될 수 있도록 프로그램이 분리되어 제시되었습니다.

울산병원의 3개 병동부 매스는 좌측에서부터 급성기 병동부, 중앙의 만성기 병동부, 그리고 우측의 병동형의 사회복귀시설 등으로 계획되어 있습니다. 이 구성을 통해 근로복지공단이 추구하는, 사업장에서 사고 후 치료부터 다시 사업장으로 복귀하는 과정까지를 지원하는 병원으로 제안했습니다.

    고정요소는 호스피탈 스트리트를 중심으로 연결요소와 함께 선형구조로

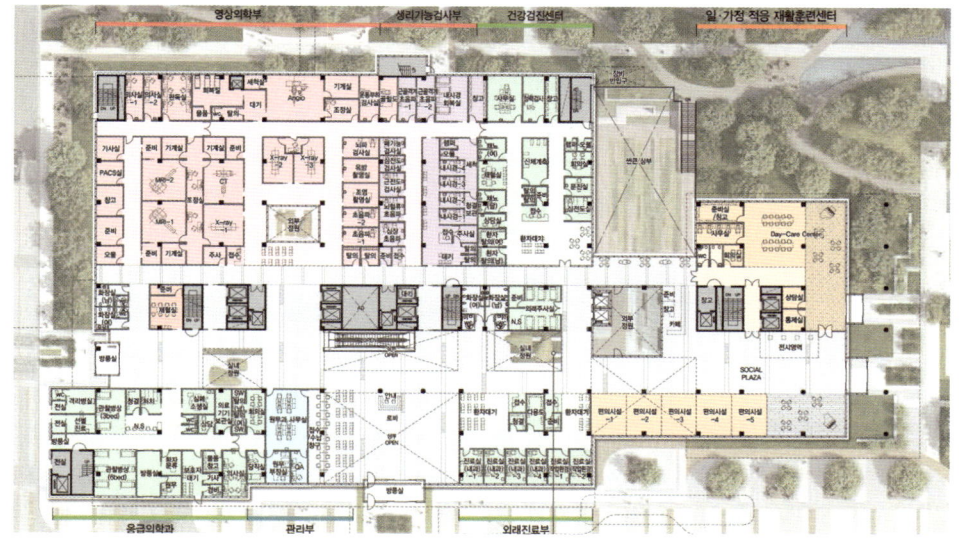

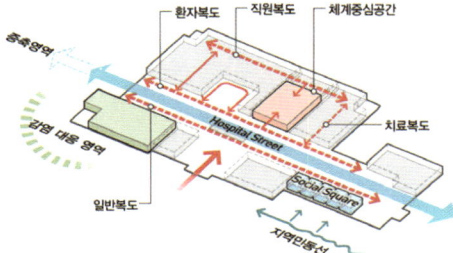

그림 15   체계중심 공간구성 개념 및 1층 평면도

제안했으며, 수직동선을 위한 3개 코어영역과 설비공간을 함께 계획하여, 수평적으로 넓은 고정요소 영역을 형성하도록 계획되었습니다. 이를 통해 호스피탈 스트리트 중심의 공적 복도(public corridor), 중앙코어 후면의 환자 중심의 반공적 복도(semi public corridor), 그리고 부서 내부의 직원 중심의 사적 복도(private corridor) 등으로 명확하게 구분했습니다(그림 14).

가변요소는 호스피탈 스트리트를 중심으로 남측에 응급부를 포함한 외래진료부 영역이 직접 연계되어 설계되었습니다. 북측에는 진단부서와 재활의학부, 수술부 등 중앙진료 영역이 환자 중심의 세미 프라이빗 복도와 직접 연계되도록 제안했습니다. 각 공간의 깊이는 북측 중앙진료 영역이 약 29m, 외래부서가 위치한 남측 영역이 약 19m로 계획되어 있습니다.

 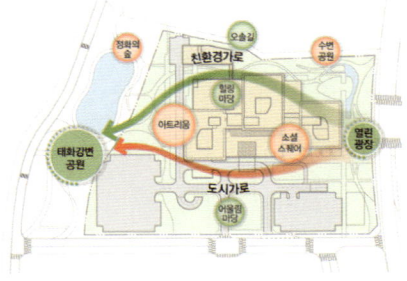

그림 16   울산병원의 옥외 돌봄공간

 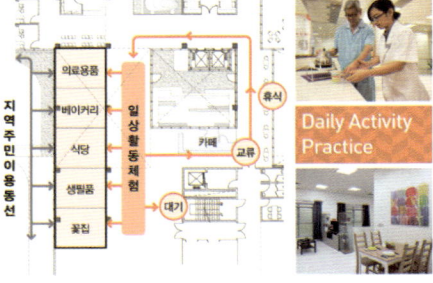

그림 17   울산병원 내 일상활동 체험공간

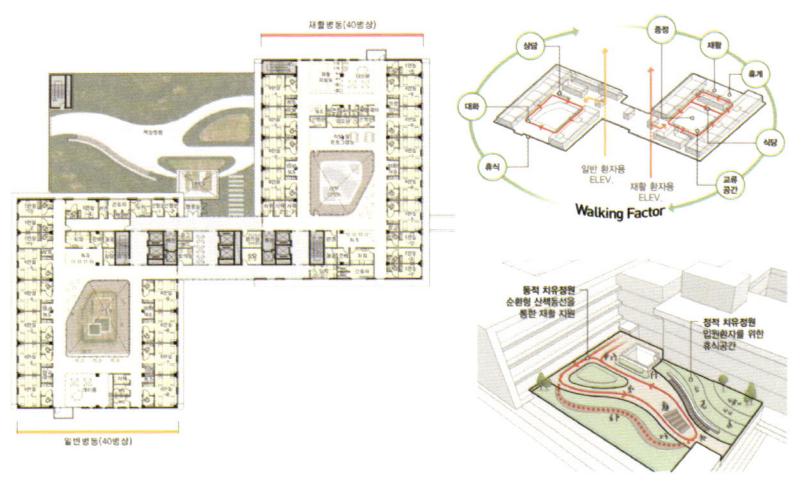

그림 18   울산병원 내 환자 치유공간 계획

울산병원의 평면계획은 체계중심병원 공간계획의 기본 요소 중 선형 구조의 연결 요소 기준이 명확하게 적용된 좋은 사례라고 할 수 있습니다. 이는 공간의 효율성과 동선의 명확성을 고려하여 동선 위계 설정이 성공적으로 적용되어 있는 것을 확인할 수 있습니다(그림 15).

울산병원은 사고 초기부터 재활치료 후 사회복귀까지의 치료를 목표로 하고 있습니다. 이를 반영하여 병원 내 모든 공용공간은 사회적 복귀를 지원하는 재활공간으로, 돌봄요소 개념을 바탕으로 계획되었습니다.

현 대지는 지구단위계획에 따라 남측 8차로 울밀로에서 태화강 산책로로 이어지는 보행통로를 대지 내에 수용하도록 지정되어 있습니다. 이에 따라 울산병원 자연 정원공간은 울밀로 전면 공원과 서측 병원 진출입구를 연계하여 열린마당 개념의 전면 광장과 힐링 산책길을 제안했습니다. 이 외부 정원은 산재환자의 재활치료를 목적으로, 일상 체험 활동이 가능한 공간으로 설계되었으며, 차량 승하차 재활공간과 소셜스퀘어가 연계되어 사회생활 중 발생하는 환경을 경험할 수 있는 공간으로 제안되어 있습니다. 또한 옥상정원은 급성기 환자, 만성기 환자, 일상재활을 하는 환자들에게 각각 목적에 맞는 재활을 지원할 수 있도록, 다양한 공간적 배려가 제안되어 있습니다(그림 16).

사회적 교류공간은 일반 병원의 호스피탈 스트리트와 연계된 로비와 같은 공용공간 외에도, 일상활동 체험을 위한 편의공간 중심의 사회적 돌봄공간을 포함하고 있습니다. 이 사회적 돌봄공간은 산재 후 장애가 발생한 환자가 편의공간을 이용하며 사회생활에서 겪을 수 있는 다양한 상황을 미리 체험할 수 있도록 제안했습니다. 이는 장애로 인한 변화를 경험하는 환자에게 심리적 안정을 제공하는 것을 목적으로 합니다(그림 17).

울산병원의 환자 치유공간은 산재환자의 재활을 주된 목적으로 하며, 이를 이루기 위해서는 환자의 신체활동을 지원하는 다양한 공간적 배려가 필요합니다. 병동부는 재활활동에 대한 욕구를 자극하기 위해 넓게 계획된 중앙 중정 공간을 중심으로, 재활프로그램, 상담, 사회적 관계를 지원하는 공간이 순환복도를 따라 쉽게 접근될 수 있도록 계획되었습니다. 울산병원의 돌봄 개념은 단순한 심리적 안정을 넘어, 신체활동의 욕구를 자극하여 환자가 보다 빠르게 사회복귀할 수 있도록 돕는 중요한 장치라고 할 수 있습니다(그림 18).

울산병원은 설계과정 전반에서 부서의 기능 구성이 크게 달라지지 않았습니다. 때문에 체계중심 병원의 구성요소가 최종 건축계획까지 유지되는 것을 볼 수 있습니다.

3) NMC(국립중앙의료원) 새병원 계획(안)

NMC(국립중앙의료원)는 국가중앙병원으로서, 국가가 책임지는 필수의료 부문을 총괄하고 있습니다. 건립 목적은 공공보건의료를 통해 지역과 계층을 포괄하며, 공공의료에 필요한 의료인을 양성하는데 있습니다. 또한, NMC는 전국 공공병원의 기준을 제시하는 국가 표준 공공병원으로, 국가감염관리의 초기 대응과 최종 중앙관리 역할을 수행하는 중앙감염병원 기능도 포함하고 있습니다.

NMC 사업은 기존 서울시 중구 을지로 대지에서 가까운 미공병대 부지로 이전하여 진행하는 사업입니다. 병상수는 급성기 526병상, 중앙외상센터 병상 100병상, 중앙감염병상 150병상 등 총 776병상 규모이며, 연면적 184,810㎡로 계획되었습니다. 사업대지는 청계천, 을지로 4가, DDP 등 유동인가가 많은 지역에 위치해 있어, 일 평균 50만명이 넘는 인구가 지나가는 중심지에 자리하고 있습니다. 대지는 저층부를 중심으로 훈련원 공원, 청계천, 그리고 근대 유물 경성소학교를 끼고 있으며, 병동부에서는 북한산 경관을 볼 수 있는 조건을 가지고 있습니다.

NMC의 기능적 특징은 성격이 다른 4개의 기능을 통합하여 운영해야 하는 복합적 성격에 있습니다. 4개의 기능은 중앙외상센터가 포함된 종합병원, 중앙감염병원, 임상실험연구센터, 국가위기관리대응센터 등입니다. 이들은 운영관점에서 연계성이 낮은 공간이지만, NMC는 이러한 기능을 통합하도록 제안되어 있습니다(그림 19). 계획(안)의 내용을 살펴보면, 병원 전체를 종합병원과 중앙감염병원으로 병원을 분리하여 매스계획을 제안했습니다. 이는 감염상황에서 종합병원의 안전을 보장하기 위한 제안이었으며, 두 병원 공간이 감염간 안전을 보장하기 어려운 이유에서 직접 연계가 어렵기 때문입니다. 병동부는 표준병동과 국가응급외상센터 병상이 포함된 특수병동으로 구분했으며, 감염병동부는 공간적으로 명확하게 분리되도록 제안했습니다. 임상실험연구센터는 감염관련 연구시설이 계획되어 감염병원 지하에 위치하고 있으며, 국가위기관리대응센터는 종합병원 지하공간을 활용해 제안했습니다.

고정요소는 호스피탈 스트리트를 중심으로 연결요소와 함께 선형구조로 제안되어 있습니다. 설비영역이 포함된 중앙 수직코어는 3개 영역으로 수평적으로 넓게 영역화되어 있으며, 이를 통해 공적 복도, 반공적 복도, 사적 복도로 명확히 구분된 동선체계를 제안했습니다(그림 20).

가변요소는 선형 고정요소 안쪽에 반공적 복도(semi public corridor)를 계획하고, 응급부, 영상의학부, 수술부 등으로 구성된 기단부를 계획하여 가변영역을 제안했습니다. NMC의 고정요소는 외래진료부 등 많은 의료영역을 포함해 울산병원과 비교해 비효율적으로 보일 수 있습니다. 이 제안은 2가지 이유가 있습니다. 첫째, 부서 공간 깊이는 효율적인 부서 깊이로 계획하고, 가변성을 쉽게 유지하도록 하고 있습니다. NMC의 가변공간은 중앙진료부가 약 33m, 외래진료부서는 약 27m로 계획되었으며, 중앙진료부 내에는 19개 수술실을 포함한 수술부, 응급부, 영상의학부가 적절한 규모로 배치되어 있습니다. 둘째, 대지의 협소함으로 인해 충분한 수평적 공간을 확보할 수 없었으며, 부족한 외

그림 19　NMC 계획(안) 조감도(나우동인건축사사무소)

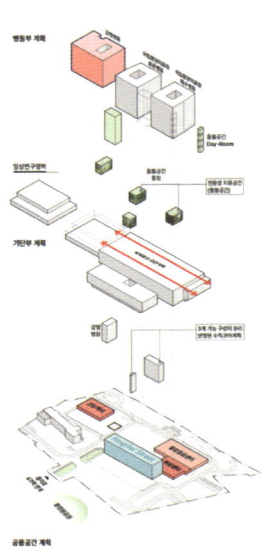

그림 20　NMC 계획(안) 매스계획

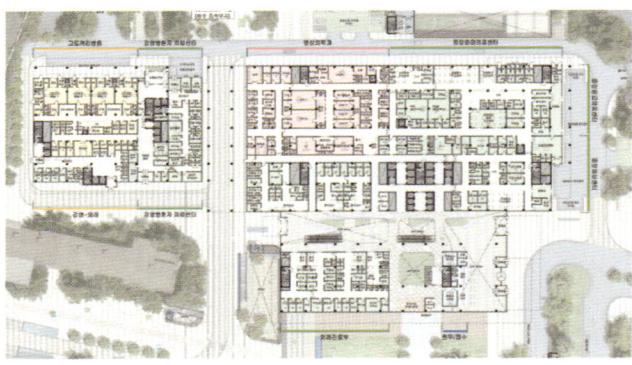

그림 21　NMC 계획(안)의 1층 평면도

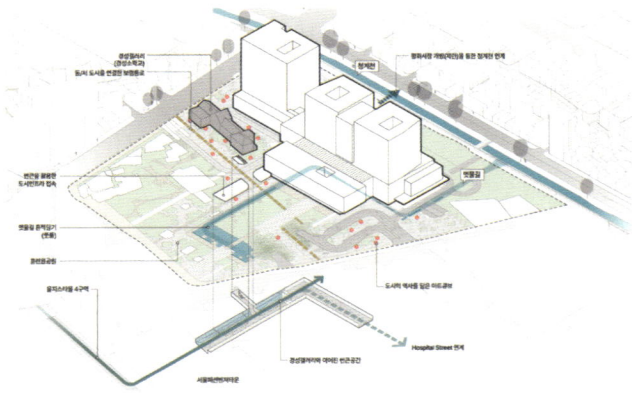

그림 22　NMC 계획(안)의 외부공간계획

래진료부 공간이 고정요소인 중앙코어 영역으로 흡수되었습니다. 이러한 이유로, 대규모 종합병원에서 대지가 협소해 수평적 가변공간이 부족할 경우, 일부 부서가 가변 영역에서 벗어나 고정요소로 계획될 수 있다는 것을 확인할 수 있었습니다. 이런 결과는 대규모 병원 설계시 대지부족으로 인한 내부공간 수용의 한계로 발생될 수 있는 사례라고 생각됩니다(그림 21).

NMC 계획(안)의 돌봄요소는 단순히 병원 내 환자만을 대상으로 하지 않고, 도시로 확장되도록 제안했습니다. 을지로 4가와 북측 청계천을 연결하여 도시와의 관계맺기를 시도하며, 청계천 옛물길과 경성소학교와 같은 역사적 요소를 활용하여 훈련원 공원과 연계된 넓은 남측 공원을 계획했습니다. 이 외부 공간은 시민의 휴식과 환자의 치유 공간으로 제공되며, 병원과 도시가 연결된 개방형 공간으로 문화, 전시, 미디어 월 등을 통해 도시와 연계를 시도했습니다(그림 22).

사회적 교류공간은 외부 공간을 중심으로 주변 도시민과 함께 이용할 수 있도록 외부 공원에서 직접 지하 썬큰공간으로 연결되며, 그 안에 문화 프로그램, 상점과 같은 편의공간 등을 마련해 시민과 연계될 수 있도록 했습니다(그림 23). 호스피탈 스트리트와 연계된 공적 복도(public corridor)는 복도 폭의 변화를 주어 환자 대기공간을 확장시키고, 환자의 심리적 안정 및 교류하는 공간으로 활용될 수 있도록 했습니다. 특히 외래진료부에서는 시각적 체험이 가능한 대규모 대기공간을 통해 내·외부가 자연스럽게 관입되어, 진료 대기환자가 심리적 안정과 휴식, 치유를 느낄 수 있도록 했습니다(그림 24).

병동부 내 환자 치유공간은 중정을 중심으로 계획하여 환자의 심리적 안정 및 신체회복을 위한 보행활동을 지원하도록 제안했습니다. 병동 내 직원공간은 환자 영역과 분리되어 감염관리에 용이하도록 했으며, 직원들에게는 환자와 분리된 휴식과 충전의 공간으로 활용되도록 했습니다(그림 25).

그림 23   NMC 계획(안)의 선큰공간(좌), 호스피탈 스트리트(우)

그림 24   NMC 계획(안)의 외래진료부 내 중정

그림 25   NMC 계획(안)의 병동부 치유환경

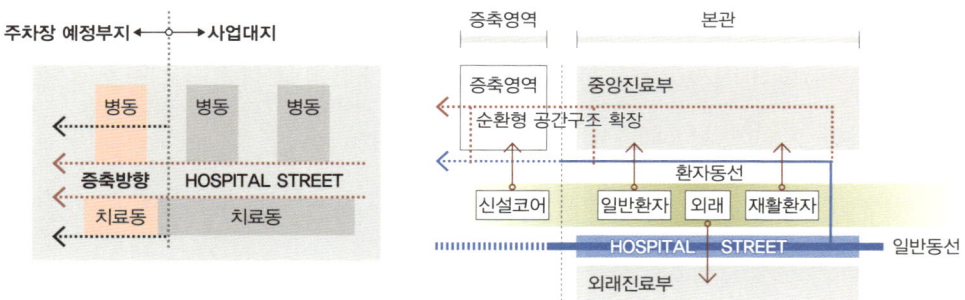

그림 26   체계중심 병원의 성장과 변화의 대응 및 공간적 대응방향

2.3 체계중심 병원에서 대규모 변화에 대한 수용

체계중심병원에서 변화를 쉽게 수용할 수 있다는 전제는, 특히 병동부 증설과 같은 대규모 증축 시 발생하는 변화를 어떻게 수용할 것인가에 대한 중요한 질문을 제기합니다. 앞선 사례 병원들은 이러한 질문에 대해 수평적 확장성을 통해 해결방안이 제시되어 있습니다.

체계중심병원의 4개의 개념요소를 수용하고 이를 지속하기 위한 방안은 기존 체계를 유지하면서 성장의 방향성을 설정하고, 각 내부공간의 연속성을 확보하는데 있습니다. 이때, 호스피탈 스트리트는 부서의 연속성을 유지하는 데 중요한 역할을 하며, 공간 확장시에도 기능적 연결성을 유지할 수 있는 핵심 요소로 작용합니다.

- 소방병원에서는 수평형 병동이 반복되는 형태로 확장되며, 북측 치료동도 같은 방향으로 확장됩니다. 고정요소 동선은 호스피탈 스트리트와 연계되어, 병원이 확장되더라도 기능 공간의 개념이 유지될 수 있도록 제안되어 있습니다.
- 울산병원도 3개의 병동부 매스가 여유 부지를 활용해 수평적으로 확장될 수 있는 개념을 적용하고 있으며, 내부공간은 소방병원과 마찬가지로 호스피탈 스트리트를 중심으로 고정요소 동선이 확장되도록 제안되어 있습니다.

이를 통해 두 사례는 대규모 증축시에도 **체계중심병원의 기본 구조와 공간 연속성이 유지되도록** 제안되어 있음을 알 수 있습니다(그림 26).

3. 용도중심병원에서 체계중심병원으로 변화, 리모델링

2000년대 이전 우리나라의 병원들은 건립 시 최적의 운영 규모를 기준으로 건축계획이 진행되어왔습니다. 이러한 완결적인 건축계획은 병원 건립 후 짧은 시간 내 변화의 요구를 받게 된다는 점이 여러 연구를 통해 확인되고 있습니다. 특히 변화 수용력이 떨어지는 병원들은 분동형의 확장을 통해 요구를 수용하게 되어, 이로 인해 병원의 공간 구조가 복잡해지고 부서간 운영 효율성이 저하되는 문제와 같은 한계가 발생하는 것으로 나타났습니다.

이 시기의 병원들 중 일부는 단순한 증축이 아닌 리모델링을 통해 병원의 전반적인 변화를 수행했습니다. 특히, 용도중심병원에서 체계중심병원으로 변화된 사례들은 병원의 공간적 확장뿐만 아니라 기능적 재구성과 체계적 운영 방식을 도입함으로써 중요한 변화를 가져왔습니다. 이러한 사례를 통해 **변화의 효과와 계획적 특징**에 대해 이야기해 보고자 합니다.

3.1 용도중심병원의 변화 유형 및 특징

병원 리모델링을 통한 변화는 변화 규모에 따라 계획의 목표가 달라집니다. 소규모 변화는 주로 운영 효율성 향상과 부족한 기능 보완을 위한 단순 확장에 중점을 두지만, 일정 규모를 넘어서면 병원을 최신 수준의 공간으로 변화시키고자 하는 욕구가 발생합니다.

이러한 변화 방식은 용도중심병원의 규모와 목적에 따라 몇가지 유형으로 구분될 수 있습니다.

- 기존병원 재배치형: 소규모 증축 또는 기존 병원 내 일부 부서 혹은 전반적인 내부 변화를 위한 방식
- 기존병원 중심 재배치형: 기존 병원의 공간 체계를 유지하면서 증축된 공간을 통해 기존 공간을 확장하는 방식

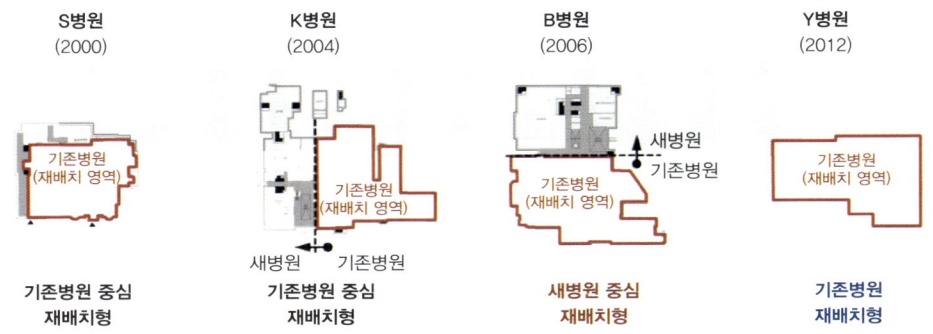

그림 27   용도중심 병원의 변화유형 (아산병원 포함)

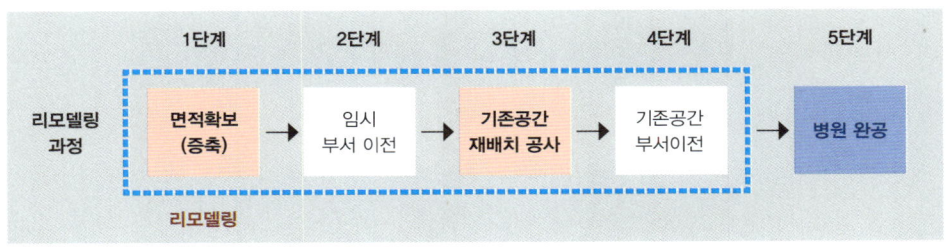

그림 28   리모델링 공사 수행과정

- 새병원 중심 재배치형 : 증축된 새병원을 통해 기존 공간을 포함하여 전반적인 공간을 변화시키는 방식

　이러한 변화 유형들은 병원의 대지조건, 필요 면적 및 기능, 병원 변화의 목적에 따라 적합한 방식으로 선택될 수 있습니다(그림 27).

　병원의 리모델링을 통한 공사과정은 일반적으로 5단계의 거치며 진행됩니다. 세부적으로 살펴보면, 1단계로 변화를 수용하기 위한 면적을 확보하고, 2단계로 공사 중 운영을 위한 임시 영역으로 운영부서를 이전한 후 3단계로 이전한 기존 부서영역을 공사합니다. 4단계로 임시 부서운영영역에서 공사가 완료된 영역으로 이전한 후 5단계로 임시 운영영역을 공사하여 병원 전체 리모델링을 완료합니다. 이 5단계는 공사영역의 세분화 정도에 따라 반복되는 빈도의 차이가 발생할 수 있습니다(그림 28). 다음은 용도중심병원의 변화 유형별 공간변화의 특징을 살펴보겠습니다.

1) 기존병원 재배치형 변화사례

기존병원 재배치형의 변화는 대규모 변화가 발생하기 전, 주로 부분적인 의료기능 변화 요구를 수용하기 위해 제안됩니다. 병원이 처음부터 부분적인 의료기능 변화에 유연하게 대응할 수 있는 공간 체계를 반영했다면 변화가 수월했겠지만, 대부분의 용도중심병원은 이러한 유연성을 갖추지 못했습니다. 기존병원 재배치형 공간변화는 면적의 수준이 층 전체 혹은 일부 공간만을 대상으로 할 지에 따라 변화의 수용방식이 다릅니다.

S병원의 사례는 병원 전체 리모델링을 수행한 사례입니다. 이 병원은 리모델링을 위해 건물 전체를 비우고, 기존 의료 기능을 주변 병원시설로 이전하여 공사 중 의료 기능을 유지했습니다. 이러한 방식은 공사 중 환자 피해를 최소화하고 빠르게 공사를 완료할 수 있는 장점이 있지만, 기존 병원의 기능을 유지할 충분한 공간이 확보되지 않으면 수행이 어려운 방식입니다.

반면, A병원의 사례는 소규모 부서단위로 리모델링을 진행한 경우입니다. A병원은 한 층을 리모델링하기 위해 해당 층내 공사영역을 10개 영역으로 세분화하여 단계별로 공사를 진행했습니다. 이를 위해 공사 중 운영을 위한 임시 운영 영역을 설정하고, 각 공사 영역의 최대 크기를 기존 부서 운영 규모에 맞추어 계획을 수립했습니다. 이러한 방식은 공사와 병원 운영을 병행하여 진행해야 하는 경우에 적합한 방식이나 병원 이용자의 소음, 분진과 같은 피해에서 자유롭지 못합니다(그림 29).

2) 기존병원 중심의 변화사례

기존병원 중심의 변화 방식은 기존병원의 수술부, 영상의학부와 같은 중심부서와 동선계획을 유지하면, 증축된 공간을 통해 부족한 부서기능을 확장하는 방식입니다. 이 방식의 장점은 기존 병원의 구조를 유지하여 기능확장을 하므로 공간계획의 도입이 쉽고, 병원 운영을 비교적 쉽게 유지할 수 있다는 점입니다. 특히, 확장의 범위가 작을수록 병원운영에 미치는 피해가 적어 많은 병원이 이 방식을 선호하고 있습니다. 그러나 이 방식은 증축 빈도와 조건에 따라 기존 공간에서 운영의 틀을 유지하지 못하는 문제가 발생할 수 있습니다. 특히 기존 병원의 낮은 층고나 소규모 단위의 부서공간 형식이 중규모 병원(500병상 이하)에서 대규모 병원(700병상 이상)으로 확장될 경우, 변화된 병원의 운영환경이 기존보다 열악해질 수 있다는 단점도 있습니다.

K병원은 기존병원 중심의 확장 방식을 채택하여 4단계에 걸쳐 공간 변화를 진행했습니다. [그림 30]에서와 같이 기존 병원의 공적복도 공간과 기능 부서공간이 증축공간으로 확장되고 있는 것을 볼 수 있습니다.

3) 새병원 중심의 변화사례

새병원 중심의 변화 방식은 기존 병원과 새로 증축한 공간을 하나의 통합된 공간으로 고려하여 부서 전체를 새롭게 재배치하는 방식입니다. 이 방식은 기존 병원의 층고나 공간 규모가 새로운 공간 형식을 수용하지 못할 경우 주로 적용됩니다.

이 변화 방식의 장점은 병원 전체의 공간과 부서 배치가 새롭게 재구성되므로, 전반적인 부서 위치와 구성이 바뀌어 기존 병원의 형태를 완전히 새롭게 변화시킬 수 있다는 점입니다. 이는 특히 병원의 대대적인 현대화나 기능 확장이 필요한 경우에 적합합니다. 그러나 이 방식은 병원 전체를 변화시키 때문에 높은 사업비와 긴 공사 기간이 소요되는 단점이 있습니다. 또한, 대지 내 충분한 여유 공간이 필요하며, 새로운 공간의 규모가 너무 작을 경우 변화를 충분히 수용하기 어렵습니다. 따라서 증축 규모가 프로젝트의 성공의 기준이 됩니다.

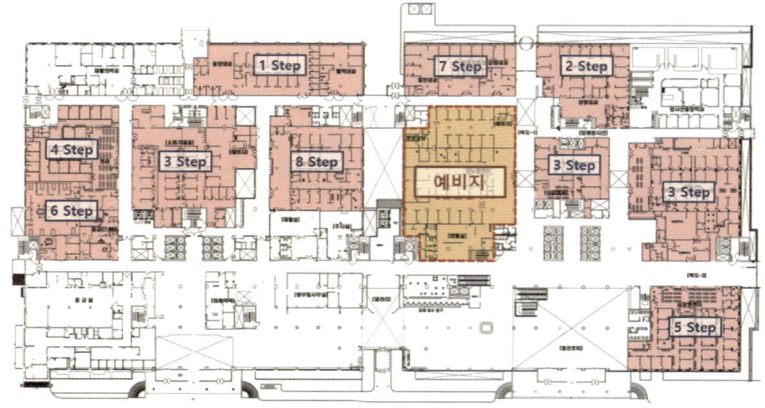

그림 29   부서단위 변화사례(A병원)

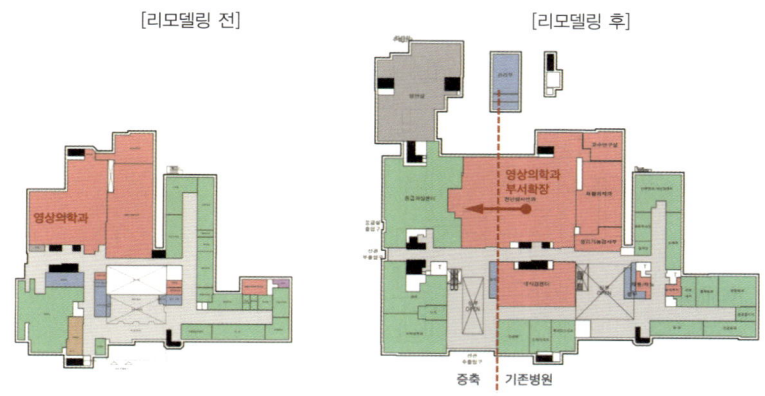

그림 30   기존병원 중심의 변화사례(K병원)

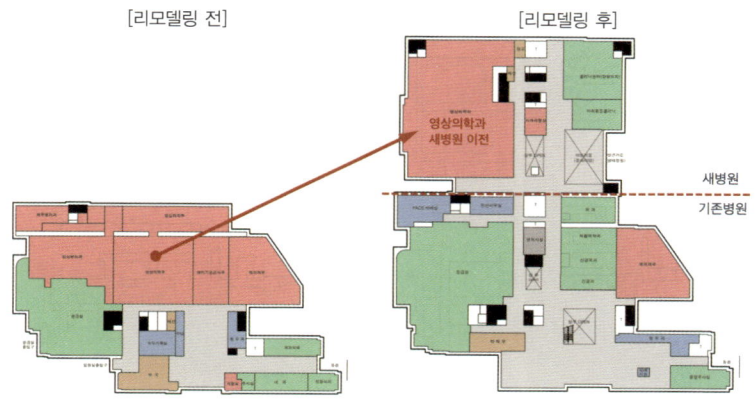

그림 31   새병원 중심의 변화사례(B병원)

B병원은 기존 병원 북측에 새로운 공간을 건립하고, 부서 전체를 이전한 후 비워진 공간을 리모델링하는 방식으로 리모델링을 수행했습니다. B병원의 예비공간은 새공간 북측 주차공간을 활용해 부서 임시 운영을 지원했습니다 (그림 31).

3.2   용도중심병원에서 체계중심 병원으로 공간변화

1) 체계중심병원의 기본 요소의 적용

변화된 병원 사례를 통해 보면 변화전 기존 병원은 분절된 건물들의 집합으로 각 건물별로 공간성격이 규정되어 있는 것을 알 수 있습니다. 이는 전형적인 용도중심의 병원개념으로 외래진료부, 중앙진료부를 분리하고, 그 상부로 병동부를 계획하는 형식으로 공간이 표현되어 있습니다.

리모델링 후 두 개의 병원은 전체 병원을 단일 공간 형식이라고 한다면, 두 개의 공용복도를 중심으로 환자, 외래 및 일반방문객 등이 분리되어 전체 공간이 선형복도를 중심으로 체계화되어 있는 것을 볼 수 있습니다. 이는 기존병원 당시 부서의 운영보다 현재 부서의 운영이 좀더 체계화되어 구역화되고 있다는 점에서도 기인한다고 생각됩니다. 결과적으로 중규모에서 대규모 병원으로 리모델링한 두 사례에서 기존 용도중심의 병원이 체계중심 병원으로 나아가고 있는 모습을 확인할 수 있습니다.

대규모의 변화가 발생한 두 개의 사례에서 용도중심의 병원은 체계중심의 체계를 반영하고 있는 것을 보았고, 이는 부서 운영관점에서도 체계중심의 병원이 의료계획적으로 큰 가치가 있다는 것을 반증합니다. 때문에 대규모 변화가 포함된 리모델링은 병원 전체의 체계 관점에서 좀더 효율적인 공간계획이 고려되어야 한다고 판단됩니다.

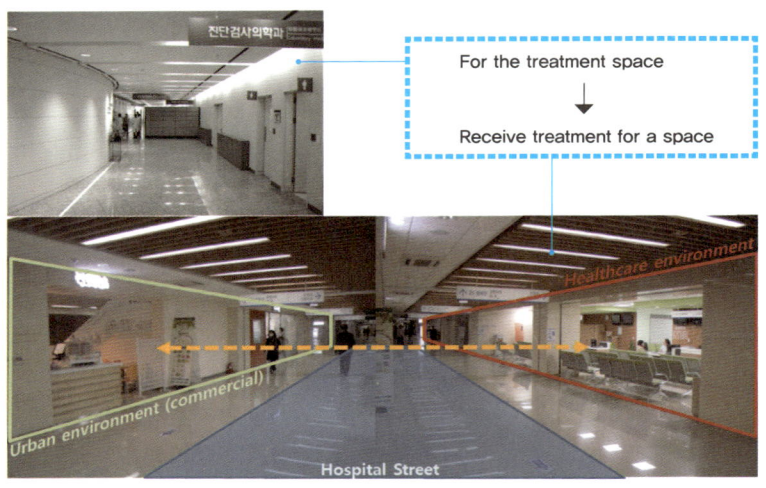

그림 32 공용공간 변화

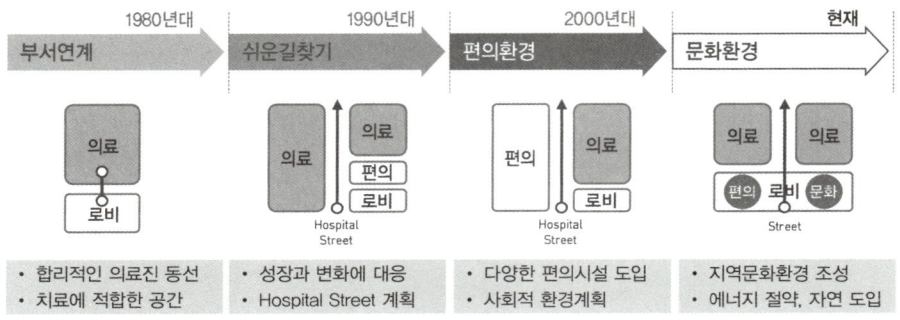

그림 32-1 시대별 로비공간의 개념변화

2) 공적복도 공간 변화, 돌봄요소의 도입

병원의 대표적인 공적복도 공간은 로비공간과 호스피탈 스트리트 공간을 들 수 있습니다. 시대별 국내 공적복도 공간의 변화를 살펴보면, 1980년대 이전은 치료를 위한 짧은 접근성과 합리적인 의료진동선을 중심으로 계획되는 것을 볼 수 있습니다. 1990년대 들어서면서부터 복잡한 병원공간을 쉽게 찾아갈 수 있도록 길찾기 중심의 호스피탈 스트리트가 제안되기 시작했습니다. 이 시기부터 국내 의료시설 개수가 대폭 증가하므로 인해 의료시설간 경쟁이 발생했으며, 그 과정에서 환자서비스 공간계획이 경쟁적으로 도입되기 시작했습니다. 2000년대 이후는 저층을 중심으로 다양한 편의시설이 넓은 면적으로 도입되던 시기이며, 최근 병원에서는 공적복도 공간이 편의시설 수준을 넘어 치유환경개념의 자연요소의 도입, 사회/문화적 환경까지 포괄하여 제안되고 있습니다. 때문에 리모델링을 시행한 B병원에서 리모델링 후 공용공간 면화변화가 매우 높게 나타난 이유를 시대적 변화 측면에서 이해해 볼 수 있습니다.

리모델링 과정에서 큰 변화를 겪은 B병원은 1층 외래진료부 공간이 카페 및 상점 등의 편의시설을 마주보고 있습니다. B병원은 리모델링 전 전형적인 1980년대 공적복도 개념인 치료시설간 연계를 중심으로 제안되어 있었습니다. 결과적으로 치료행위를 중심으로 하는 의료환경이라고 하더라도 다양한 병원이용자들은 돌봄요소 개념인 치유적공간을 선호하고 있다는 것을 알 수 있습니다. B병원의 공적복도 공간은 다양한 돌봄요소의 개념인 사회적공간과 전시, 공연 등을 할 수 있는 문화적 공간이 병원 내 도입되어 있습니다(그림 32).

따라서, 공사중 부서 운영을 동반한 리모델링 공사는 부서 운영의 피해를 최소화하는 방향으로 건축계획이 수립되어야 합니다. 이를 지원하는 핵심 요소는 부서 이전계획입니다. 부서 이전 계획은 임시 운영을 위한 위치 변경, 운영 규모의 변화, 전체 동선의 변화 등을 포함하며, 이로 인해 병원의 수익성이 일시적으로 낮아질 수 있습니다. 수익성이 감소하는 기간이 길어질수록 병원 운영에 큰 부담이 되기 때문에, 80~90년대에는 많은 병원이 별동 증축 등을 통해 운영 피해를 최소화하며 변화를 추진했습니다.

기존 시설의 구조 및 공간적 제약사항으로는 구조체의 내구력, 기둥 모듈, 층고 높이, 설비공간, 공간 규모 등이 있습니다.

내구력과 기둥 모듈이 작을 경우, 무거운 의료장비나 대규모 의료 공간을 수용하기 어려워 구조 검토와 설계 보완이 필요합니다. 그러나, 기둥 및 보를 보완하면서 공간 축소 및 층고가 낮아지는 문제가 발생할 수 있습니다. 층고는

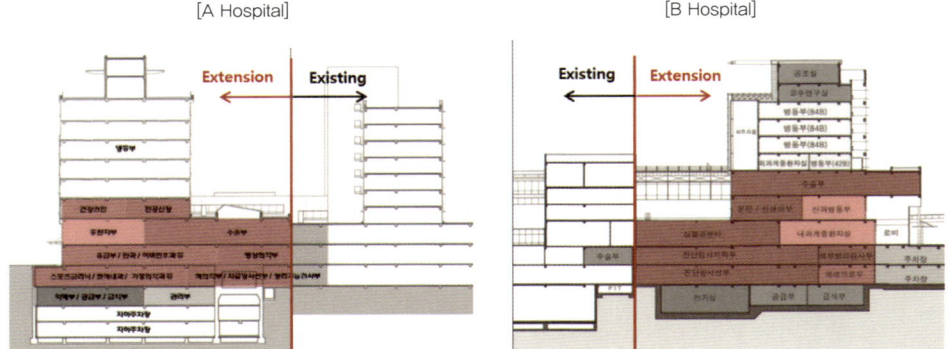

그림 33　층고에 따른 리모델링 전략방식 비교

병원 기능에 큰 제약을 줍니다. 중앙진료부는 4.5m, 수술부는 5.2m 이상의 층고가 필요하지만, 기존 병동은 3.8m 이내의 층고를 가진 경우가 많습니다. 최근 병동 설비는 4.2m의 층고를 필요로 하며, 이러한 낮은 층고는 공간 변화에 많은 제약을 줍니다. 공간 규모는 부서단위 영역과 관련이 있습니다. 공간 깊이가 적절하지 않으면 부서 수용에 한계가 생기며, 코어와 설비공간 배치는 부서 수용에 제약이 없도록 신중히 계획되어야 합니다(그림 33).

3) 체계중심병원으로 변화를 위한 사전 고려사항

공공 병원의 공모시 다양한 건축계획 지침이 포함되며, 병원 건축가는 이를 바탕으로 사업의 목적, 배치, 동선, 부서 기준 등 다양한 계획을 수립합니다. 경험이 많은 병원건축가는 지침 없이도 기본적인 설계가 가능하지만, 가장 큰 문제는 의료 운영계획의 부재입니다. 의료 운영계획 없이 진행되는 건축계획은 방향성이 없어, 의도하지 않은 변화를 겪거나 의료계획이 늦게 확정되어 재계획이 필요해집니다. 특히, 리모델링 사업은 규모와 범위가 불확실할 수 있어, 의료계획의 정확한 수립이 필수적입니다.

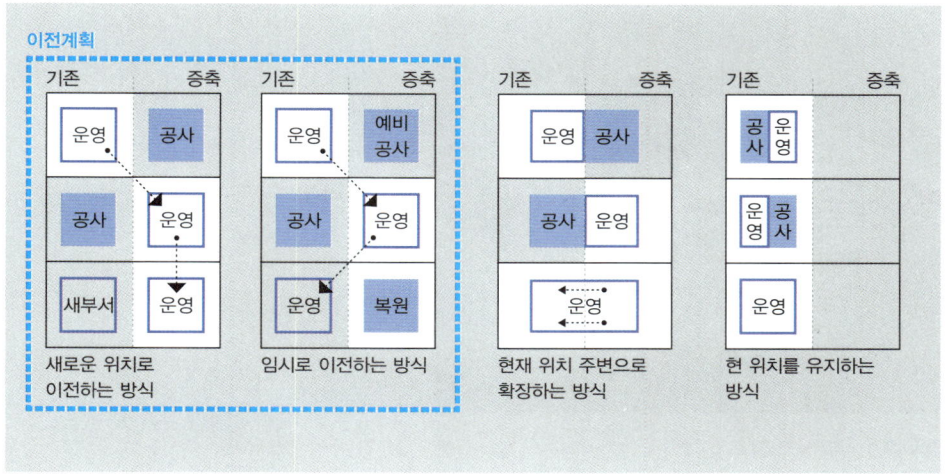

그림 34 리모델링 공사 방식 및 이전계획의 유형

　병원 리모델링은 소규모 부서부터 대규모 병원 전체의 변화까지 수용할 수 있으며, 이를 위해서는 임시 운영공간과 합리적인 이전계획이 필요합니다. 합리적인 이전계획은 공사 중에도 병원 운영을 유지하거나 확장해 수익성을 높일 수 있습니다. 임시 이전공간이 클수록 공사 속도는 빨라지지만, 공사로 인한 수익성 저하 위험도 존재하므로 적절한 공간 규모가 중요합니다.

　부서 이전방식의 선택은 부서의 설비집약도와 부서간 기능적 연관성을 고려해 결정하는 것이 바람직합니다. 예를 들어, 수술부나 영상의학부와 같은 고도의 설비집약적인 부서는 병원 전체를 재배치하지 않는 한, 대부분 기존 부서 주변으로 확장하는 방식이 선호됩니다. 이는 설비의 복잡성이나 연관된 부서 간의 긴밀한 협력이 필요한 경우에 효율적인 방법입니다(그림 34).

3.3　체계중심 병원으로 공간변화 설계사례

1)　B병원 설계사례

B병원은 서울시민의 양질의 의료를 제공하기 위해 1955년도에 설립되었으며, 1991년도부터 서울대학교병원에서 위탁 운영하는 시립 공공병원입니다. 현 위

그림 35　B병원 전경

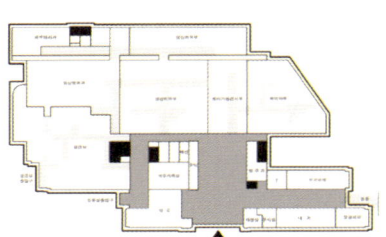 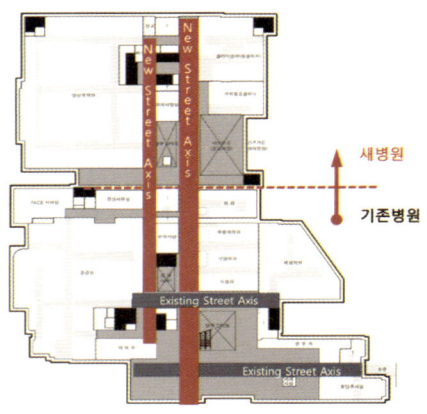

그림 36　B병원의 공간체계 변화

그림 37　B병원의 돌봄공간의 도입

치의 B병원은 초기 약 500병상, 1만평 규모의 병원으로 개원했으며, 이후 두 차례의 별동 및 증축 공사를 거친 후, 2008년에 기존 연면적 수준의 대규모 증축을 포함한 리모델링을 통해 현재의 모습을 갖추게 되었습니다(그림 36).

대규모 리모델링 이전의 B병원은 필요한 기능과 연계된 단순 기능 확장을 기준으로 변화했습니다. 그러나 대규모 리모델링을 통해 B병원은 새병원 공간을 중앙진료부 중심의 진단 및 치료 공간으로 계획하여, 영상의학부와 수술부 등의 설비집약적 공간으로 구성하고, 기존 공간은 외래 중심의 설비 의존도가 낮은 공간으로 재구성하여 완성하였습니다. 이를 통해 의료기능을 수행하기 어려웠던 낮은 층고 공간을 개선했습니다.

B병원의 용도중심병원에서 체계중심병원으로의 변화는 공간체계의 변화에서 비롯되었습니다. B병원은 새병원을 계획하면서 중앙부에 환자전용 복도인 반공적 복도와 공적복도를 계획하고, 사이 공간에 엘리베이터와 같은 새로운 고정요소를 배치하여 공간 체계를 변화시켰습니다. 이러한 체계 변화를 통해 B병원은 기존 병원의 혼란스러운 공적복도를 환자중심적인 쾌적한 치료공간으로의 전환할 수 있었습니다. 아래 그림에서 기존 병원과 새 병원의 공간 체계 차이가 명확하게 드러나며, 체계중심병원의 개념인 고정요소와 가변요소가 도입된 공간 체계로 변화하고 있음을 확인할 수 있습니다(그림 36).

B병원의 공간변화는 돌봄공간에도 많은 변화를 가져왔습니다. 기존 병원의 폐쇄적 분위기의 공간은 병원 내의 사회적 교류를 지원하는 다양한 공간으로 변화해 병원 이용자의 심리적 안정을 지원해 주고 있는 것을 볼 수 있습니다(그림 37).

B병원의 체계중심병원으로의 변화는 새로운 병원으로 변화가 필요한 많은 병원에 새로운 체계를 도입할 수 있는 가능성을 보여주고 있는 좋은 사례라고 생각됩니다. 다음은 대규모 증축이 아닌 중규모의 병원 설계사례를 통해 공간

그림 38   서산의료원 리모델링 조감도(나우동인건축사사무소)

 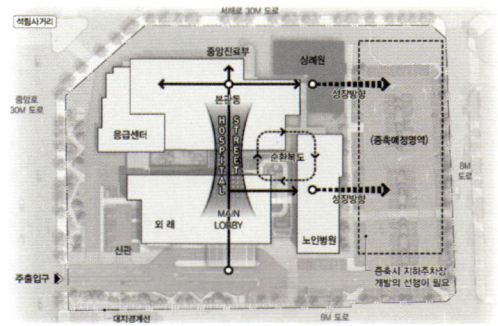

그림 39   서산의료원 공간체계 변화(그림 좌, 나우동인건축사사무소 계획안 사례)

그림 40   서산의료원 돌봄공간의 도입(사진 : 이훈선)

변화의 어려움과 이를 개선하기 위한 사례를 살펴보도록 하겠습니다.

2) 서산의료원 설계사례

서산의료원은 충청남도가 운영하는 공공의료기관으로, 지역 주민의 의료 서비스를 제공합니다. 1989년 80병상을 시작으로 시작해, 1992년 86병상 추가, 2010년과 2019년에 병상이 추가되어 현재 304병상을 보유하고 있습니다. 현재 장례식장, 응급실, 노인전문병원 등을 포함하여 운영 중입니다. 또한 응급센터 및 심뇌혈관센터를 포함한 대규모 단계별 리모델링을 앞두고 있습니다 (그림 38).

서산의료원은 과거 용도중심병원의 전형적인 모습인 별동형, 수평 증축 방식으로 기능을 확장해왔으나 재활 및 외래 기능을 수용하는 단계에서 대지 부족 문제로 병원 전면을 중심으로 리모델링을 진행하게 되었습니다.

서산의료원의 용도중심병원에서 체계중심병원으로 변화는 별동의 각 공간의 성격을 구분하면서부터 시작되었습니다. 기존 본관동은 수술 및 응급, 영상의학부 기능 등의 진단 및 치료 중심공간으로 설정하고, 전면의 새 공간을 외래 중심의 진료공간으로 제안했습니다. 추가적인 변화의 방향은 주차장으로 각각의 기능이 수평적으로 확장될 수 있도록 제안되어 있습니다. 이에 따라 본관동의 외래 공간은 새 공간으로 이전하는 계획이 수립되었으며, 이는 기존 과업 범위를 벗어나는 기준의 제안이었습니다. 고정요소는 동과 동의 접경을 중심으로 제안되어 있습니다. 앞서 제안한 수평적 확장성은 2024년 현재 다른 설계팀에 의해 기본병원과 수평적 연계를 고려하여 추진되고 있습니다(그림 39).

서산의료원 돌봄공간은 과거 80년대 병원 특유의 폐쇄적 내부 공간과 협소한 외부 공간에서 리모델링을 통해 밝고 쾌적한 로비와 외부 정원, 2층 이상의 테라스형 옥상정원 등을 계획하여 개방적이고 편안한 진료 환경으로 변화한

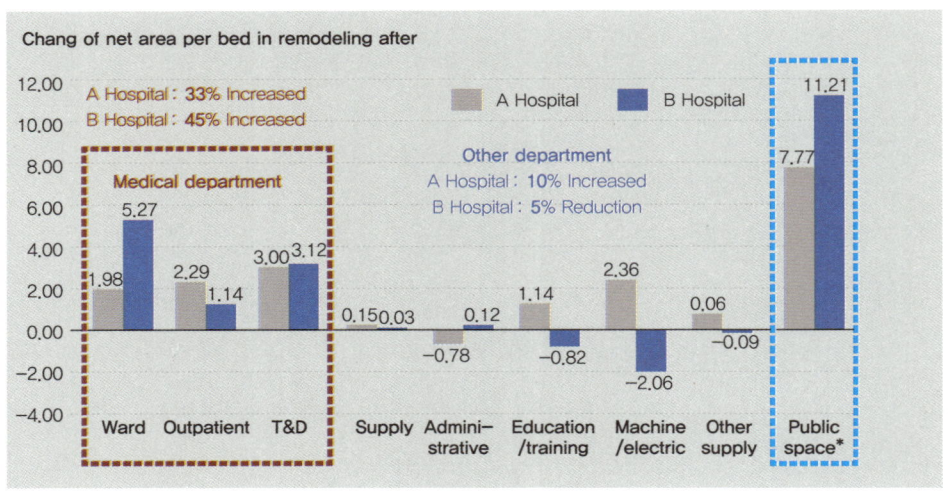

그림 41   리모델링 후 면적변화(K, B병원 사례)

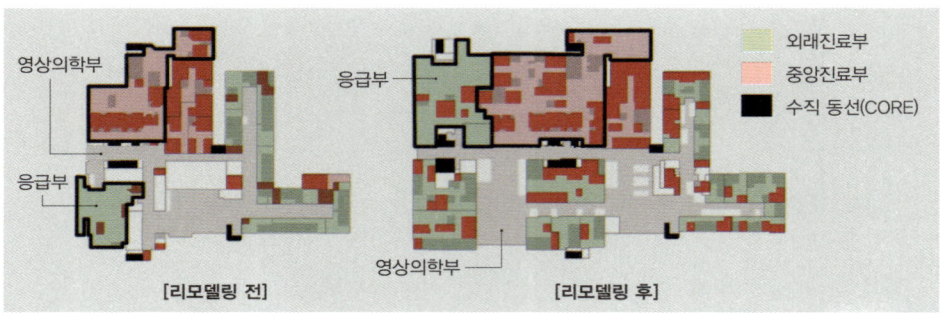

그림 42   외래 센터중심의 운영방식 변화

것을 볼 수 있습니다(그림 40). 서산의료원의 체계중심병원으로의 변화는 여러 동으로 분리 운영되는 많은 병원들이 마스터플랜 관점에서 동별 연계 및 통합 과정을 통해 새로운 기능적 변화를 시도할 가능성을 보여주는 사례입니다.

3.4 용도중심병원의 리모델링 효과

1) 운영면적 개선

2010년 당시 리모델링을 수행한 병원들은 최근 건립된 병원에 비해 50~60% 수준의 낮은 의료운영 면적을 가지고 있었으며, 이를 개선하기 위해 리모델링을 수행한 것으로 조사되었습니다. 결과적으로 변화의 요구는 주로 면적부족에 의한 운영기능 부족을 개선하기 위해 시작되었습니다. 다만, 충분한 면적을 수용하기 어려울 경우, 병원은 영상의학부와 같은 진단부서나 수술부 등 핵심 의료공간을 우선적으로 리모델링하는 것으로 확인됩니다.

리모델링 후 K병원과 B병원의 사례를 살펴보면, 면적 변화는 주로 의료기능, 특히 검사와 치료기능, 그리고 환자 편의를 위한 공용공간에서 크게 나타나고 있습니다. 반면 의료 지원기능은 상대적으로 개원 당시의 면적수준을 유지하는 방향으로 리모델링이 이루어진 것을 알 수 있습니다. [그림 41]은 사례병원의 기존 병상당 면적 대비 증가 혹은 감소되는 면적을 조사한 결과입니다.

운영면적 측면에서 리모델링의 효과는 주로 수익성을 높이는 의료기능과 환자의 환경적 인식을 개선하는 공용공간의 면적 증가에서 두드러지게 나타납니다. 이를 통해 병원 리모델링은 운영 효율성을 강화하고 환자들에게 더 나은 환경을 제공하면서 동시에 운영 수익을 증대시킬 수 있는 방향으로 변화하고 있음을 알 수 있습니다.

2) 운영방식의 변화 수용

의료환경의 변화 중 외래진료부의 센터화는 병원계획 방향의 큰 변화 중 하나였습니다. 이를 수용하기 위해 기존 병원들은 리모델링을 통해 기능변화를 수용했습니다. 하단 그림은 그러한 기존 진료과 중심의 외래진료부에서 외래센터화로 변화한 모습을 볼 수 있습니다.

기존 외래공간은 진료실과 처치실을 중심으로 구성되어 왔습니다. 이후 외래진료공간은 진료과별로 환자 진료, 검사, 치료 등을 통합한 외래 센터로 변화가 시작되었습니다. 이로인해 많은 검사 및 치료 기능들이 외래진료부 내로 통합 운영되기 시작했으며, 리모델링은 이러한 변화를 수용하기 위한 기준이 되고 있습니다(그림 42).

3) 돌봄요소의 도입

우리나라는 1990년대 이후 IMF 과정 속에서 병원간 높은 경쟁이 발생했습니다. 이에 병원들은 재정적인 압박 속에서도 의료 경쟁력을 높이기 위해 병원환경의 질적 변화를 추구하게 되었습니다. 이러한 질적 변화의 중심에는 돌봄요소가 포함이 되며, 돌봄공간은 병원을 병원 같지 않은 환경으로 변화시키려는 노력으로 표현됩니다. 이러한 표현은 입원환자의 거주성, 긴 환자 대기시간을 보완하는 선택적 편의공간, 넓고 쾌적한 공간분위기 등 **환자의 심리적 안정 및 쾌적성을 높이기 위한 다양한 공간이 제안**되고 있습니다.

4. 맺음말, '변화에 순응하는 병원'

병원 건축에서 시간에 따른 공간적 변화를 유연하게 순응하는 이상적인 계획은 실현하기 어려운 과제입니다. 그러나 이러한 변화에 효과적으로 대응하는 것은 병원의 지속 가능성과 의료 서비스의 질을 높이는데 매우 중요합니다.

변화의 순응 관점에서 체계중심병원은 가변요소의 보편적 공간으로 인해 부서단위에서 쉽게 변화를 수용할 수 있으며, 다양한 형태의 병원에도 도입될 수 있습니다. 또한 기존 병원의 리모델링 과정에서도 체계중심병원의 도입이 가능하다는 것을 알 수 있습니다.

그러나 기존 용도중심병원이 무조건 잘못된 것은 아닙니다. 200병상 이하의 종합병원이나 전문병원 등 공간 규모가 작은 병원들은 공간적 한계로 용도중심 공간구성도 어려울 수 있습니다. 이와 달리 체계중심병원은 변화가 많은 300병상 이상의 중, 대형 종합병원에 더 적합합니다.

체계중심병원은 변화에 유연하게 대처할 수 있는 병원의 기능적 개념을 수립하는 데 적합하지만, 공간 및 외형의 미적 다양성을 선호하는 건축가들에게는 부서 단위의 보편성을 중심으로한 공간계획이 단편적으로 느껴질 수 있습니다. 이를 개선한 다양한 형태적 접근이 검토된 체계중심병원의 사례를 보여주지 못한 점이 아쉬움으로 남습니다.

최근 스마트 호스피탈(Smart Hospital) 개념이 도입되면서, 디지털 진료, AI 및 빅데이터 활용, 자동화 및 로봇 기술, 원격 의료 등의 첨단 기술이 적용되고 있습니다. 이는 과거의 공간체계 변화 속도를 더욱 가속화시킬 것입니다. 이를 고려할 때, 체계중심병원의 **변화에 순응하는 공간계획**은 병원이 지속적으로 변화하는 환경속에서도 효율적인 운영을 유지하고, 미래의 요구에 대응하는데 중요한 역할을 할 것입니다.